KB241749

EBS 대표강사 이지연 선생님이 알려주는

중학수학 유형 레시피

중2

EBS 대표강사 이지연 선생님이 알려주는

중학수학 유형 레시피

중2

이지연 지음

안녕하세요. 여러분!

저는 여러분들의 든든한 수학 친구 이지연 쌤이에요.

안타깝게도 요즘 들어 이른바 '수포자(수학 포기자)'인 친구들이 더 빠른 속도로 늘어난다고 해요.

그만큼 우리 주변에서는 '수학'이라는 과목을 어렵고, 복잡하고, 극복해야 하고, 왜 배워야 하는지 모르는 부정적인 이미지로 생각하는 친구들이 많아요.

여러분 수학을 왜 공부해야 할까요?

수학에서 가장 기본이 되는 것은 문제를 해결하는 능력이에요.

여기서 문제란 사칙연산, 함수, 도형, 확률 문제뿐만 아니라 우리가 생활 속에서 해결해야 하는 질문 또는 과제를 말해요.

예를 들어 "식당에 가서 뭘 먹을까?", "학교까지 가장 빠르게 가려면 어떻게 해야 할까?" 등 주변의 다양한 상황들이 수학 문제가 될 수 있어요. 그리고 이 문제들을 논리적으로 해결하기 위해서 우리는 수학을 배워야 해요.

문제를 더 논리적이고 효율적으로 해결할 수 있도록 생각하는 힘을 길러주는 것이 바로 수학이에요. 무엇보다 수학은 알면 알수록 재미있어요. 우리가 수학을 두려워하는 것은 단순히 공식을 외우려고 하거나 수학을 일상과 전혀 관계없는 것으로 생각하기 때문이에요.

수포자 없이 수학이 즐거워지는 시간! 쌤과 함께 시작해 보아요. 쌤이 여러분 곁에서 친절하게 이끌어 줄게요. 자! 이제 중학수학 2학년 과정을 시작해 볼까요?

이지연

수학 공부, 어떻게 해야 해요?

1. 나의 수준을 정확히 파악하자!

쌤이 강의를 하다 보면, 수학 학습 속도가 늦어 걱정하는 친구들이 많아요. 다른 친구들은 방정식을 이미 다 끝냈는데, 본인은 앞 단원도 끝내지 못해 불안해하는 거죠.

요즘은 특히 선행 학습을 많이 하기 때문에 서로의 학습 속도를 비교하기 시작하면, 금방 주눅 들고 학습에 대한 흥미도 잃게 돼요. 이때 중요한 것은 나만의 속도를 아는 거예요.

조급해 하지 마세요. 이해하지 못하는 부분이 있으면 다시 강의를 돌려 보고, 해결하지 못한 문제는 다시 풀어 보고, 수학 쌤의 도움도 받아 가면서 단계적으로 나아가면 되니까요. 수학은 단계가 있어서 조금은 느리더라도 하나씩 단계를 밟아나가듯 이해하는 게 우선이에요.

지금 이 순간은 느려 보일 수 있지만, 쌤을 믿고 꾸준히 해 보세요.

내가 이해될 때까지 나만의 속도로 끝까지 하겠다는 다짐!

마구 달려 속도로만 1등 하는 것은 아무 의미가 없어요. 나만의 속도로 꾸준히 단계를 밟다 보면, 어느 순간 엄청난 수학의 내공이 쌓여 있을 거예요.

2. 스스로 공부하는 시간을 확보하라!

가끔 우리 친구들이 수학 공부를 하는 모습을 보면, 학교 수업 듣고, 인강 한 편 보고, 가끔 학원쌤 설명 듣고 공부를 다 끝냈다고 생각하는 것을 볼 수 있어요. 이렇게 하면 수학에 흥미를 느끼기도 어려울 뿐 아니라 학습 효과도 얻기 어려워요. 누군가가 일러주는 대로, 그대로 따라하는 것은 내 것이 되지 못하기 때문이에요.

당장은 쌤의 설명이나 인강 한 편이 수학의 이해도를 높일 수 있지만, 스스로 개념을 완전히 이해하는 시간을 갖지 않으면 수학의 단계를 나아가기 어려워요. 나 스스로 문제를 이해하려는 노력과 여러 유형의 문제를 해결해 나가는 과정에서 뿌듯함을 느끼는 것이 수학에 대한 흥미의 시작이에요. 뿌듯함은 곧 자신감을 가져다주고, 그런 과정이 이어지면 어느 순간 수학 실력이 쑤욱 올라간 것을 느낄 수 있을 거예요.

이 책에서처럼 쌤의 친절한 손글씨 설명으로 유형을 이해하고, 같은 유형의 문제를 스스로 해결해 나가는 과정을 통해 수학을 내 것으로 할 수 있어요. 딱! 이 시간만 확보해 보세요. 그럼 달라진 나의 수학 실력을 확인할 수 있을 거예요.

3. 스스로 수학 공부, 어떻게 할까요?

▶ 나만의 노트로 개념을 정리해요

나만의 수학 개념 노트를 만들어 보세요. 교과서나 교재에 있는 내용을 그대로 옮겨 적는 건 의미가 없어요. 내가 이해한 만큼, 그리고 내가 이해할 수 있는 내용으로 옮겨 적을 수 있어야 해요. 나만의 노트를 정리하다 보면 수학 개념이 내 머릿속으로 들어올 거예요.

▶ 문제는 끝까지 풀어야 해요

눈으로 보면 문제가 쉬워 보일 때가 있죠? 그런데 막상 손으로 풀려고 하면 중간에 막히거나 틀리는 경우가 종종 있어요. 문제는 연습장에 꼭 손으로 끝까지 풀어 봐야 해요. 그리고 틀렸다면 그 이유를 찾아 문제를 스스로 해결할 수 있어야 해요. 특히 어떤 문제 유형은 자주 틀리는데, 그럴 때는 오답 노트를 준비해 보세요. 오답 노트에 적히는 문제들은 '넌 시험에서 이걸 틀릴 수 있어!'라는 예언서예요. 따라서 이것까지 다 풀 수 있다면, 시험에서 다 맞을 수 있다는 말이겠죠?

중학수학, 재밌게 푸는 법

이 책은 새로운 수학 교육과정에 따라 중학교 수학을 유형별 문제로 나누어 정리하였어요.

쌤과 함께 중학수학 2학년 과정을 쉽고 재미있게 풀어 보아요.

1. 쌤과 같이 처음부터 끝까지 공부해요!

기초적인 개념이나 유형별로 잘 정리된 수학 교재는 시중에 이미 많이 나와 있어요. 그럼 어떤 책을 고르는 것이 좋을까요? 수학은 '어떤 교재를 선택하느냐?'보다는 '내가 선택한 책을 끝까지 다 해결하느냐?'가 중요한 열쇠에요. 여기서 '해결'이란 단순히 문제를 많이 풀었는지가 아니라 유형을 확실히 이해하였는지를 말해요. 이 책은 처음부터 끝까지 마치 쌤이 옆에 있는 것처럼 여러분을 이끌어 줄 거예요.

2. 쌤의 손글씨로 다양한 유형을 경험해요!

쌤이 강의에서 늘 강조하는 것이 바로 '오답 노트'예요. 여기서 '오답'이란 틀린 문제뿐만 아니라 어려운 유형의 문제도 포함해요. 이 책은 중학교 2학년 학생들이 자주 틀리고 어려워하는 유형을 모아 쌤이 직접 손글씨로 문제를 뽑았어요. 이 책에 있는 핵심 유형들을 모두 쌤처럼 풀어낼 수 있다면 여러분들은 수학 전문가가 되어 있을 거예요.

3. 조금씩 조금씩 유형을 익혀 문제를 풀어요!

요즘 중학생들은 참 많이 바빠요. 숙제도 많고 하루에 여러 과목을 공부해야 하죠. 이러한 압박에서 벗어나 "하루에 2~3유형씩! 완벽하게 풀이를 써 보자!"라는 목표를 세워 실천하면, 두 달 만에 수학 실력이 크게 향상된 것을 느낄 수 있을 거예요. 이 책의 빈 곳을 여러분들의 손으로 채워 주세요.

도입

단원명

교육과정에 따른 여섯 개의 단원

Ⅰ. 수와 식의 계산

#순환소수 #순환마디 #유리수

#유한소수 #무한소수 #지수법칙

#다항식의 덧셈과 뺄셈

#다항식의 곱셈과 나눗셈

핵심 개념 미리 보기

해당 단원에서 학습하는
다양한 수학 개념들

핵심 유형 알아보기

본문

007 순환소수를 포함한 식의 계산

$0.\dot{5}\dot{4} - x = 0.\dot{2}$ 일 때, x의 값을 순환소수로 나타내어라

! Tip

• 순환소수를 계산할 때는 우선 순환소수를 분수로 나타낸 후 식을 계산해 줘요.

풀·이·쓰·기

① 주어진 식에서 순환소수를 분수로

$0.\dot{5}\dot{4} = \frac{54}{99} = \frac{6}{11}$

$0.\dot{2} = \frac{2}{9}$

② $\frac{6}{11} - x = \frac{2}{9}$ 를 풀자!

$-x = \frac{2}{9} - \frac{6}{11}$

$-x = \frac{22-54}{99}$

$-x = -\frac{32}{99}$

$\therefore x = \frac{32}{99}$

순환소수로!

$\rightarrow x = 0.\dot{3}\dot{2}$

답 $0.\dot{3}\dot{2}$

쌤의 유형별 손글씨 문제와 풀이

문제와 문제 분석

풀이와 보조 설명

유형별 팁

지연쌤의 SNS

☑ 순환소수를 분수로 빨리 나타내는 방법이 있나요?

① 분모 결정: 소수점 아래에서 순환마디의 숫자 개수만큼 9를 쓰고 순환하지 않는 부분에는 0을 써요. 그 후 숫자를 거꾸로 읽어서 분모로 정해요.

예) $1.2\dot{3}\dot{4}$는 순환하지 않는 부분이 2, 순환마디는 34이므로 099이고, 099를 거꾸로 읽어 주면 990이 분모가 돼요.

② 분자 결정: (전체의 수)−(순환하지 않는 부분의 수)로 분자를 정해요.

예) $1.2\dot{3}\dot{4}$에서 전체의 수는 1234, 순환하지 않는 부분의 수는 12이므로 $1234-12=1222$가 분자가 돼요.

따라서 순환소수 $1.2\dot{3}\dot{4}$를 분수로 나타내면 $\frac{1222}{990}$ 이고, 약분하면 $\frac{611}{495}$ 이 된답니다.

지연쌤의 SNS

학생들이 자주하는 질문과 쌤의 친절한 설명

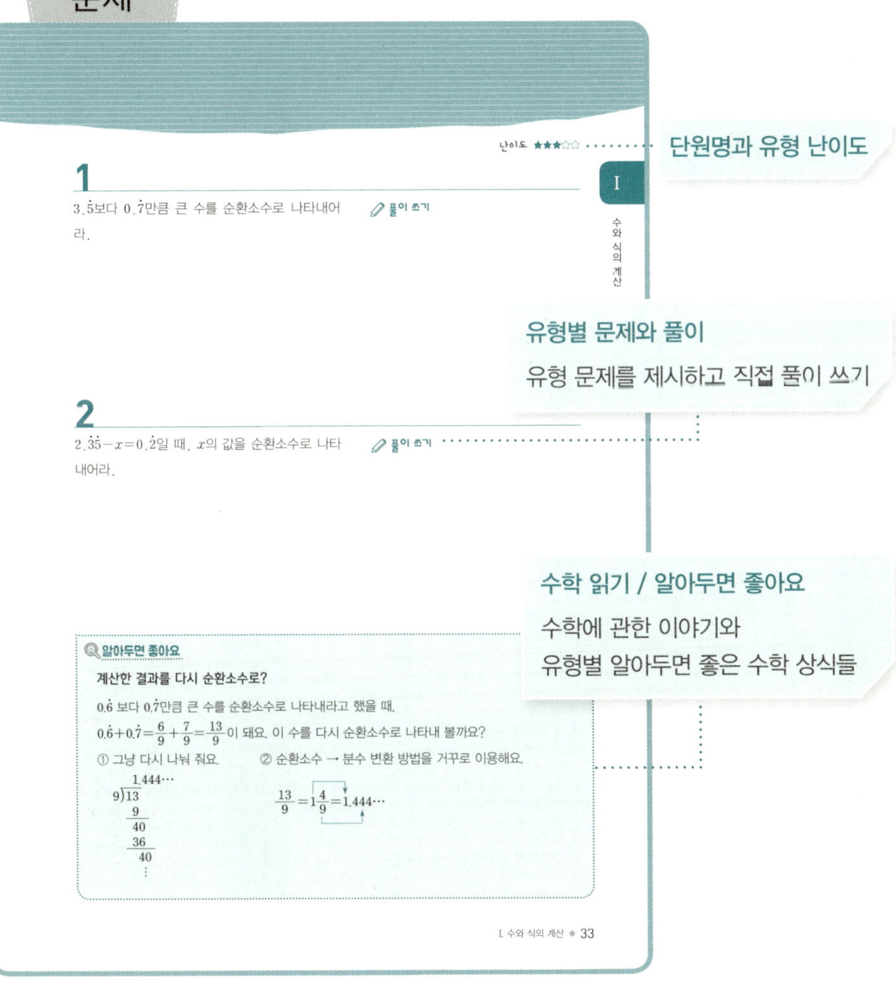
문제
난이도 ★★★☆☆
단원명과 유형 난이도
1
3.$\dot{5}$보다 0.$\dot{7}$만큼 큰 수를 순환소수로 나타내어라.
풀이 쓰기
I
수와 식의 계산
유형별 문제와 풀이
유형 문제를 제시하고 직접 풀이 쓰기
2
2.$\dot{3}\dot{5}$−x=0.$\dot{2}$일 때, x의 값을 순환소수로 나타내어라.
풀이 쓰기
수학 읽기 / 알아두면 좋아요
수학에 관한 이야기와
유형별 알아두면 좋은 수학 상식들
알아두면 좋아요
계산한 결과를 다시 순환소수로?
0.$\dot{6}$ 보다 0.$\dot{7}$만큼 큰 수를 순환소수로 나타내라고 했을 때,
$0.\dot{6}+0.\dot{7}=\frac{6}{9}+\frac{7}{9}=\frac{13}{9}$이 돼요. 이 수를 다시 순환소수로 나타내 볼까요?
① 그냥 다시 나눠 줘요.
② 순환소수 → 분수 변환 방법을 거꾸로 이용해요.
$\frac{13}{9}=1\frac{4}{9}=1.444\cdots$
I. 수와 식의 계산 ● 33

읽을거리

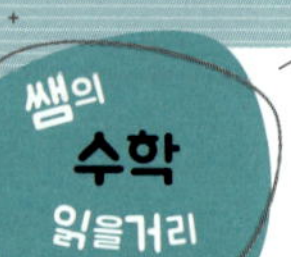

0.99999999…는 1이다?!

$0.9 \neq 1$　$0.99 \neq 1$　$0.999 \neq 1$
그렇다면 $0.9999999\cdots = ?$

여러분, 무한소수 $0.\dot{9}$와 자연수 1이 서로 같은 숫자라고 한다면 믿을 수 있나요? 숫자부터 서로 다른데 어떻게 같은 숫자가 될 수 있을까요?
실제로 이 문제는 아주 예전부터 많은 사람들을 헷갈리게 했던 문제였어요.
결론부터 말하면 $0.\dot{9}=1$이에요.
분명히 $0.\dot{9}$가 더 작은 것 같은데 이상하죠? 이것을 우리가 배운 방법으로 설명할 수 있어요.

$x=0.99999\cdots$라고 하면,
$10x=9.99999\cdots$이다.
$10x-x$를 계산하면,

$$\begin{array}{rl} & 10x=9.99999\cdots \\ -) & x=9.99999\cdots \\ \hline & 9x=9 \\ & x=\frac{9}{9}=1 \end{array}$$

따라서 $x=0.\dot{9}=1$이다.

어때요? 알고 보면 정말로 쉬운 문제죠?
이것을 이용하면 $2.\dot{9}=3$, $3.\dot{9}=4$ 등 다양하게 활용할 수 있어요.

쌤의 수학 읽을거리
각 단원과 관련 있는
질문과 답변, 이야기, 활동 소개

I. 수와 식의 계산

II. 부등식과 연립방정식

III. 일차함수의 그래프

IV. 도형의 성질

V. 도형의 닮음과 피타고라스의 정리

VI. 확률

Ⅰ. 수와 식의 계산

#순환소수 #순환마디 #유리수

#유한소수 #무한소수 #지수법칙

#다항식의 덧셈과 뺄셈

#다항식의 곱셈과 나눗셈

001 순환소수 표현하기

다음 주어진 세 분수를 소수로 나타내었을 때, 순환마디를 구하고 순환소수의 표현으로 간단히 나타내어라.

순환마디
[시작 — 끝]

(1) $\frac{7}{9}$

(2) $\frac{4}{11}$

(3) $\frac{7}{6}$

Tip

- 분수는 분자를 분모로 나누어 주면 소수로 표현할 수 있어요.

풀·이·쓰·기

(1) $\frac{7}{9} = 7 \div 9$ 이므로

0.777…
9) 70
63
70
63
70
63
7

⇒ 순환마디: 7

⇒ 표현: $0.\dot{7}$

(2) $\frac{4}{11} = 4 \div 11$ 이므로

0.3636…
11) 40
33
70
66
40
33
70
66
4…

⇒ 순환마디: 36

⇒ 표현: $0.\dot{3}\dot{6}$

(3) $\frac{7}{6} = 7 \div 6$ 이므로

1.166…
6) 7
6
10
6
40
36
40
36
4…

⇒ 순환마디: 6

⇒ 표현: $1.1\dot{6}$

답 (1) 7, $0.\dot{7}$, (2) 36, $0.\dot{3}\dot{6}$, (3) 6, $1.1\dot{6}$

난이도 ★★☆☆☆

1

다음 주어진 세 분수를 소수로 나타내었을 때, 순환마디를 구하고 순환소수의 표현으로 간단히 나타내어라.

(1) $\frac{1}{3}$

(2) $\frac{5}{7}$

(3) $\frac{13}{9}$

2

두 분수 $\frac{7}{9}$과 $\frac{4}{11}$를 소수로 나타내었을 때, $\frac{7}{9}$의 순환마디를 a, $\frac{4}{11}$의 순환마디를 b라고 하자. $a+b$의 값을 구하여라.

풀이 쓰기

알아두면 좋아요

순환소수의 표현

순환소수	순환마디	순환소수의 표현
0.222…	2	$0.\dot{2}$
0.35353535…	35	$0.\dot{3}\dot{5}$
0.6123123123…	123	$0.6\dot{1}2\dot{3}$

002 순환소수의 소수점 아래 n번째 숫자 찾기

분수 $\frac{5}{7}$를 소수로 나타낼 때, (→ 5÷7)

소수점 아래 100번째 자리의 숫자를

구하여라. (→ 일단 순환마디를 찾아야 해!)

풀·이·쓰·기

① $\frac{5}{7} = 5 \div 7$ 이므로

$$\begin{array}{r} 0.7142857\cdots \\ 7\overline{)50} \\ 49 \\ \hline 10 \\ 7 \\ \hline 30 \\ 28 \\ \hline 20 \\ 14 \\ \hline 60 \\ 56 \\ \hline 40 \\ 35 \\ \hline 50 \\ 49 \\ \hline 1 \end{array}$$

(714285 ← 순환마디)

$\frac{5}{7} = 0.\dot{7}1428\dot{5}$

② 순환마디가 6개 숫자로 이루어짐!

100번째 숫자를 찾기 위해 6으로 나누어 나머지를 찾자

$100 \div 6 = 16 \cdots 4$

⇒ 순환마디 714285 중 4번째 숫자! (2 ← 100번째 숫자)

답 2

지연쌤의 SNS

☑ 순환소수의 소수점 아래 n번째 숫자를 쉽게 찾는 방법이 있나요?

먼저 분수를 소수로 나타내서 순환마디를 찾은 뒤, 순환마디의 숫자 개수만큼 나눠서 나머지를 찾아요. 마지막으로 나머지만큼 순환마디에서 숫자를 찾으면 쉽게 찾을 수 있죠.

예를 들어 위의 문제에서 99번째 숫자를 찾아볼까요?

$$0.(714285)(714285)\cdots(714285)(714285)$$

6개씩 16개니까 총 96번째 자리까지 / 97번째 / 98번째 / 99번째

난이도 ★★★★☆

1

분수 $\frac{6}{7}$을 소수로 나타낼 때, 소수점 아래 50번째 자리의 숫자를 구하여라.

풀이 쓰기

2

순환소수 $0.12\dot{3}4\dot{5}$의 소수점 아래 99번째 자리의 숫자를 구하여라.

풀이 쓰기

Hint 소수점 아래의 숫자 12가 반복되지 않기 때문에 세 번째 숫자인 3부터 97번째 자리의 숫자를 찾아요.

수학 읽기

신비한 숫자 '142857'의 비밀 ①

분수를 순환소수로 나타내라는 문제에서 꼭 등장하는 것이 $\frac{1}{7}$, $\frac{2}{7}$, ⋯, $\frac{6}{7}$입니다.

순환마디가 꽤 길어서 계산을 열심히 해야 하기 때문이죠.

그런데 이런 문제를 몇 번 풀다 보면 7로 나누었을 때 일정한 수의 배열이 나타난다는 것을 알 수 있어요. 여러분은 알아차렸나요?

$$\frac{1}{7}=0.\dot{1}4285\dot{7},\ \frac{2}{7}=0.\dot{2}8571\dot{4},\ \cdots,\ \frac{6}{7}=0.\dot{8}5714\dot{2}$$

이렇게 142857을 시작으로 돌고 돌면서 순환마디가 생기는 것을 알 수 있어요.

003 유한소수인지 아닌지 구별하기

다음 분수를 소수로 나타낼 때, 유한소수로 나타낼 수 있는 것을 모두 고르면? (정답 2개)

분모에 ②나⑤만 있어야해!

① $\frac{7}{30}$ ② $\frac{3}{50}$

③ $\frac{21}{90}$ ④ $\frac{9}{70}$

⑤ $\frac{7}{140}$

Tip

- 분수를 약분하여 기약분수로 고친 뒤, 분모를 소인수분해해서 2와 5만 남았다면 유한소수로 표현할 수 있어요.

풀·이·쓰·기

분모를 소인수분해해서

⇒ 2나5만 있는 경우를 찾자

① $\frac{7}{30} = \frac{7}{2\times3\times5}$ ⇒ 순환소수

불순물!

② $\frac{3}{50} = \frac{3}{2\times5^2}$ ⇒ 유한소수

깨끗!

③ $\frac{21}{90} = \frac{\cancel{21}\,7}{2\times3^{\cancel{2}}\times5}$

$= \frac{7}{2\times3\times5}$ ⇒ 순환

약분이 되도 불순물이ㅠ.ㅠ.

④ $\frac{9}{70} = \frac{9}{2\times5\times7}$ ⇒ 순환

불순물

⑤ $\frac{7}{140} = \frac{\cancel{7}}{2^2\times5\times\cancel{7}} = \frac{1}{2^2\times5}$

불순물이 모두 약분되어 깨끗해졌네 굿

⇒ 유한소수

답 ②, ⑤

1

다음 분수를 소수로 나타낼 때, 유한소수로 나타낼 수 있는 것은?

풀이 쓰기

① $\frac{4}{3}$ ② $\frac{5}{14}$ ③ $\frac{9}{60}$

④ $\frac{10}{12}$ ⑤ $\frac{22}{33}$

2

다음 보기 의 분수 중 유한소수로 나타낼 수 없는 것을 모두 골라라.

풀이 쓰기

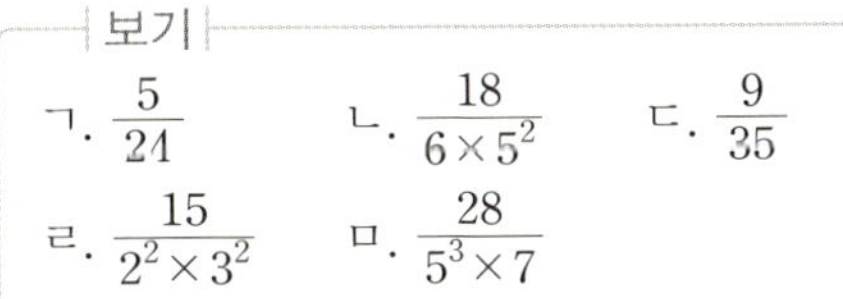

보기

ㄱ. $\frac{5}{24}$ ㄴ. $\frac{18}{6\times5^2}$ ㄷ. $\frac{9}{35}$

ㄹ. $\frac{15}{2^2\times3^2}$ ㅁ. $\frac{28}{5^3\times7}$

Hint 유한소수로 나타낼 수 없기 위해서는 분모에 2나 5 외에 불순물이 있어야 해요.

수학 읽기

유한소수로 나타낼 수 있으려면 왜 2나 5만 있어야 할까?

그 이유는 바로 분모를 10으로 만들어야 하기 때문이에요.

$\frac{3}{10}$은 0.3으로 $\frac{3}{100}$은 0.03으로 바로 소수로 나타낼 수 있죠?

분모가 10, 100, 1000과 같은 10의 거듭제곱으로 이루어져 있기 때문이에요.

분모에 2나 5만 있다면 분자에 어떤 숫자가 오더라도 분모를 10의 거듭제곱으로 만들어 유한소수로 표현할 수 있답니다.

그럼 반대로 분모에 2나 5 외의 숫자들이 있다면 무한소수가 되겠죠?

004 유한소수가 될 수 있도록 만들자

분수 $\frac{17}{60}\times A$를 소수로 나타내면 유한소수가 될 때, A의 값 중에서 가장 작은 자연수를 구하여라.

불순물 해결사

지금은 유한소수가 아니야 ㅠ.ㅠ
딱 봐도 불순물이 보임!
A를 곱해서 약분으로 해결하자!

Tip

- 무한소수를 유한소수로 만들기 위해서는 분모에 있는 불순물을 분자에 곱해서 약분한 뒤, 2나 5만 남도록 만들면 돼요.

풀·이·쓰·기

① $\frac{17}{60}$에서 분모를 소인수분해

왜? 불순물 찾으려고!

$60 = 2^2\times3\times5$

$$\frac{17}{60}=\frac{17}{2^2\times3\times5}$$

불순물!

② A를 곱해서 불순물을 해결하자

약분

$$\frac{17}{2^2\times3\times5}\times A$$

3의 배수! 이면 해결가능

⇒ 따라서, A : 3의 배수 (3, 6, 9, 12, …)

③ A의 값 중 가장 작은 수?

3, 6, 9, 12, …

답

답 3

난이도 ★★★★☆

1

분수 $\frac{13}{90}\times A$를 소수로 나타내면 유한소수가 될 때, A의 값 중에서 가장 작은 자연수를 구하여라.

풀이 쓰기

2

분수 $\frac{6}{420}\times A$를 소수로 나타내면 유한소수가 될 때, A의 값이 될 수 있는 가장 작은 두 자리 자연수를 구하여라.

풀이 쓰기

Hint 먼저 기약분수가 아니므로 약분을 꼭 하고, A가 몇의 배수가 되어야 하는지 확인해요.

알아두면 좋아요

우리가 푸는 문제들을 보면 '가장 작은 자연수', '두 번째로 작은 자연수', '~에 가장 가까운 자연수' 등 다양한 형태로 변형된 문제들이 등장해요.
예를 들어 A가 '9의 배수'라고 한다면, A가 될 수 있는 숫자들은 다음과 같아요.

9, 18, 27, 36, 45, 54, …

9 → 가장 작은 자연수, 18 → 두 번째로 작은 자연수, 54 → 50에 가장 가까운 자연수

005 순환소수가 될 수 있도록 만들자

분수 $\frac{15}{2^2\times5\times a}$를 소수로 나타낼 때, 순환소수가 되도록 하는 한 자리의 자연수 a의 값을 모두 구하여라.

→ 불순물이어야 순환소수 가능

일단 여기까지 아주 Good! 유한소수 상태

풀·이·쓰·기

$\frac{15}{2^2\times5\times a}$에서

($2^2\times5$) 깨끗

a가 2와 5가 아닌 불순물이어야 순환소수가 된다.

한 자리의 자연수는 1~9 이므로

1, 2, ③, 4, 5, ⑥, ⑦, 8, ⑨

1: 의미 없음

2, 4, 5, 8: 2나 5로만 이루어짐

그런데 !!!

만약 $a=3$이라면??

$\frac{15}{2^2\times5\times3} \rightarrow \frac{5}{2^2\times5}$ ← 약분이 된다ㅠ.ㅠ

(다시 깨끗해짐)

그래서 3도 탈락!

만약 $a=6$이라면??

$\frac{15}{2^2\times5\times3\times2} \rightarrow \frac{5}{2^2\times5\times2}$ ← 약분

(다시 깨끗해짐)

그래서 6도 탈락!

따라서, 주어진 분수가 순환소수가 되게 하는 a의 값은 7, 9 이다.

답 7, 9

Tip

- 유한소수를 순환소수로 만드는 과정에서 분모에 어떤 수를 곱해 줄 때, 분자와 약분될 수 있는지도 꼭 확인해 줘요.

난이도 ★★★★☆

I 수와 식의 계산

1

분수 $\frac{7}{2\times 5^2\times a}$을 소수로 나타낼 때, 순환소수가 되도록 하는 한 자리의 자연수 a의 값을 모두 구하여라.

2

분수 $\frac{21}{20\times a}$을 소수로 나타낼 때, 순환소수가 된다고 한다. 다음 중 a의 값으로 옳은 것은?

① 10 ② 12 ③ 14
④ 15 ⑤ 18

수학 읽기

순환하지 않는 무한소수

소수점 아래의 숫자가 순환하지 않고 계속 이어지는 무한소수가 있을까요?
당연히 있어요. 대표적으로는 원과 관련된 문제에 자주 나오는 π(파이)예요. π는 보통 3.14라고 기억할지도 모르겠지만, 끝없이 계속 이어지는 순환하지 않는 무한소수랍니다.

006 순환소수를 분수로 나타낼 수 있다고?

다음 순환소수를 분수로 나타내어라.

(1) $0.\dot{4}\dot{3}$

(2) $3.2\dot{4}\dot{5}$

Tip

• $1.\dot{2}\dot{3}=1.2323\cdots$ 여기에 100을 곱하면, $123.\dot{2}\dot{3}=123.2323\cdots$ 순환소수이니까 소수점 아래 숫자들은 똑같겠죠? 이 두 숫자를 빼면 소수점 아래 숫자들은 깔끔히 없어져요. 이 원리를 이용해서 순환소수를 분수로 나타낼 수 있죠.

풀·이·쓰·기

(1) $x=0.\dot{4}\dot{3}$ 이라고 하자.

$x=0.434343\cdots$ (순환마디: 43)

$100x=43.434343\cdots$ (순환마디 끝으로 소수점 이동)

$-\ \ \ \ x=0.434343\cdots$

$99x=43$

$x=\dfrac{43}{99}$ ← 분수로 뿅!

(2) $x=3.2\dot{4}\dot{5}$ 이라고 하자.

$x=3.2454545\cdots$ (순환마디: 45)

$1000x=3245.4545\cdots$ (순환마디 끝으로 소수점 이동)

$-\ \ \ 10x=32.4545\cdots$ (순환마디 바로 앞으로 이동)

$990x=3245-32$

$990x=3213$

$x=\dfrac{3213}{990}=\dfrac{357}{110}$ (약분되면 약분도 꼭!)

답 (1) $\dfrac{43}{99}$, (2) $\dfrac{357}{110}$

난이도 ★★★☆☆

I

수와 식의 계산

1

다음 순환소수를 분수로 나타내어라.

풀이 쓰기

(1) $0.\dot{2}\dot{3}$

(2) $1.2\dot{3}\dot{8}$

Hint

(1) $x=0.\dot{2}\dot{3}$이라고 한다면, $100x-x$로 풀어요.

(2) $x=1.2\dot{3}\dot{8}$이라고 한다면, $1000x-10x$로 풀어요.

2

다음은 순환소수 $1.2\dot{3}\dot{6}$을 분수로 나타내는 과정이다. □에 들어갈 수로 옳지 않은 것은?

풀이 쓰기

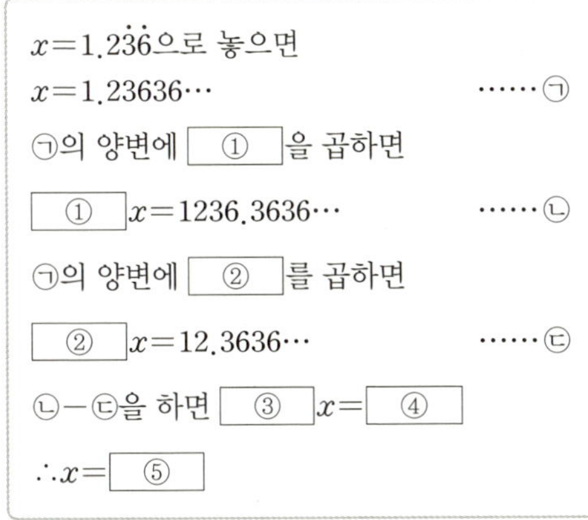
$x=1.2\dot{3}\dot{6}$으로 놓으면

$x=1.23636\cdots$ ⋯⋯ ㉠

㉠의 양변에 ① 을 곱하면

① $x=1236.3636\cdots$ ⋯⋯ ㉡

㉠의 양변에 ② 를 곱하면

② $x=12.3636\cdots$ ⋯⋯ ㉢

㉡－㉢을 하면 ③ $x=$ ④

$\therefore x=$ ⑤

① 1000　② 10　③ 900

④ 1224　⑤ $\frac{68}{55}$

007 순환소수를 포함한 식의 계산

$0.\dot{5}\dot{4} - x = 0.\dot{2}$ 일 때,

x의 값을 순환소수로 나타내어라.

풀·이·쓰·기

① 주어진 식에서 순환소수를 분수로

$0.\dot{5}\dot{4} = \frac{54}{99} = \frac{6}{11}$

$0.\dot{2} = \frac{2}{9}$

② $\frac{6}{11} - x = \frac{2}{9}$ 를 풀자!

$-x = \frac{2}{9} - \frac{6}{11}$

$-x = \frac{22-54}{99}$

$-x = -\frac{32}{99}$

$\therefore x = \frac{32}{99}$

→ 순환소수로!

$\Rightarrow x = 0.\dot{3}\dot{2}$

답 $0.\dot{3}\dot{2}$

Tip

- 순환소수를 계산할 때는 우선 순환소수를 분수로 나타낸 후 식을 계산해 줘요.

지연 쌤의 SNS

순환소수를 분수로 빨리 나타내는 방법이 있나요?

① 분모 결정: 소수점 아래에서 순환마디의 숫자 개수만큼 9를 쓰고 순환하지 않는 부분에는 0을 써요. 그 후 숫자를 거꾸로 읽어서 분모로 정해요.

예 $1.2\dot{3}\dot{4}$는 순환하지 않는 부분이 2, 순환마디는 34이므로 099이고, 099를 거꾸로 읽어 주면 990이 분모가 돼요.

② 분자 결정: (전체의 수)−(순환하지 않는 부분의 수)로 분자를 정해요.

예 $1.2\dot{3}\dot{4}$에서 전체의 수는 1234, 순환하지 않는 부분의 수는 12이므로 $1234-12=1222$가 분자가 돼요.

따라서 순환소수 $1.2\dot{3}\dot{4}$를 분수로 나타내면 $\frac{1222}{990}$이고, 약분하면 $\frac{611}{495}$이 된답니다.

난이도 ★★★☆☆

1

$3.\dot{5}$보다 $0.\dot{7}$만큼 큰 수를 순환소수로 나타내어라.

풀이 쓰기

2

$2.\dot{3}\dot{5}-x=0.\dot{2}$일 때, x의 값을 순환소수로 나타내어라.

풀이 쓰기

알아두면 좋아요

계산한 결과를 다시 순환소수로?

$0.\dot{6}$ 보다 $0.\dot{7}$만큼 큰 수를 순환소수로 나타내라고 했을 때,

$0.\dot{6}+0.\dot{7}=\frac{6}{9}+\frac{7}{9}=\frac{13}{9}$이 돼요. 이 수를 다시 순환소수로 나타내 볼까요?

① 그냥 다시 나눠 줘요.

$$\begin{array}{r} 1.444\cdots \\ 9\overline{)13} \\ \underline{9} \\ 40 \\ \underline{36} \\ 40 \\ \vdots \end{array}$$

② 순환소수 → 분수 변환 방법을 거꾸로 이용해요.

$$\frac{13}{9}=1\frac{4}{9}=1.444\cdots$$

008 소수와 유리수의 이해

다음 중 옳은 것을 모두 고르면?

① 소수는 유리수이다.
분수로 나타낼 수 있다.

② 모든 무한소수는 분수로 나타낼 수 없다.
유리수가 아니다.

③ 유한소수는 유리수이다.

④ 유리수는 순환소수이다.

⑤ 모든 분수는 유한소수 또는 순환소수로 나타낼 수 있다.

Tip

- "유리수이다."라는 말은 "분수로 나타낼 수 있다."라는 말과 같아요.

풀·이·쓰·기

① 소수 중에서 3.141592⋯ 와 같은 순환하지 않는 무한소수는 분수로 나타낼 수 없지.
⇒ 모든 소수를 유리수라고 할 수 X

② 무한소수 중에서도 0.323232⋯ 같은 순환소수는
⇒ $\frac{32}{99}$ 분수로 가능하지요 쏨
뿅!

③ 유한소수는 모두 분수로 가능!

④ 유리수 → 모두 순환소수?
분수로 나타낼 수 있는 수
No! $\frac{1}{2}=0.5$ 유한소수잖아!

⑤ 모든 분수

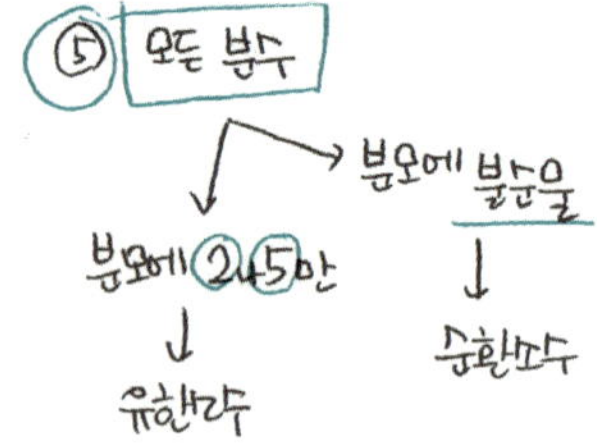

답 ③, ⑤

난이도 ★★★☆☆

1

다음 설명 중 옳지 않은 것은?

풀이 쓰기

① 순환소수는 모두 유리수이다.
② 유리수는 모두 유한소수로 나타낼 수 있다.
③ 기약분수로 나타내었을 때, 분모의 소인수가 2나 5뿐이면 유한소수가 된다.
④ 무한소수 중에는 유리수가 아닌 것도 있다.
⑤ 유한소수는 모두 유리수이다.

2

다음 보기 중 옳은 것을 모두 골라라.

풀이 쓰기

보기

ㄱ. 0은 분수로 나타낼 수 있다.
ㄴ. 무한소수는 모두 순환소수이다.
ㄷ. 순환소수는 분수로 나타낼 수 있다.
ㄹ. 순환소수 중에는 유리수가 아닌 것도 있다.
ㅁ. 정수가 아닌 유리수를 소수로 나타내면 모두 유한소수가 된다.
ㅂ. 모든 유한소수는 분모가 10의 거듭제곱의 꼴인 분수로 나타낼 수 있다.

알아두면 좋아요

소수의 분류

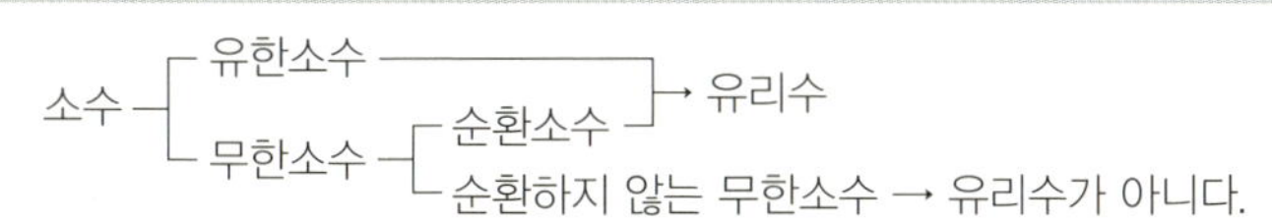

① 정수가 아닌 유리수는 유한소수 또는 순환소수로 나타낼 수 있다.
② 유한소수와 순환소수는 모두 유리수이다.

009 지수법칙의 이해

다음 중 계산결과가 나머지 넷과 다른 하나는?

① $a^9 \div a^6$

② $a^8 \div a^3 \div a^2$

③ $(a^5)^2 \div a^7$

④ $a^6 \div a^2 \times a$

⑤ $(a^2)^6 \div (a^3)^5 \times a^6$

Tip

- 나눗셈의 두 가지 방법
  만약 $a^{12} \div a^{15}$을 계산한다면,
  ① $\frac{1}{a^{15-12}} = \frac{1}{a^3}$
  ② $a^{12} \times \frac{1}{a^{15}} = \frac{1}{a^3}$

풀·이·쓰·기

① $a^9 \div a^6 = a^{9-6} = a^3$

② $a^8 \div a^3 \div a^2$
$= a^{8-3} \div a^2$
$= a^5 \div a^2 = a^{5-2} = a^3$

③ $(a^5)^2 \div a^7$
$= a^{10} \div a^7 = a^{10-7} = a^3$

④ $a^6 \div a^2 \times a$
$= a^{6-2} \times a$
$= a^4 \times a^1 = a^{4+1} = a^5$
1이 숨어있음.

⑤ $(a^2)^6 \div (a^3)^5 \times a^6$
$= a^{12} \div a^{15} \times a^6$
$= a^{12} \times \frac{1}{a^{15}} \times a^6$
$= \frac{a^{18}}{a^{15}} = a^{18-15} = a^3$

답 ④

난이도 ★★☆☆☆

1

다음 식을 간단히 나타내어라.

풀이 쓰기

(1) $(a^4)^3 \times a^2$

(2) $(a^2)^3 \times (a^4)^2$

2

다음 중 $x^8 \div x^4 \div x^2$과 계산한 결과가 같은 것은?

풀이 쓰기

① $x^8 \div (x^4 \div x^2)$ ② $x^8 \div (x^4 \times x^2)$
③ $x^8 \times (x^4 \div x^2)$ ④ $x^4 \div x^2 \div x^8$
⑤ $x^2 \times (x^8 \div x^4)$

Hint 나눗셈이라고 해서 지수끼리 나눠 주면 안 돼요. 나눗셈이라면 지수끼리는 뺄셈을 해 줘야 해요.

알아두면 좋아요

4가지의 지수법칙을 소개합니다!

① 지수의 합 $a^m \times a^n = a^{m+n}$

② 지수의 곱 $(a^m)^n = a^{mn}$

③ 지수의 차 $a^m \div a^n = a^{m-n}$

지수의 차 $a^m \div a^n = \dfrac{1}{a^{n-m}}$

④ $(ab)^m = a^m b^m$

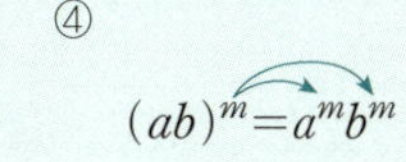

$\left(\dfrac{a}{b}\right)^m = \dfrac{a^m}{b^m}$

010 지수법칙을 응용해서 거듭제곱의 합 표현하기

$3^4+3^4+3^4=3^x$,

$2^5+2^5+2^5+2^5=2^y$,

$5^3+5^3+5^3+5^3+5^3=5^z$라고

할 때, $x+y+z$의 값을 구하여라.

풀·이·쓰·기

① $3^4+3^4+3^4$

3^4을 세 번 더했다. ⇒ $3^4\times3$

⇒ $3^4\times3=\boxed{3^5}$

⇒ $3^5=3^x$이므로 $x=5$

② $2^5+2^5+2^5+2^5$

2^5을 네 번 더했다 → $2^5\times4$

⇒ $2^5\times4=2^5\times2^2=2^7$

⇒ $2^7=2^y$이므로 $y=7$

③ $5^3+5^3+5^3+5^3+5^3$

5^3을 다섯 번 더했다. ⇒ $5^3\times5$

⇒ $5^3\times5=5^4$

⇒ $5^4=5^z$이므로 $z=4$

④ $x+y+z=5+7+4=\boxed{16}$

답 16

Tip

- 3은 3^1이고, 5는 5^1이에요. 이렇게 지수가 없으면 1이 생략되어 있다는 것을 꼭 기억해요.
- $a+a+a+a+a+a=a\times6$으로 a를 6번 더한다는 말이에요.
  $a^2+a^2+a^2+a^2+a^2+a^2$도 마찬가지로 a^2을 6번 더한 것이므로 $a^2\times6$으로 표현할 수 있어요.

난이도 ★★★★☆

I

수와 식의 계산

1

$2^6+2^6+2^6+2^6$을 2의 거듭제곱으로 간단히 나타내면 2^m이고, $3^5+3^5+3^5$을 3의 거듭제곱으로 간단히 나타내면 3^n이다. 이때, $m+n$의 값을 구하여라.

Hint 4는 2^2으로도 표현할 수 있어요.

2

$5^4\times5^4\times5^4=5^x$, $5^4+5^4+5^4+5^4+5^4=5^y$일 때, $x+y$의 값을 구하여라.

Hint 첫 번째는 5^4를 세 번 곱했고, 두 번째는 5^4를 다섯 번 더했어요.

수학 읽기

자꾸 반복하는 것이 귀찮아서 기호를 만들었어요!

$3+3+3+3+3+3+3+3+3+3$이 있어요. 3이 10번 더해져 있는데 이 식을 매번 이렇게 길게 쓰기 귀찮아서 3×10이라는 곱하기 기호를 만들었어요.
이번에는 $3\times3\times3\times3\times3\times3\times3\times3\times3\times3$이 있네요? 3이 10번 곱해져 있는데 이 역시 간단하게 3^{10}이라고 쓰기로 약속했죠.
수학은 기본적으로 기호를 통해 최대한 간단히 나타내는 것을 좋아한답니다.

011 지수법칙을 응용해서 새로운 문자의 식으로 나타내기

$2^x=A$, $3^x=B$라고 할 때,
다음을 A, B를 사용한 식으로
나타내어라.

(1) $2^{x+1}+3^{x+1}$

(2) 6^{x+1}

풀·이·쓰·기

(1) $2^{x+1}+3^{x+1}$

$2^x\times 2^1+3^x\times 3^1$ (2^x → A, 3^x → B)

$=A\times 2+B\times 3$

$=2A+3B$

(2) $6^{x+1}=6^x\times 6^1$

↓ 6=2×3 이므로

$=(2\times 3)^x\times 6$

$=2^x\times 3^x\times 6$ (2^x → A, 3^x → B)

$=6AB$

답 (1) **2A+3B**, (2) **6AB**

지연쌤의 SNS

☑ 밑이 서로 다르면 어떻게 문자로 나타낼 수 있나요?

$2^2=A$라고 할 때, 32^4을 A를 사용하여 문자의 식으로 나타내 볼까요?
32^4의 밑은 32이고, A의 밑은 2예요. 그럼 32를 소인수분해해서 서로 밑을 똑같이 만들어 주면 되겠네요!
$32=2^5$이니까 $32^4=(2^5)^4=2^{20}$이 되는군요. 그런데 $A=2^2$이잖아요?
2^{20}에서 분배법칙을 이용해서 2^2만 따로 분리해 볼까요?
그럼 $2^{20}=(2^2)^{10}=A^{10}$이라고 나타낼 수 있어요.

난이도 ★★★★☆

I

수와 식의 계산

1

$3^x = A$, $5^x = B$라고 할 때, 다음을 A와 B를 사용한 식으로 나타내어라.

풀이 쓰기

(1) 3^{2x}

(2) 5^{x+1}

(3) 15^{x+1}

2

$2^x = A$라고 할 때, $2^{x+1} + 2^{x+2}$을 A를 사용한 식으로 나타내어라.

풀이 쓰기

수학 읽기

신비한 숫자 '142857'의 비밀 ②

숫자 142857의 비밀을 조금 더 알아볼까요?

① $142857 \times 7 = 999999$ ➡ $999999 = 142857 + 857142$

② $14 + 28 + 57 = 99$, $142 + 857 = 999$

③ $142857^2 = 20408122449$ ➡ $20408 + 122449 = 142857$

012 지수법칙을 응용해서 자릿수 알아내기

$2^{12}\times5^{9}$은 m자리 자연수이고,
$4^{9}\times5^{20}$은 n자리 자연수일 때,
$m+n$의 값을 구하여라.

2×5가 몇 쌍일까?

Tip

• 2×5를 한 쌍으로 따로 분리해 주면 쉽게 10을 만들 수 있어요.

풀·이·쓰·기

① $2^{12}\times5^{9}$를 지수법칙을 이용하면

2^{12} → $2^3\times2^9$

$\Rightarrow 2^3\times2^9\times5^9$

$=2^3\times(2\times5)^9$

$=8\times10^9$

$=8000000000$ (0이 9개)

→ 10자리의 자연수!

② $4^{9}\times5^{20}$에서 $4=2^2$이므로

4^9 → $(2^2)^9$

$\Rightarrow (2^2)^9\times5^{20}=2^{18}\times5^{20}$

5^{20} → $5^{18}\times5^2$

$\Rightarrow 2^{18}\times5^{18}\times5^2$

$=(2\times5)^{18}\times25$

$=10^{18}\times25$

$=25000\cdots000$ (0이 18개)

→ 20자리의 자연수!

③ $m=10$, $n=20$이므로 $m+n=30$

답 30

난이도 ★★★★☆

1

$2^{10} \times 5^{8}$은 m자리 자연수이고, $4^{12} \times 5^{20}$은 n자리 자연수일 때, $m+n$의 값을 구하여라.

풀이 쓰기

2

$2^{8} \times 3^{2} \times 5^{9}$을 계산한 결과가 n자리의 자연수일 때, n의 값을 구하여라.

Hint 어차피 3^{2}은 10을 만들 수 없으므로 일단 제외하고, 2×5를 먼저 정리한 다음에 계산하면 편해요.

수학 읽기

x^{0}은 무조건 1이에요!

어떤 수의 0 제곱은 무조건 1이 나와요.
이것은 우리가 배운 지수법칙으로도 확인할 수 있어요.
$2^{2} \div 2^{2} = 2^{2-2} = 2^{0}$이죠? 그럼 $\frac{2^{2}}{2^{2}} = \frac{4}{4} = 1$이라는 것을 알 수 있겠네요!

$2^{0} = ?$
$2^{1} = 2$
$2^{2} = 4$
$2^{3} = 8$
(×2 ↓, ÷2 ↑)

013 단항식끼리 곱하고 나누자

다음 식을 간단히 하여라.

(1) $\frac{4}{3}xy \times 3x^2y \times (-2xy^2)^2$

(2) $(-3y^3)^4 \div \frac{9}{8}y^5 \div \left(-\frac{1}{3}y^3\right)$

Tip

- ① 거듭제곱부터 해결하자!
  ② 분모, 분자를 확실하게 구분하는 게 실수를 줄이는 길!
  예 $\frac{1}{2}y = \frac{y}{2}$
  ③ 나눗셈은 역수의 곱셈으로!

풀·이·쓰·기

(1) $\frac{4}{3}xy \times 3x^2y \times (-2xy^2)^2$

$= \frac{4xy}{3} \times \frac{3x^2y}{1} \times \frac{+4x^2y^4}{1}$

$= +16x^5y^6$ ← y 몇 개?

부호체크 / 수끼리 / x 몇 개?

(2) $(-3y^3)^4 \div \frac{9}{8}y^5 \div \left(-\frac{1}{3}y^3\right)$

지수부터 해결!

$= +81y^{12} \div \frac{9y^5}{8} \div \left(-\frac{y^3}{3}\right)$

↓역수 ↓역수

$= \frac{+81y^{12}}{1} \times \frac{8}{9y^5} \times \left(-\frac{3}{y^3}\right)$

$= -216y^4$

답 (1) $+16x^5y^6$, (2) $-216y^4$

지연쌤의 SNS

단항식의 곱셈과 나눗셈은 어떤 차이가 있나요?

① 단항식의 곱셈: 단항식의 곱셈은 계수는 계수끼리, 문자는 문자끼리 곱하여 계산해요. 이때 같은 문자끼리의 곱셈은 지수법칙을 이용하면 간단하게 나타낼 수 있어요.

② 단항식의 나눗셈: 분수 꼴로 나타내거나 역수를 이용하여 나눗셈을 곱셈으로 고쳐서 계수는 계수끼리, 문자는 문자끼리 계산해요.

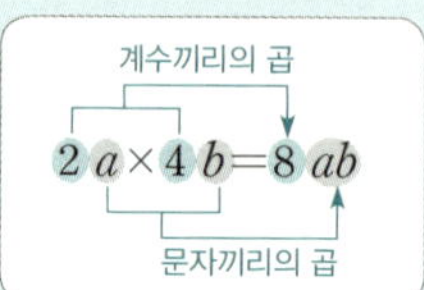

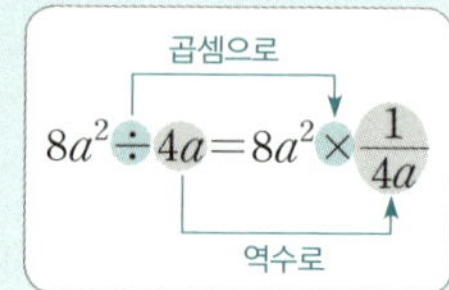

난이도 ★★★☆☆

1

다음 식을 간단히 하여라.

풀이 쓰기

(1) $\frac{5}{2}xy \times 2x^2y \div (-xy^2)^2$

(2) $(-2y^2)^4 \div \frac{8}{5}y^6 \div (-5y)$

2

다음 식을 만족시키는 상수 A, B에 대하여 A, B의 값을 각각 구하여라.

풀이 쓰기

$$32x^7y^{\mathrm{A}} \div (-2xy)^3 = \mathrm{B}x^4y^2$$

Hint 계수는 계수끼리, x는 x끼리, y는 y끼리만 비교해요.

014 다항식의 덧셈과 뺄셈

다음 식을 간단히 하여라.

(1) $(9x^2-4x+1)-(3x^2+x+4)$

(2) $\left(-\frac{1}{5}x^2+x-2\right)+\left(\frac{1}{2}x^2-\frac{1}{3}x+1\right)$

Tip

- 계산이 어려울 때는 문제를 단계별로 나누어 해결한 뒤에 연결해 줘요.

풀·이·쓰·기

(1) $(9x^2-4x+1)-(3x^2+x+4)$

그냥 괄호탈출! 부호바뀌어서 괄호탈출

$=9x^2-4x+1-3x^2-x-4$

↓ 동류항끼리

$=9x^2-3x^2-4x-x+1-4$

$=6x^2-5x-3$

(2) $\left(-\frac{1}{5}x^2+x-2\right)+\left(\frac{1}{2}x^2-\frac{1}{3}x+1\right)$

괄호 탈출

$=-\frac{1}{5}x^2+x-2+\frac{1}{2}x^2-\frac{1}{3}x+1$

↓ 동류항끼리

$=-\frac{1}{5}x^2+\frac{1}{2}x^2+x-\frac{1}{3}x-2+1$

① ② ③

① $-\frac{1}{5}x^2+\frac{1}{2}x^2$

$=-\frac{2}{10}x^2+\frac{5}{10}x^2=+\frac{3}{10}x^2$

② $+x-\frac{1}{3}x=+\frac{3}{3}x-\frac{1}{3}x=+\frac{2}{3}x$

③ $-2+1=-1$

$\Rightarrow +\frac{3}{10}x^2+\frac{2}{3}x-1$

연결!

답 (1) $6x^2-5x-3$, (2) $\frac{3}{10}x^2+\frac{2}{3}x-1$

난이도 ★★☆☆☆

1

다음 식을 간단히 하여라.

풀이 쓰기

(1) $(3a^2+a-5)+(2a^2-6a+2)$

(2) $(5a^2+4a-2)-(-a^2+a-9)$

2

$(3x^2+5x-2)-(4x^2-2x-3)=\mathrm{A}x^2+\mathrm{B}x+\mathrm{C}$ 일 때, A, B, C의 값을 각각 구하여라.

풀이 쓰기

알아두면 좋아요

다항식의 계산

괄호가 있으면 먼저 괄호를 풀고 동류항끼리 모아서 간단히 정리해요.

예 $(2a+5b)+(4a+2b)$
$=2a+5b+4a+2b$
$=2a+4a+5b+2b$
$=6a+7b$

괄호를 푼다.
동류항끼리 모은다.
간단히 한다.

$(2a+5b)-(4a+2b)$
$=2a+5b-4a-2b$
$=2a-4a+5b-2b$
$=-2a+3b$

015 괄호가 있는 다항식의 계산

$4x-[5x-4y-\{x+y-(2x+4y)\}]$
를 계산한 결과가 $Ax+By$ 일 때,
A, B의 값을 각각 구하여라.

Tip

- ① 소괄호 중괄호 대괄호 순으로 풀어요.
  ② 괄호 밖의 (−)는 분배법칙으로 곱해 주고 괄호를 제거해요.
  ③ 무엇보다 차근차근 푸는 게 제일 중요해요.

풀·이·쓰·기

$4x-[5x-4y-\{x+y-(2x+4y)\}]$

$=4x-\{5x-4y-(x+y-2x-4y)\}$

동류항끼리

$=4x-\{5x-4y-(-x-3y)\}$

부호바꿈

$=4x-(5x-4y+x+3y)$

동류항끼리

$=4x-(6x-y)$

부호바꿈

$=4x-6x+y$

$=\boxed{-2x+y}$

② $-2x+y=Ax+By$ 이므로

1 숨어있지

답 (1) $A=-2$, (2) $B=1$

지연쌤의 SNS

☑ 괄호가 복잡해서 잘 모르겠어요. 어떻게 풀어야 할까요?

괄호가 있는 다항식을 계산할 때 가장 중요한 것은 계산 순서예요.
소괄호( ) → 중괄호 { } → 대괄호[ ] 순서로 차근차근 괄호를 풀어 동류항끼리 계산하면, 어느새 간단해진 식을 볼 수 있을 거예요.
만약 괄호 앞에 (+)만 있으면 그냥 괄호를 탈출하고, (−)가 있다면 괄호 안에 있는 각 항의 부호를 바꿔서 탈출하면 된답니다.

난이도 ★★☆☆☆

1

$3y-x+y-(2x-y)=Ax+By$일 때, A, B의 값을 각각 구하여라.

풀이 쓰기

Hint 괄호 앞에 (−)가 있다면 괄호 안에 있는 각 항의 부호를 바꿔서 탈출해요.

2

$5x^2-\{-x+2x^2-3(x-1)\}$을 간단히 풀이한 식에서 이차항의 계수와 상수항의 합을 구하여라.

풀이 쓰기

Hint 소괄호( ) → 중괄호{ } 순서로 괄호를 풀어 계산해요.

016 바르게 계산한 식 구하기

다항식 $3x^2+x-5$에서 어떤 다항식을 더해야 할 것을 잘못하여 빼었더니 $-x^2+3x+1$이 되었다. 바르게 계산한 식을 구하여라.

풀·이·쓰·기

① 어떤 다항식 ▨를 구하자

$(3x^2+x-5)-▨$
$=-x^2+3x+1$

$3x^2+x-5-▨=-x^2+3x+1$

이항

$-▨=-x^2+3x+1-3x^2-x+5$

동류항끼리

$-▨=-4x^2+2x+6$

↓ 부호를 바꾸자

$▨=4x^2-2x-6$

② 바르게 계산해 보자.

$(3x^2+x-5)+(4x^2-2x-6)$

▨

$=3x^2+x-5+4x^2-2x-6$

$=7x^2-x-11$

답 $7x^2-x-11$

Tip

- ① 먼저 이항을 이용해서 어떤 다항식을 구해요.
  ② 그다음 바르게 계산한 답을 구해요.

지연쌤의 SNS

바르게 계산한 식은 어떻게 구하나요?

A를 더해야 할 것을 잘못하여 빼었더니 B가 되었을 때 바르게 계산한 식?

바르게 계산한 식: □+A=?　　잘못 계산한 식: □−A=B

바르게 계산한 식을 구하려면 무엇이 필요할까요? 맞아요 □가 필요해요. 잘못 계산한 식을 이용해서 □를 구할 수 있겠죠? □를 구한 뒤 다시 바르게 계산한 식으로 답을 구하면 된답니다.

난이도 ★★★★☆

I

수와 식의 계산

1

다항식 $4x^2-x+2$에 어떤 다항식을 더해야 할 것을 잘못하여 뺐더니 $3x^2-5x+1$이 되었다. 바르게 계산한 식을 구하여라.

2

다항식 $3x^2-2x+5$에서 어떤 다항식을 빼야 할 것을 잘못하여 더했더니 $2x^2-5x-4$가 되었다. 바르게 계산한 식을 구하여라.

Hint 어떤 다항식을 먼저 구한 뒤에 바르게 계산한 식을 구해요.

알아두면 좋아요

이항을 이용하자!

등호(=)를 기준으로 항을 이동할 때, 부호를 바꿔서 옮길 수 있어요.

$2x^2-3x+1+$ [어떤 다항식] $=-4x^2+2x-6$

부호를 바꿔서 옮겨요!

$2x^2-3x+1+$ [어떤 다항식] $=-4x^2+2x-6$

[어떤 다항식] $=-4x^2+2x-6-2x^2+3x-1=-6x^2+5x-7$

017 단항식과 다항식의 곱셈

<보기>에 주어진 식을 계산하여라.

<보기>

$-x(2x-6)+(14x^3-7x^2)\div(-7x)$

역수의 곱셈으로 고친 후 분배

풀·이·쓰·기

문제를 두 개로 나누어서 생각하자

① $-x(2x-6)$

$=-2x^2+6x$

② $(14x^3-7x^2)\div(-7x)$

$=(14x^3-7x^2)\times\left(-\frac{1}{7x}\right)$

㉠ $14x^3\times\left(-\frac{1}{7x}\right)=-2x^2$

㉡ $-7x^2\times\left(-\frac{1}{7x}\right)=+x$

$=-2x^2+x$

⇒ ①+②를 하면

$(-2x^2+6x)+(-2x^2+x)$

$=-2x^2+6x-2x^2+x$

$=-4x^2+7x$

답 $-4x^2+7x$

지연쌤의 SNS

단항식과 다항식의 곱셈은 어떻게 계산하나요?

단항식과 다항식의 곱셈은 **분배법칙**을 잘 이용하면 쉽게 계산할 수 있어요.
단항식과 다항식의 나눗셈 역시 **역수의 곱셈**으로 바꾼 뒤, **분배법칙**을 이용해서 계산하면 된답니다.

난이도 ★★★☆☆

1

다음 보기 에 주어진 식을 계산하여라.

풀이 쓰기

보기

$-x(3x+2)+(9x^3-3x^2)\div(-3x)$

Hint 나누기는 역수의 곱셈으로 바꾸어 계산해요.

2

$2x(x-4)+(-x^3+4x^2)\div(-2x)$를 간단히 하면 Ax^2+Bx이다. AB의 값을 구하여라.

풀이 쓰기

Hint 계산하는 과정에서 분수가 나와도 당황하지 말고 통분해 줘요.

018 다항식의 계산을 도형에 활용하자

아래 그림과 같이 밑면의 가로의 길이가 $5a$, 세로의 길이가 $3b$인 직육면체의 부피가 $90a^2b^2$일 때, 이 직육면체의 높이를 구하여라.

☆이라고 하자

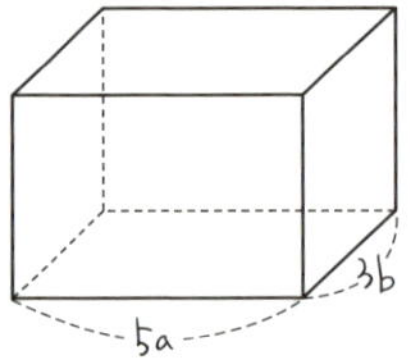

! Tip

- 문제에 입체도형이 나왔다면?
  - ① 어떤 모양의 입체도형인가?
  - ② 겉넓이에 대한 문제인가? 부피에 대한 문제인가?

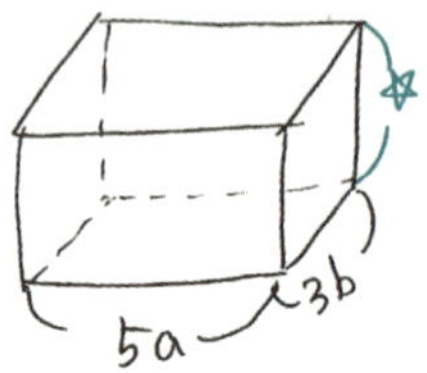

직육면체의 부피는

밑넓이 ($5a \times 3b$) $\times$ ☆

$= 15ab \times$ ☆

문제에서 부피가 $90a^2b^2$이라 했으므로 $15ab \times$ ☆ $= 90a^2b^2$

↓ 양변을 $15ab$로 나누자.

☆ $= \dfrac{90a^2b^2}{15ab}$

☆ $= 6ab$

따라서, 이 직육면체 높이는 $6ab$

답 $6ab$

난이도 ★★★★☆

I

1

밑면의 가로의 길이가 $6x$, 세로의 길이가 $5y$인 직육면체의 부피가 $120x^2y^2$일 때, 이 직육면체의 높이를 구하여라.

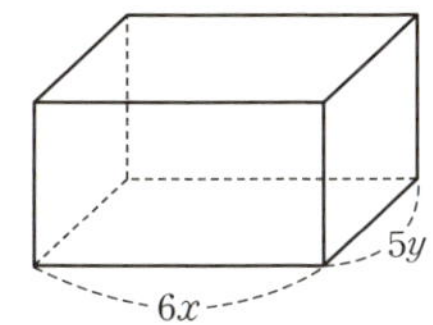

Hint 직육면체의 부피는 '(가로)×(세로)×(높이)'로 구할 수 있어요.

2

다음 그림에서 색칠한 부분의 넓이를 구하여라.

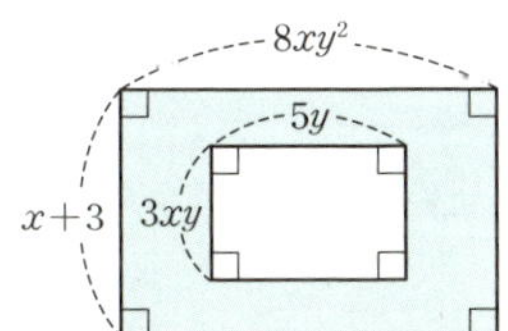

Hint (큰 사각형의 넓이)−(작은 사각형의 넓이)

알아두면 좋아요

도형에 관한 공식

① (직사각형의 넓이)=(가로)×(세로)
② (삼각형의 넓이)=(밑변)×(높이)×$\frac{1}{2}$
③ (사다리꼴의 넓이)=(윗변+아랫변)×(높이)×$\frac{1}{2}$
④ (기둥의 부피)=(밑넓이)×(높이)
⑤ (뿔의 부피)=$\frac{1}{3}$×(밑넓이)×(높이)

019 식에 값을 대입하기

$x=-2$, $y=3$ 일때, (대입!)

다음 주어진 식의 값을 구하여라.

(1) $2x(x-y)-x(y-3x)$

(2) $(18x^2y^3-36x^2y)\div 9xy$

↑ 복잡한 식에 그대로 대입? No

간단히 정리하고 대입! Yes!

Tip

- 식에 값을 그대로 대입하는 것도 틀린 방법은 아니지만, 복잡한 식이라면 먼저 식을 간단하게 정리하고 대입하는 것이 문제를 더 쉽게 푸는 방법이에요.

풀·이·쓰·기

(1) $2x(x-y)-x(y-3x)$

분배 법칙 사용

$=2x^2-2xy-xy+3x^2$

동류항끼리

$=5x^2-3xy$ ← 간단해졌네! 이제 대입가능

(x에 (-2), x에 (-2), y에 3)

$=5\times(-2)^2-3\times(-2)\times3$

$=20+18=\boxed{38}$

(2) $(18x^2y^3-36x^2y)\div 9xy$

$=(18x^2y^3-36x^2y)\times\dfrac{1}{9xy}$ (역수)

㉠ $18x^2y^3\times\dfrac{1}{9xy}=2xy^2$

㉡ $-36x^2y\times\dfrac{1}{9xy}=-4x$

(연결)

$\Rightarrow 2xy^2-4x$

(x에 (-2), y에 3, x에 (-2))

$=2\times(-2)\times3^2-4\times(-2)$

$=-36+8=\boxed{-28}$

답 (1) 38, (2) -28

난이도 ★★★☆☆

1

$x=-3$, $y=5$일 때, 다음 주어진 식의 값을 구하여라.

풀이 쓰기

(1) $y(x-y)-2y(y+3x)$

(2) $(12x^2y^2-8x^2y)\div 4xy$

(3) $-x(x-y)+(3x^3-6x^2y)\div 3x$

Hint 음수를 대입할 때는 반드시 괄호( )에 넣어 대입해야 실수를 하지 않아요.

알아두면 좋아요

복잡한 식을 간단하게 정리할 때!

① 소괄호부터 계산해요.
② 분배법칙을 이용해요. (단, 나눗셈이 있다면 역수의 곱셈을 해 줘요.)
③ 더 이상 곱할 것이 없다면 동류항끼리 계산해요.

020 식에 식을 대입하기

A=3x−y, B=2x+5y 일 때,
4A−B−(A−2B)를
x, y 의 식으로 나타내어라.

괄호에 넣어서 대입

간단히 정리하고 대입하자 쌤

풀·이·쓰·기

① 주어진 식을 간단히 정리하자

$4A-B-(A-2B)$

$=4A-B-A+2B$

$=3A+B$

② 3A+B 에 A=3x−y, B=2x+5y 를 대입

$3A+B$

(3x−y) (2x+5y)

$=3(3x-y)+(2x+5y)$

$=9x-3y+2x+5y$

$=11x+2y$

답 $11x+2y$

Tip

- 식에 식을 대입할 때는 반드시 괄호(　　)에 넣어서 대입해야 해요.

지연쌤의 SNS

☑ x, y에 관한 식은 무엇을 의미하나요?

x, y에 관한 식은 x, y를 사용하여 나타낸 식을 말해요. 즉, 식에 문자가 x, y만 있다는 것을 의미하죠.

예 $2x-y+3$, $x-3$, $y+5$, $a+b+c$
- $2x-y+3$: x, y에 관한 식
- $x-3$: x에 관한 식
- $y+5$: y에 관한 식
- $a+b+c$: a, b, c에 관한 식

난이도 ★★★☆☆

I

수와 식의 계산

1

$A=2x+3y$, $B=-x+5y$일 때,

$A-3B-(2A-5B)$를 x, y에 관한 식으로 나타내어라.

풀이 쓰기

Hint A와 B를 먼저 대입하려고 하지 말고, 대입할 식을 먼저 정리한 다음에 A와 B를 대입하면 쉽게 풀 수 있어요.

2

$x=2y-1$일 때, $2x-y+3$을 y에 관한 식으로 나타내어라.

풀이 쓰기

Hint 문제에서 물어보는 것은 y에 관한 식이라는 것을 기억하고, x 대신에 y에 관한 식을 대입해요.

알아두면 좋아요

식에 식을 대입할 때 주의할 점

식에 식을 대입할 때는 반드시 괄호에 넣어 대입해야 해요.

예 $A=x-1$, $B=-2x+3$일 때, $2A-B$를 x의 식으로 나타내어라.

- 괄호에 넣어 대입했을 때
  $2A-B=2(x-1)-(-2x+3)=2x-2+2x-3=4x-5$
- 괄호에 넣지 않고 대입했을 때
  $2A-B=2x-1-(-2x)+3=4x+2$

결과가 다름!

021 등식을 변형해서 다른 식에 대입하기

$3x-4y+2=x+4$ 일 때,

$x=$ ▨ 으로 변형

$3(x-y+1)-(x+2y)$를

y의 식으로 나타내어라.

너무 복잡ㅠ.ㅠ

간단하게 정리쯤!

Tip

- ☆에 관하여 푼다는 것은 이항과 등식의 성질을 이용해서 주어진 식을 ☆=□의 형태로 나타내는 것을 말해요.

  예 $2x+4y=8$

  ① x에 관하여 푼다.

  $2x=-4y+8$

  $x=-2y+4$

  ② y에 관하여 푼다.

  $4y=-2x+8$

  $y=-\frac{1}{2}+2$

풀·이·쓰·기

주어진 식을 y의 식으로 나타내려면

x가 사라져야 한다!

⇒ $x=$ ▨ 식을 이용해서

x 대신에 ▨ 을 대입!

① $3x-4y+2=x+4$ 변형하기

→ $x=$ ▨ 로!

$3x-4y+2=x+4$

$3x-x=-4+4y-2$

$2x=4y-6$

$x=\boxed{2y-3}$ ← x대신 대입하자!

② $3(x-y+1)-(x+2y)$ 정리하기

$=3x-3y+3-x-2y$

$=2x-5y+3$

③ $2x-5y+3$에 $x=2y-3$ 대입!

$2(2y-3)-5y+3$

$=4y-6-5y+3$

$=\boxed{-y-3}$ ← y의 식으로 나타냄♥

답 $-y-3$

난이도 ★★★☆☆

1

$x-y=5$일 때, $2(x+3y-1)-(x+5y)$를 y의 식으로 나타내어라.

풀이 쓰기

Hint y의 식으로 나타내야 하므로 x가 없어져야 해요.

2

$x:y=2:3$일 때, $-2(x+2y)+(5x-2y)$를 x의 식으로 나타내어라.

풀이 쓰기

Hint $x:y=2:3$은 $3x=2y$로 나타낼 수 있어요.

알아두면 좋아요

☆의 식으로 나타내어라.

'x의 식으로 나타내어라'라는 말은 'y는 없어져야 하니까 y 대신에 다른 것을 대입해 주세요' 라는 말과 같아요. 그러므로 $y=$□로 나타낸 식이 필요하죠.
반대로 'y의 식으로 나타내어라'라는 말은 'x는 없어져야 하니까 x 대신에 다른 것을 대입해 주세요'라는 말과 같아요. 즉, $x=$□로 나타낸 식이 필요해요.

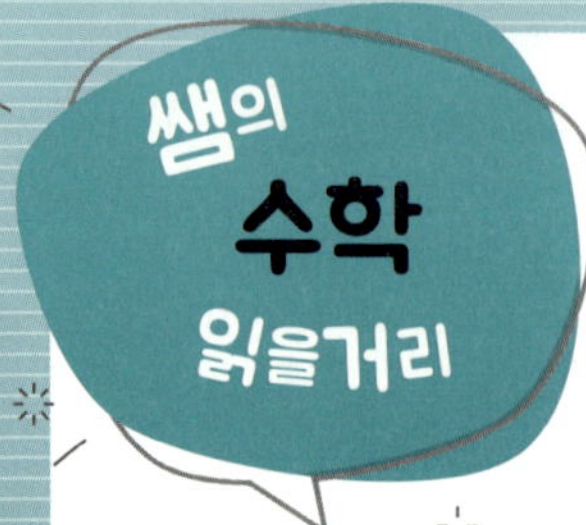

0.99999999…는 1이다?!

$0.9 \neq 1$ $0.99 \neq 1$ $0.999 \neq 1$

그렇다면 $0.9999999\cdots = ?$

여러분, 무한소수 $0.\dot{9}$와 자연수 1이 서로 같은 숫자라고 한다면 믿을 수 있나요? 숫자부터 서로 다른데 어떻게 같은 숫자가 될 수 있을까요?

실제로 이 문제는 아주 예전부터 많은 사람들을 헷갈리게 했던 문제였어요.

결론부터 말하면 $0.\dot{9}=1$이에요.

분명히 $0.\dot{9}$가 더 작은 것 같은데 이상하죠? 이것을 우리가 배운 방법으로 설명할 수 있어요.

$x=0.99999\cdots$라고 하면,

$10x=9.99999\cdots$이다.

$10x-x$를 계산하면,

$$\begin{array}{r} 10x=9.99999\cdots \\ -)\quad x=9.99999\cdots \\ \hline 9x=9 \end{array}$$

$$x=\frac{9}{9}=1$$

따라서 $x=0.9=1$이다.

어때요? 알고 보면 정말로 쉬운 문제죠?

이것을 이용하면 $2.\dot{9}=3$, $3.\dot{9}=4$ 등 다양하게 활용할 수 있어요.

Ⅱ. 부등식과 연립방정식

#부등식의 해 #부등식의 성질

#일차부등식의 풀이와 활용

#미지수가 2개인 일차방정식

#연립방정식 #가감법 #대입법

#양변에 공평하게 #연립방정식의 활용

022 부등식으로 나타내기

다음을 부등식으로 나타내어라.

(1) 어떤 수 x에서 2를 뺀 수는(①) x에서 5를 더하고 2배한 수(②)보다 크다.

(2) 한 개에 x원인 사과 5개와(①) 3000원인 포도 한 송이를(②) 사는 총 가격은 15000원 이하이다.

풀·이·쓰·기

(1) ① 어떤 수 x에서 2를 뺀 수

⇒ $x-2$

② x에 5를 더하고 2배한 수

⇒ $2(x+5)$ 더하고 나서 2배니까 괄호가 좋아!

⇒ ① > ② 니까

$x-2>2(x+5)$ 답

(2) ①  x원 × 5개 ⇒ $5x$원

② 1송이 3000원

⇒ ① + ② ≤ 15000 (↑ 이하)

⇒ $5x+3000\le15000$ 답

답 (1) $x-2>2(x+5)$, (2) $5x+3000\le15000$

Tip

- 부등식 문제를 풀 때는 서로 비교하는 대상을 확실히 구분할 수 있어야 하고, 이것을 부등식으로 나타낼 수 있어야 해요.

지연쌤의 SNS

☑ 등식과 부등식은 어떤 차이가 있나요?

어떤 식에 등호(=)가 있으면 그 식은 등식이에요.
그렇다면 부등식은 부등호(<, >, ≤, ≥)가 들어 있는 식을 말하겠죠?

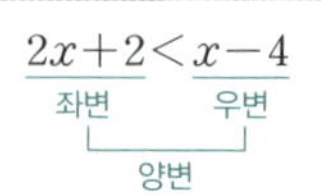

난이도 ★★☆☆☆

1

다음을 부등식으로 나타내어라.

✎ 풀이 쓰기

(1) 어떤 수 x에서 10을 더한 수는 x에 5를 빼고 3배한 수보다 크다.

(2) 한 자루에 300원 하는 연필 x개와 1000원짜리 노트 한 권을 사는 총 가격은 3000원 미만이다.

2

다음 보기에서 바르게 나타낸 것을 모두 골라라.

✎ 풀이 쓰기

보기

ㄱ. 한 변의 길이가 x cm인 정사각형의 둘레의 길이는 40 cm 이상이다.
➡ $4x \geq 40$

ㄴ. 한 개에 x원인 아이스크림 5개의 가격은 5000원 미만이다. ➡ $5x \leq 5000$

ㄷ. 어떤 수 x를 3배하여 5를 더한 수는 40보다 크다. ➡ $3(x+5) > 40$

ㄹ. 키가 x cm인 현수가 3 cm 굽이 있는 신발을 신어도 170 cm를 넘지는 않는다. ➡ $x+3 \leq 170$

Hint '넘지 않는다'는 '작거나 같다'와 같은 뜻이에요.

알아두면 좋아요

부등식을 표현하자!

① $a<b$ ➡ a는 b보다 작다. / a는 b 미만이다.
② $a>b$ ➡ a는 b보다 크다. / a는 b 초과이다.
③ $a \leq b$ ➡ a는 b보다 작거나 같다. / a는 b 이하이다. / a는 b보다 **크지 않다.**
④ $a \geq b$ ➡ a는 b보다 크거나 같다. / a는 b 이상이다. / a는 b보다 **작지 않다.**

023 부등식의 해 구하기

다음 중 [ ] 안의 수가 (x에 대입) 부등식의 해가 아닌 것을 모두 고르면?

① $4x-2\ge 5$ [2] ($x=2$를 대입하자.)

② $-3(x-1)<2x$ [1]

③ $\frac{2}{3}x-1\le -4$ [-3]

④ $-3x+5>-2(x-3)$ [-1]

⑤ $\frac{x-2}{3}\ge 1$ [5]

Tip

• [ ] 안의 숫자를 대입해서 부등식이 성립하는지 확인해요.

풀·이·쓰·기

① $4x-2\ge 5$ (2 대입)

$4\times 2-2\ge 5 \Rightarrow 6\ge 5$ 참!

② $-3(x-1)<2x$ (1 대입, 1 대입)

$\Rightarrow -3\times(1-1)<2\times 1$

$\Rightarrow 0<2$ 참!

③ $\frac{2}{3}x-1\le -4$ (−3 대입)

$\Rightarrow \frac{2}{3}\times(-3)-1\le -4$

$\Rightarrow -2-1\le -4 \Rightarrow -3\le -4$ 거짓

④ $-3x+5>-2(x-3)$ (−1, −1)

$\Rightarrow (-3)\times(-1)+5>-2\times(-1-3)$

$\Rightarrow +8>+8$ 거짓

⑤ $\frac{x-2}{3}\ge 1$ (5 대입) $\Rightarrow \frac{5-2}{3}\ge 1$

$\Rightarrow \frac{3}{3}\ge 1 \Rightarrow 1\ge 1$ 참!

답 ③, ④

난이도 ★★☆☆☆

1

다음 중 [ ] 안의 수가 주어진 부등식의 해가 아닌 것을 모두 고르면?

✎ 풀이 쓰기

① $4x \le x$ [0]

② $\frac{1}{3}x+3 \ge 0$ [-3]

③ $-2x+3 \le 2$ [-1]

④ $5-3x \le 0$ [2]

⑤ $2x-3 \ge 4x-5$ [3]

2

다음 부등식 중 $x=3$일 때, 참인 것을 모두 고르면?

✎ 풀이 쓰기

① $x-3>0$

② $8-4x \ge 0$

③ $-3(x-2)<0$

④ $3-\frac{5}{3}x>-1$

⑤ $5x-6>2x+1$

알아두면 좋아요

부등식의 해

부등식의 해는 부등식을 참이 되게 하는 x의 값을 모두 구하는 거예요.
왜 '모두'라는 말이 붙었냐면, 부등식의 결과는 $x>3$, $x \le 2$처럼 어떤 범위로 나와서 해가 여러 개 나올 수 있기 때문이에요.
예를 들어 $x>3$이라면, 3보다 큰 수는 모두 부등식의 해가 되는 거죠.

024 부등식의 성질

$-3a+7 \ge -3b+7$ 일 때,
다음 중 옳은 것을 모두 고르면?

① $a \ge b$

② $-2a \le -2b$

③ $4a+2 \ge 4b+2$

④ $-a-2 \ge -b-2$

⑤ $\frac{a}{2}-1 \le \frac{b}{2}-1$

Tip

- a와 b의 부호가 바뀌었는지만 확인해요.
  ① 부호가 바뀌었다면 ➡ 부등호 방향 바뀜
  ② 부호가 그대로라면 ➡ 부등호 방향도 그대로

풀·이·쓰·기

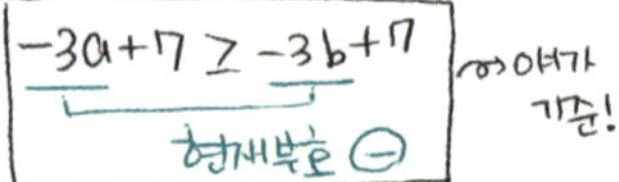

$-3a+7 \ge -3b+7$ ← 여기가 기준!
현재부호 ⊖

~~①~~ $a \ge b$ → 부호바뀜! 근데 왜 부등호 그대로?

~~②~~ $-2a \le -2b$ ↳ 부호 그대로! 근데 왜 부등호 바뀜?

~~③~~ $4a+2 \ge 4b+2$ 부호 바뀜! 부등호도 바뀌어야지 왜 그대로?

④ $-a-2 \ge -b-2$ 부호 그대로! 부등호도 그대로! OK

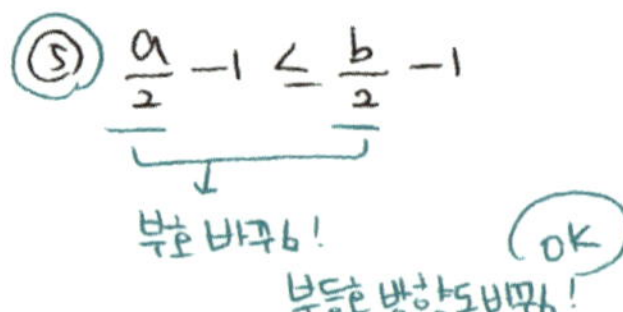

⑤ $\frac{a}{2}-1 \le \frac{b}{2}-1$ 부호 바뀜! 부등호 방향도 바뀜! OK

답 ④, ⑤

지연쌤의 SNS

부등식의 양변에 음수를 곱하면 어떻게 되나요?

부등식에서는 양변에 같은 양수를 더하거나(+), 빼거나(−), 곱하거나(×), 나누어도(÷) 부등호가 바뀌지 않아요. 하지만 양변에 같은 **음수를 곱하거나 나누어 줄 때는 부등호의 방향이 바뀐다**는 것을 꼭 기억해야 해요.

예 $a>b$일 때, $+2a>+2b$이고, $-2a<-2b$예요.

난이도 ★★☆☆☆

1

$a>b$일 때 다음 중 옳은 것은?

풀이 쓰기

① $a+3<b+3$

② $a-2<b-2$

③ $3a<3b$

④ $-\frac{a}{4}>-\frac{b}{4}$

⑤ $2a+1>2b+1$

2

$-3a-5>-3b-5$일 때, 다음 중 옳은 것은?

풀이 쓰기

① $a\geq b$

② $a+6\geq b+6$

③ $4a-4\geq 4b-4$

④ $\frac{a-2}{4}\geq\frac{b-2}{4}$

⑤ $-\frac{a}{5}+\frac{1}{3}\geq-\frac{b}{5}+\frac{1}{3}$

Hint a, b의 부호를 확인해요.

알아두면 좋아요

부등식의 성질

20과 40을 비교하면 당연히 $20<40$이죠? 이 부등식의 양변에

2를 더하면? ➡ $22<42$ 2를 빼면? ➡ $18<38$ 2를 곱하면? ➡ $40<80$ 2를 나누면? ➡ $10<20$ 부등호가 그대로!	(-2)를 곱하면? ➡ $-41>-80$ (-2)를 나누면? ➡ $-10>-20$ 부등호가 반대로!

025 식의 범위 구하기

$-3 \le x < 5$ 일때,

식 $-2x+3$의 범위를 구하여라.

x를 $-2x+3$으로 만들어내는 과정!

풀·이·쓰·기

x가 $-2x+3$이 되려면

① -2를 곱하고 → $-2x$

② 3을 더한다 → $-2x+3$

① $-3 \le x < 5$에 -2를 곱해보자!

음수를 곱하면 부등호 방향이 바뀜!

$$-3 \le x < 5$$
$$\downarrow \times(-2)$$
$$+6 \ge -2x > -10$$

② $+6 \ge -2x > -10$에 $+3$을 해보자!

$$+6 \ge -2x > -10$$
$$\downarrow +3$$
$$9 \ge -2x+3 > -7$$

⇒ 이왕이면 답은 이쁘게^^

$$-7 < -2x+3 \le 9$$ 답!

Tip

- 간단하게 정리하면,

$-3 \le x < 5$

↓ $\times(-2)$ ➡ 부등호의 방향 바뀜

$+6 \ge -2x > -10$

↓ $+3$

$+9 \ge -2x+3 > -7$

↓ 순서대로 정리

$-7 < 2x+3 \le +9$

답 $-7 < -2x+3 \le 9$

난이도 ★★★☆☆

1

$-2\le x<3$일 때, 식 $-3x+5$의 범위를 구하여라.

풀이 쓰기

2

$-2\le x<3$일 때, $a<-2x+1\le b$이다. 이때 상수 a, b에 대하여 $a+b$의 값을 구하여라.

풀이 쓰기

Hint x가 $-2x+1$이 되도록 양변에 값을 곱해 주고 더해 준 뒤, 식을 정리하면 a와 b를 찾을 수 있어요.

알아두면 좋아요

x를 $-3x+5$으로 만들어 줄 때는 무엇을 먼저 해야 할까요?

① -3을 곱하고 5를 더한다. ② 5를 더하고 -3을 곱한다.

정답은 ①이에요. 곱셈으로 x의 계수를 먼저 똑같이 만들어 준 뒤에 더하기를 해야 해요. 만약 ②처럼 x에 5를 더하고 -3을 곱하면, $-3(x+5)$라는 엉뚱한 식이 된답니다.

026 일차부등식 찾아내기

다음 중 일차부등식이 아닌 것을 모두 고르면?

① $3x-1<2x^2$

② $2x+1 \ge x-2$

③ $x-1<x+1$

④ $x^2-2x>x(x-1)$

⑤ $\frac{x-2}{3}<x-2$

Tip

• 모두 좌변으로 이항해서

(일차식) $<$, $>$, $\le$, $\ge$ 0

꼴이 되는지 확인해요.

풀·이·쓰·기

① $3x-1<2x^2$

$3x-1-2x^2<0$

이차식

② $2x+1 \ge x-2$

$2x+1-x+2 \ge 0$

$x+3 \ge 0$

일차식

③ $x-1<x+1$

$x-1-x-1<0$

$-2<0$

엥? 이건 뭐야?

④ $x^2-2x>x(x-1)$

$x^2-2x>x^2-x$

$x^2-2x-x^2+x>0$

$-x>0$

일차식!

⑤ 양변에 3을 곱하면!

$x-2<3x-6$

$x-2-3x+6<0$

$-2x+4<0$ 일차식!

답 ①, ③

난이도 ★★☆☆☆

1

다음 중 일차부등식인 것을 모두 고르면?

✎ 풀이 쓰기

① $x \leq x+6$

② $2x(x+1) \leq x^2+3$

③ $11-4 \geq 7$

④ $-x(x-3) > 5-x^2$

⑤ $-6(x+1) > 6x+3$

2

$ax^2+bx > x^2-6x+8$가 일차부등식이 되기 위한 상수 a, b의 조건을 구하여라.

✎ 풀이 쓰기

Hint 일차부등식이 되기 위해서는 좌변으로 모두 이항했을 때, x^2항은 없어야 하고, x항만 남아 있어야 해요.

알아두면 좋아요

일차부등식 구별하기

일차부등식은 부등식의 모든 항을 좌변으로 이항하여 정리하였을 때,
(일차식) < 0, (일차식) > 0, (일차식) ≤ 0, (일차식) ≥ 0
중 어느 하나의 꼴로 나타내는 부등식을 말해요.

예 $x+3>1$ ➡ $x+3-1>0$ ➡ $x+2>0$ (일차부등식!)
$x+4>x$ ➡ $x+4-x>0$ ➡ $4>0$ (일차부등식이 아니에요!)

II 부등식과 연립방정식

027 일차부등식을 풀고, 해를 수직선 위에 나타내자

다음 부등식을 풀고, 해를 수직선위에 나타내어라.

(1) $2x-9 \le -7x+9$

(2) $-3(x-2) > 2x+4$

풀·이·쓰·기

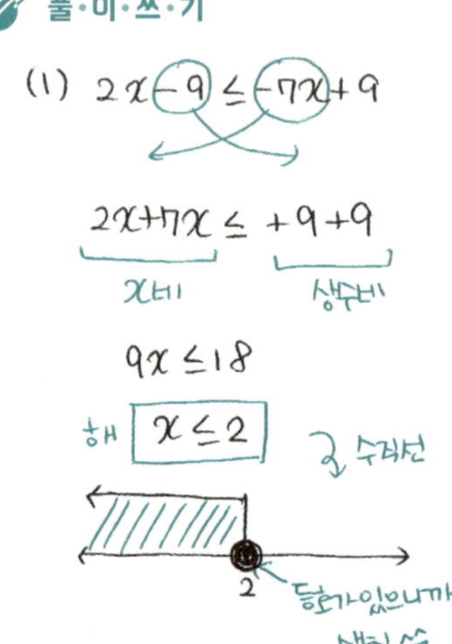

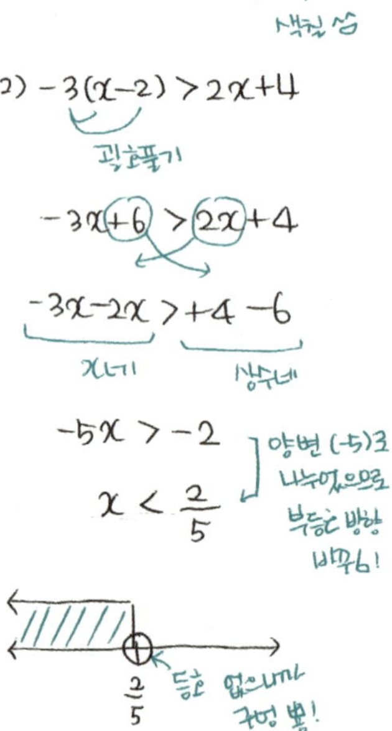

Tip

• 일차부등식의 풀이

이항해서 끼리끼리 모아요.

↓

양변을 각각 정리해요.

↓

x의 계수로 나누어 줘요.

여기서 x에 음수를 곱하거나 나눌 때 부등호의 방향이 바뀐다는 것을 꼭 기억하세요!

답 (1)

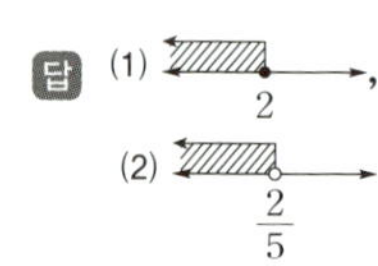

난이도 ★★☆☆☆

1

다음 부등식을 풀고, 해를 수직선 위에 나타내어라.

✎ 풀이 쓰기

(1) $3x+2 \le -4x-12$

(2) $-5(x-2) > 4x-1$

2

다음 중 부등식의 해를 수직선 위에 바르게 나타낸 것은?

✎ 풀이 쓰기

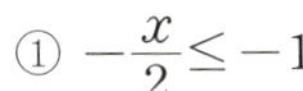

① $-\frac{x}{2} \le -1$

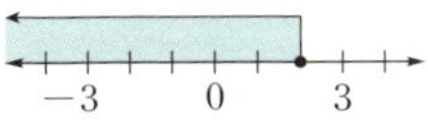

② $x+4 \le 5$

③ $4x-2 > 2x+2$

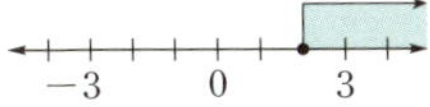

④ $9-2x \ge 2x+1$

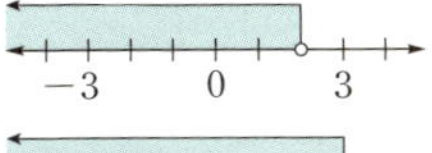

⑤ $\frac{2}{3}x < 2$

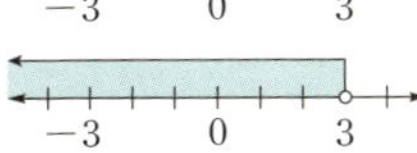

알아두면 좋아요

부등식의 해를 수직선 위해 나타내기

① $x > a$ ② $x < a$ ③ $x \ge a$ ④ $x \le a$

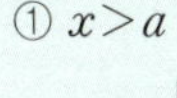

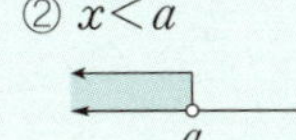

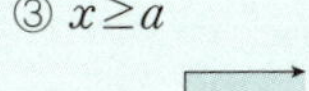

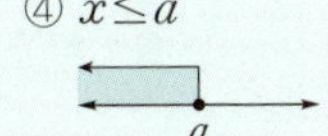

028 계수가 소수 또는 분수인 일차부등식의 풀이

다음 부등식의 해를 수직선 위에 나타내어라.

(1) $0.3x-1.6>0.5x$

(2) $\frac{2x+1}{3} \le \frac{1}{5}x-2$

해결하려면 양변에 ×15

Tip

- 계수가 소수일 때는 양변에 10의 거듭제곱을 곱해 줘요.
- 계수가 분수일 때는 양변에 분모의 최소공배수를 곱해 줘요.

풀·이·쓰·기

(1) 양변에 ×10을 하면

$3x-16>5x$

$3x-5x>+16$

$-2x>16$ 양변 (−2)로 나누었다 부등호 바뀜

$x<-8$

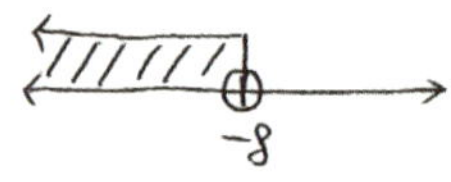

(2) 양변에 ×15를 하면

$15\times\frac{(2x+1)}{3} \le 15\times\frac{1}{5}x-2\times15$

$5(2x+1)\le 3x-30$

$10x+5\le 3x-30$

$10x-3x\le -30-5$

$7x\le -35$ 양변 7로 나눔 부등호 그대로

$x\le -5$

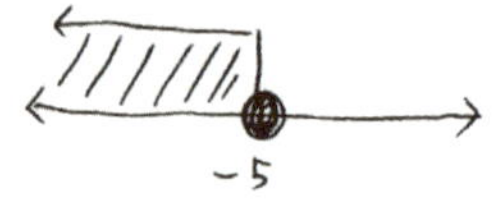

답 (1) 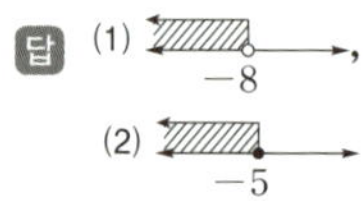

난이도 ★★★☆☆

1

다음 부등식의 해를 아래 수직선 위에 나타내어라.

풀이 쓰기

(1) $0.2x-3.2<0.6x$

(2) $\frac{x-6}{5}\leq x+2$

2

일차부등식 $0.4(x-5)<\frac{2}{5}+0.3x$의 해를 구하여라.

풀이 쓰기

Hint 양변에 10을 곱해 주면 분수와 소수 모두를 해결할 수 있어요.

알아두면 좋아요

x의 계수에 소수와 분수가 같이 있을 때

일차부등식에서 x의 계수가 소수일 때는 양변에 10의 거듭제곱을 곱했고,
분수일 때는 양변에 분모의 최소공배수를 곱해 줬어요.
그럼 소수와 분수가 같이 있을 때는 어떻게 해야 할까요?
이 경우에는 먼저 소수를 분수의 꼴로 바꿔 준 뒤, 양변에 분모의 최소공배수를 곱해 줘요.

029 부등식의 해가 주어질 때

일차부등식 $7x-3<3x+a$의 해를 수직선 위에 나타내면 아래 그림과 같다.

(일단 풀자)

이때, 상수 a의 값을 구하여라.

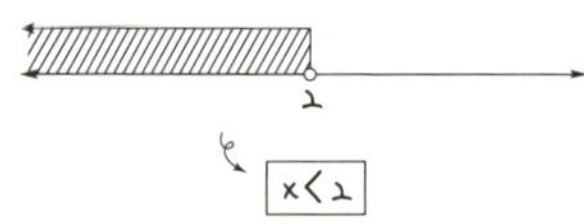

Tip

- 부등식의 해가 주어졌을 때는 식에 함부로 대입하지 말고, 먼저 식을 정리해 준 뒤에 부등식의 해와 비교하면 쉽게 답을 구할 수 있어요.

 **풀·이·쓰·기**

일단 a를 데리고 다니면서 부등식을 풀자!

$7x-3<3x+a$ (이는 상수)

$7x-3x < +a+3$ (x네 / 상수네)

$4x<a+3$

$x<\dfrac{a+3}{4}$ (양변 4로 나눔!)

주어진 수직선 위의 해는 $x<2$ (같아야 한다.)

그러므로! $\dfrac{a+3}{4}=2$ 이다!

$\Rightarrow a+3=8$

$a=5$ 답!

 5

지연 쌤의 SNS

문제에서 부등식의 해를 알려주면 바로 식에 대입해도 되나요?

아니에요! 예를 들어 등식인 방정식 $5x-2=3x+a$에서 x의 해가 3이라고 주어졌다면, x에 바로 3을 대입해서 상수 a를 구할 수 있었어요.

하지만 부등식에서는 해를 알더라도 해의 범위로 나타내서 가능한 해가 너무 많기 때문에 함부로 식에 대입하면 안 돼요. 먼저 식을 정리해 준 뒤에 해와 비교해야 해요.

난이도 ★★★★☆

1

일차부등식 $5x-2<3x+a$의 해를 수직선 위에 나타내면 다음 그림과 같다. 이때, 상수 a의 값을 구하여라.

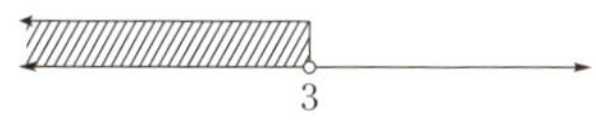

2

두 일차부등식 $4x-2>a$, $2x+3(x-1)>12$의 해가 서로 같을 때, 상수 a의 값을 구하여라.

풀이 쓰기

Hint 두 일차부등식의 해가 같다고 했으므로 두 번째 식의 해를 먼저 구하고, 첫 번째 식과 비교하면 a를 찾을 수 있어요.

030 부등식의 해의 조건이 주어질 때

일차 부등식 $\frac{1}{3}x-2<a-1$을 만족시키는 자연수가 1 뿐이라고 한다. 이때, 상수 a값의 범위를 구하여라.

조건!

일단 해를 열심히 구하고 수직선 위에 나타낸 후 조건을 체크!

풀·이·쓰·기

① 부등식을 풀자

$\frac{1}{3}x-2<a-1$ (얘는 상수)

$\frac{1}{3}x<a-3$

$x<3a-9$ (양변 ×3)

↓ 수직선에

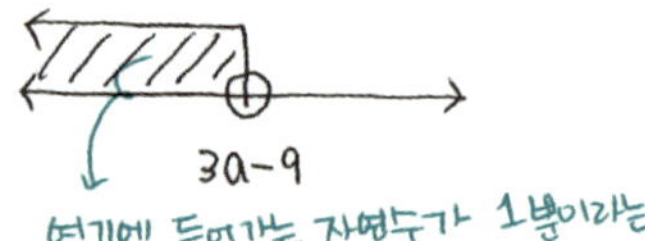

여기에 들어가는 자연수가 1뿐이라는 것!

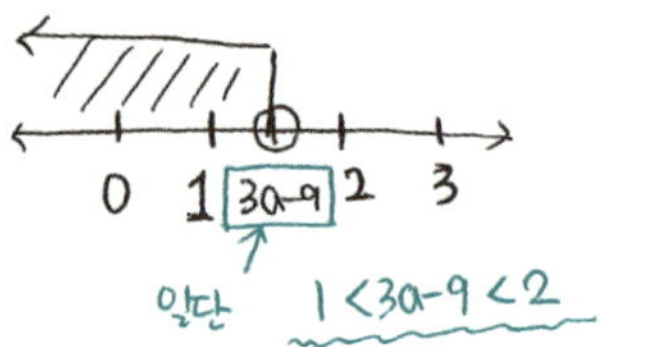

일단 $1<3a-9<2$

② 이제 등호를 고민하자~

• 만약 $3a-9$가 딱 1이라면?

⇒ 1이 포함안돼ㅠ.ㅠ

⇒ $3a-9$는 1보다는 커야겠구나!

• 만약 $3a-9$가 딱 2라면?

⇒ 1이 포함된다섬

⇒ $3a-9$는 2여도 된다!

즉! $1<3a-9\le 2$

$\frac{10}{3}<a\le\frac{11}{3}$

답 $\frac{10}{3}<a\le\frac{11}{3}$

Tip

• 부등식 문제를 풀 때 수직선 위에 범위를 그리면서 풀면 문제를 더 쉽게 풀 수 있어요.

난이도 ★★★★★

1

일차부등식 $\frac{1}{2}x-1<a+2$를 만족시키는 자연수 가 1과 2뿐이라고 한다. 이때, 상수 a의 값의 범위를 구하여라.

2

일차부등식 $x+5a\geq 5x+a$를 만족시키는 자연수 x가 5개일 때, 상수 a의 값의 범위를 구하여라.

Hint 식을 풀이하면 만족시키는 자연수가 1, 2, 3, 4, 5라는 것을 알 수 있어요.

031 부등식의 활용(수를 구하는 문제)

연속하는 세 홀수가 있다.

이 세 홀수의 합에 10을 뺀 수는 ①

가장 큰 수의 2배보다 크다고 ②

한다. 이를 만족하는 가장 작은

세 홀수를 구하여라.

연속하는 세 홀수?

$x-2,\ x,\ x+2$

 풀·이·쓰·기

연속하는 세 홀수를

$x-2,\ x,\ x+2$ 로 두자

① 세 홀수의 합에 10을 뺀 수

$(x-2)+x+(x+2)-10$

$\Rightarrow x-2+x+x+2-10$

$\Rightarrow \boxed{3x-10}$

② 가장 큰 수의 2배

$(x+2)$

$\Rightarrow \boxed{2(x+2)}$

③ 식 $3x-10>2(x+2)$

$3x-10>2x+4$

$3x-2x>4+10$

$x>14$

가장 작은 경우는 $x=15$ 일때!

$\Rightarrow$ 세 홀수는 13, 15, 17 이다.

답 **13, 15, 17**

Tip

- 차이가 a인 두 정수
  ➡ $x,\ x+a$ 또는 $x-a,\ x$
- 연속하는 세 정수
  ➡ $x-1,\ x,\ x+1$
- 연속하는 세 홀수(또는 짝수)
  ➡ $x-2,\ x,\ x+2$

난이도 ★★★☆☆

1

연속하는 세 짝수의 합이 90보다 작다고 한다. 이를 만족하는 수 중에서 가장 큰 세 짝수를 구하여라.

2

연속하는 세 홀수의 합에 20을 뺀 수는 가장 작은 수의 두 배를 넘지 않는다고 한다. 이를 만족하는 가장 큰 세 홀수를 구하여라.

Hint 넘지 않는다는 말은 작거나 같다는 말과 같아요.

알아두면 좋아요

활용 문제 용어 이해하기!

수학은 다양한 형태의 활용 문제들이 나와요. 특히 이런 활용 문제들은 문제에 나오는 용어들을 어떻게 수학적으로 잘 이해하는지가 중요하죠.

예 ☆이 ♡를 **넘지 않는다.** ➡ ☆이 ♡보다 **작거나 같다.** (☆이 ♡ **이하이다.**)
♡의 가격이 더 **싸다.** ➡ ♡의 **가격이 더 낮다.** (♡ **미만**의 가격이다.)
☆분 **이내**에 도착한다. ➡ ☆분보다 **작거나 같은** 시간에 도착한다.
(☆분 **이하**의 시간에 도착한다.)

032 부등식의 활용(평균을 구하는 문제)

하진이는 세번의 영어시험에서 87점, 92점, 88점을 받았다. 총 네 번의 영어시험의 평균점수가 90점 이상이 되어야한다. 하진이는 마지막 시험에서 몇점 이상을 받아야 할까?

x점

풀·이·쓰·기

<하진이의 영어점수>

1차	2차	3차	4차
87점	92점	88점	x점

$\Rightarrow$ 평균: $\dfrac{87+92+88+x}{4}$

↑ 이 점수가 90점 이상 되어야!

㉠ $\dfrac{87+92+88+x}{4} \ge 90$

$\dfrac{267+x}{4} \ge 90$

$267+x \ge 360$

$x \ge 93$

즉! 하진이는 마지막 시험에서 93점 이상을 받아야 한다.

Tip

- 평균은 모든 항목의 합을 모든 항목의 개수로 나눈 값을 말해요.

답 93점

지연쌤의 SNS

☑ 평균을 어렵게 생각하지 말아요.

우리는 생활 속에서 많은 평균을 접하고 있어요. 우리 반 친구들의 평균 키, 중간고사 시험의 평균 점수, 나의 한 달 평균 용돈 등 많은 평균이 있죠.
평균을 구할 때는 더한 개수만큼 다시 나눠 줘야 한다는 것만 기억하면 돼요.
10개를 더했으면 10으로 나누어 주고, 100개를 더했으면 100으로 나누어 주는 것이죠.

난이도 ★★★☆☆

1

재현이는 세 번의 수학시험에서 82점, 75점, 80점을 받았다. 총 네 번의 수학시험의 평균점수가 80점 이상이 되어야 할 때, 마지막 시험에서 소원이는 몇 점 이상을 받아야 하는지 구하여라.

Hint 표를 채우고 평균을 이용해서 점수를 구해요.

1차	2차	3차	4차

2

다음은 어떤 양궁선수가 화살을 10회 쏜 기록이다. 총 점수의 평균이 9점 이상이었다고 할 때, 7회차에 몇 점 이상을 쏘았는지 구하여라.

✎ 풀이 쓰기

회차	1	2	3	4	5
점수	9	9	9	10	10
회차	6	7	8	9	10
점수	7	x	8	10	10

Hint 모두 더한 뒤 10으로 나누어야 평균을 구할 수 있어요.

033 부등식의 활용(가격을 구하는 문제)

1500원 짜리 선물상자에 한 개에 1600원인 마카롱을 몇 개 넣어서 전체 금액이 18000원을 넘지 않게 하려고 한다. 마카롱은 최대 몇 개까지 넣을 수 있을까?

(몇 개 ← x개)

넘지않는다? 넘지만 않으면 되니까 "이하"이다.

풀·이·쓰·기

마카롱을 x개 샀다고 해보자.

[총가격]

= 마카롱가격 + 선물상자

1600원 × x개　　1500원

$= 1600x + 1500$

↑ 18000원 "이하"

㉠ $1600x + 1500 \le 18000$

⇓ 양변 $\times \frac{1}{100}$

$16x + 15 \le 180$

$16x \le 180 - 15$

$16x \le 165$

$x \le \frac{165}{16}$

$x \le 10\frac{5}{16}$ → 10.xxx

⇒ x가 10.xxx 이하이므로

마카롱의 최대 개수는 10개

Tip

- 문제에서 구해야 하는 것은 마카롱을 넣을 수 있는 최대 개수예요.
  답이 $10\frac{5}{16}$ 이하라고 나왔기 때문에 마카롱을 넣을 수 있는 개수는 11개가 될 수 없겠죠? 수직선을 그리면 더 쉽게 이해할 수 있어요.

답 10개

난이도 ★★★☆☆

1

2000원짜리 바구니에 한 개에 1000원 하는 사과를 넣어서 전체 가격이 25000원 이하가 되게 하려고 할 때, 사과는 최대 몇 개까지 넣을 수 있는지 구하여라.

Ⅱ 부등식과 연립방정식

2

민호는 한 개에 700원인 초콜릿을 1000원짜리 상자에 담아서 밸런타인데이에 친구에게 선물하려고 하는데, 총금액이 12000원을 넘으면 안 된다고 한다. 초콜릿을 최대 몇 개까지 살 수 있는지 구하여라.

알아두면 좋아요

문제에서 요구하는 답을 꼭 확인해요!

만약 여러분이 어떤 부등식 활용 문제를 푼다고 했을 때, '~최대 몇 개까지 가능한지 구하여라.'라는 문제를 풀어서 $x<10$이라는 답이 나왔다면 답은 10개일까요?
아니에요! 자세히 보면 x는 10보다 작아야 하니까 정답은 9예요.
실제로 많은 친구들이 마지막에 이런 실수를 해서 문제를 틀리기도 하니까 주의하세요!
여러분들도 이렇게 실수하지 말고 문제와 계산 결과를 잘 확인하는 습관을 갖도록 해요.

034 부등식의 활용(입장료를 구하는 문제)

어느 캠핑장의 이용요금표가 아래와 같을 때, 20만원 이하로 이 캠핑장을 이용하려 한다면 최대 몇명까지 이용할 수 있을까?

(요금 ≤ 20만원)

(↳ x명)

<이용요금표>

5명까지는 1인당 2만원	5명 초과부터 추가 1인당 1만 5천원

((x−5)명부터)

Tip

• 문제의 이용요금표에 따르면,

1명 ➡ 2만 원

2명 ➡ 2만 원×2명=4만 원

⋮

5명 ➡ 2만 원×5명=10만 원

6명 ➡ 10만 원(5명)+1만 5천 원
=11만 5천 원

7명 ➡ 10만 원(5명)+(1만 5천 원×2명)
=13만 원

⋮

풀·이·쓰·기

총 캠핑장 이용 인원을 x명이라 하자.

x명 중에서 5명까지는 1인 2만원

나머지 추가요금 1인 15000원
→ $(x-5)$명

(왜? 만약 30명이었다면
5명까지는 1인 2만원
25명은 1인 15000원
→ $(30-5)$명)

⇒ 총 요금 ≤ 20만원

20000×5 (5명 요금) $+15000(x-5)$ (추가 요금)

식 $100000+15000(x-5)\le200000$

$100+15(x-5)\le200$

$15(x-5)\le100$

$15x-75\le100$

$15x\le175$

$x\le\frac{175}{15}$

$x\le\frac{35}{3}$ → $11\frac{2}{3}$ → 11.xxx

⇒ $x\le11.$xxx 이므로 최대 11명 이용가능

답 11명

난이도 ★★★★☆

1

어느 레저시설의 이용요금표가 다음과 같을 때, 25만 원 이하로 이 시설을 이용하려면 최대 몇 명까지 이용할 수 있을까?

풀이 쓰기

〈이용요금표〉

4명까지 1인당 3만 원	4명 초과부터 추가 1인당 2만 원

Hint 전체 인원이 x명이라면, 2만 원씩 내야 하는 인원은 $(x-4)$명 이에요.

알아두면 좋아요

금액에 관한 문제를 풀 때는 0의 개수를 확인해요!

문제에서 25만 원이라는 금액이 나오면 식을 세울 때, 250000원인데 25000으로 실수하는 경우가 있어요.
또, 양변의 0을 제거하는 과정에서도 실수가 나올 수 있어요.
$20000x+23000<250000$이라는 식을 정리할 때, 양변에 공평하게 '0'을 3개씩 지우면 $20x+23<230$이 맞지만
어떤 친구들은 $2x+23<25$나 $20x+23<25$처럼 실수를 하기도 해요.
그래서 이런 금액에 관한 문제가 나오면 0의 개수를 잘 파악하고 있어야 해요.

035 부등식의 활용(통장 저축액을 구하는 문제)

현재 형과 동생의 통장 저축액이 아래 그림과 같다. 다음 달부터 매달 형은 4000원씩, 동생은 1500원씩 저축을 한다고 한다. 형의 저축액이 동생의 2배보다 많아지는 것은 몇 개월 후부터인가?

↳ x개월 후

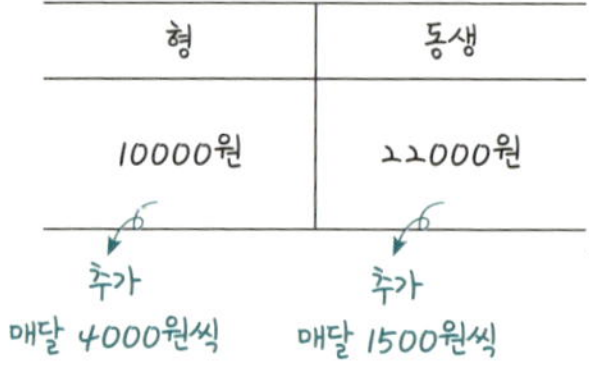

형	동생
10000원	22000원

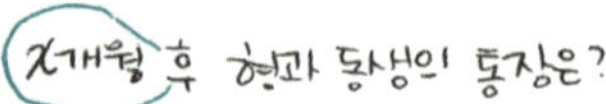

형 $\underline{10000}$ (원래) $+ \underline{4000x}$ (추가) (원)

동생 $\underline{22000}$ (원래) $+ \underline{1500x}$ (추가) (원)

식 형의 저축액 $>$ $2\times$ 동생의 저축액

$(10000+4000x) > 2(22000+1500x)$

$10000+4000x > 44000+3000x$

$10+4x > 44+3x$

$+4x-3x > 44-10$

$x > 34$

⇒ $x > 34$이므로 35개월 부터!

등호가 없으니 가능!

답 35개월

지연쌤의 SNS

저축액은 어떻게 계산하나요?

매달 일정한 금액을 x개월 동안 저축할 때,

(x 개월 후의 저축액) = (현재 저축액) + (매달 저축액) $\times x$

예를 들어 지금 내 통장에 5만 원이 있는데, 앞으로 12개월 동안 매달 5000원씩 저축하기로 하면, 12개월 후의 저축액은 다음과 같아요.

(12개월 후의 저축액) $= 50000 + 5000 \times 12 = 110000$원

난이도 ★★★☆☆

1

현재 소원이와 서현이의 저축액은 다음 표와 같다. 다음 달부터 매달 소원이는 4000원씩, 서현이는 5000원씩 저축한다면 몇 개월 후부터 서현이의 저축액이 소원이의 저축액보다 많아지는지 구하여라.

〈현재 통장 잔액〉

소원	서현
24000원	15000원

Hint
(x개월 후 소원의 저축액)$<$(x개월 후 서현의 저축액)

2

현재 형의 저축액은 5000원, 동생의 저축액은 8000원이다. 다음 달부터 매달 형은 2500원씩, 동생은 1000원씩 저축을 한다고 한다. 형의 저축액이 동생의 저축액의 2배보다 많아지는 때는 몇 개월 후부터인지 구하여라.

Hint
(x개월 후 형의 저축액)$>2\times$(x개월 후 동생의 저축액)

036 부등식의 활용(정가와 원가를 구하는 문제)

어느 물건을 원가의 30% 이익을 붙여 정가를 정하였는데, 물건이 잘 팔리지 않아 정가에서 3000원을 할인하여 판매하였더니 원가의 20% 이상의 이익을 얻었다고 한다. 이 물건의 원가는 얼마 이상이었을까?

(x원)

Tip

• 정가는 원가에 이익을 더한 값을 말해요.

풀·이·쓰·기

원가를 x원이라고 하자.

① 정가 = 원가 + 30% 이익

원가 → x, 30% 이익 → $\frac{30}{100}x$

$= x + 0.3x = 1.3x$

② 정가에서 3000원 할인

정가 → $1.3x$원

$\Rightarrow 1.3x - 3000$ (원)

③ 원가의 20% 이익

$\Rightarrow$ 원가 + 20% 이익

원가 → x, 20% 이익 → $\frac{20}{100}x$

$= x + 0.2x = 1.2x$

④ 정가에서 3000원 할인 $\geq$ 원가 20% 이익

$\Rightarrow 1.3x - 3000 \geq 1.2x$

$1.3x - 1.2x \geq 3000$

$0.1x \geq 3000$

$x \geq 30000$

원가는 30000원 이상이었다!

답 30000원

난이도 ★★★★★

1

어느 물건을 20 %의 이익을 붙여 정가를 정하였는데, 물건이 잘 팔리지 않아 정가에서 2000원을 할인하여 판매하였더니 원가의 10 % 이상의 이익을 얻었다고 한다. 이 물건의 원가는 얼마 이상이었는지 구하여라.

Ⅱ 부등식과 연립방정식

Hint (정가)=(원가)+(이익)

알아두면 좋아요

정가? 원가? 이익?

지연이가 도매시장에서 후드티를 8000원에 사서
800원 이익을 붙여 8800원에 팔았다.

자, 여기에 정가, 원가, 이익의 모든 개념이 들어 있어요.
문장을 풀이하면, 지연이가 도매시장에서 후드티를

원가	이익	정가
8000원에 사서	800원을 붙여	8800원에 팔았다.

결국, 정가는 원가에 이익을 더한 값이 되는 것이죠.

037 부등식의 활용(더 유리한 가격을 찾는 문제)

집 앞 편의점에서 4000원에 판매하는 음료수를 대형마트에서는 10% 할인한 가격에 판매하고 (3600원) 있다고 한다. 마트까지 왕복 교통비가 2800원일 때, 음료수를 몇 개 이상 사야 (x개라고 하자) 마트에서 구입하는 것이 더 유리한가? (더 저렴한가?)

풀·이·쓰·기

음료수를 x개 산다고 하자.

① 편의점 가격

⇒ 4000원 × x개 ⇒ 4000x(원)

② 대형마트 가격

⇒ 3600원 × x개 ⇒ 3600x(원)

왜? 4000원의 10%는 400원! ($4000 \times \frac{10}{100} = 400$) 400원 할인하는 거니까

식 [편의점 가격] > [마트 가격] + [교통비]

↑ 저렴

$$4000x > 3600x + 2800$$

$$400x > 2800$$

$$x > 7$$

7개 초과부터!

즉! 8개 이상 구매해야 마트가 유리하다

답 8개

Tip

- 가격이 유리하다는 것은 가격이 싸다는 것을 말해요. 즉, A 가격이 B 가격보다 유리하려면 A<B라는 거죠.

난이도 ★★★★☆

1

집 앞 문구점에서는 공책 한 권 가격이 1200원인데, 온라인으로 구매하면 1000원이다.
단, 온라인으로 구매하는 경우 택배비가 2500원이라고 한다. 이 때, 공책을 몇 권 이상 사야 온라인으로 구매하는 것이 유리한지 구하여라.

Hint 온라인으로 공책을 구매할 때 드는 택배비는 공책이 1권이나 10권이나 100권이나 상관없이 항상 2500원이에요.

2

다음은 어느 통신 회사에서 시행하고 있는 데이터 요금제이다. 한 달 평균 데이터 사용량이 몇 MB를 넘어야 B요금제가 더 유리한지 구하여라.

풀이 쓰기

요금제	기본요금	데이터요금
A	20000원	1MB당 10원
B	40000원	무제한

Hint
(x MB 사용했을 때의 A요금제 가격)>40000원

038 부등식의 활용(단체 입장권에 관한 문제)

어느 동물원의 입장료는 1인당 3000원이라고 한다. 그런데 40명 이상 단체관람객의 경우는 1인당 2000원에 판매한다고 한다. 최소 몇 명부터 40명의 단체권을 사는 것이 유리할까?

x명

만약 39명이라면… 차라리 40명 단체권이 저렴하지 않을까?

풀·이·쓰·기

① x명이 3000원씩 내고 입장

⇒ $3000x$ (원)

② 차라리 40명이라고 하고 입장

⇒ 40명×2000원씩

⇒ 80000 (원)

㉦ $3000x > 80000$

각각 개인으로 / 40명이라 치고 단체권으로

$3x > 80$

$x > \frac{80}{3}$

$x > 26\frac{2}{3}$ → 26.xxx

⇒ 26.xxx 초과부터!

즉, 27명부터는 단체권이 유리하다!

답 27명

Tip

• 어느 쪽의 가격이 더 유리한지 물어보는 문제는 둘 중에 가격이 더 낮은 쪽이 유리하다는 것을 말해요.
즉, 'A와 B 중 어느 것을 사는 것이 유리한가?'라는 문제에서 A>B이면 B가 더 유리한 것이고, A<B이면 A가 더 유리한 것이죠.

난이도 ★★★★☆

1

어느 뮤지컬 티켓의 값이 1인당 15000원이라고 한다. 그런데 30명 이상의 단체 관람객의 경우에는 1인당 12000원에 판매한다고 할 때, 최소 몇 명부터 30명 이상의 단체 티켓을 사는 것이 유리한지 구하여라.

Hint

(15000원씩 x명)>(12000원씩 30명)

2

어느 박람회의 입장료는 1인당 4000원이고 40명 이상의 단체인 경우에는 입장료의 30 %를 할인해 준다. 몇 명 이상이면 40명의 단체 입장권을 사는 것이 유리한지 구하여라.

Hint

(4000원씩 x명)>(30 % 할인받은 40명의 입장료)

30 % 할인된 가격은 70 % 가격에 구매했다는 말과 같아요.

039 부등식의 활용(도형에 관한 문제)

가로의 길이가 세로의 길이보다 20 cm 더 짧은 직사각형이 있다. 이 직사각형의 둘레의 길이가 280 cm 이상이 되게 하려면 세로의 길이는 몇 cm 이상이어야 하는지 구하여라. (x cm 이상)

풀·이·쓰·기

세로의 길이를 x cm 라고 하면 가로의 길이는 $(x-20)$ cm 이다. (세로보다 20 짧음)

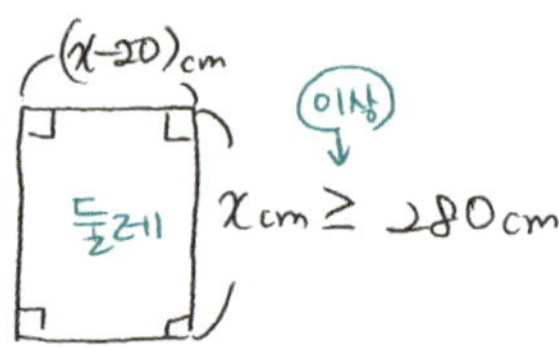

⇒ 직사각형의 둘레는

$2x + 2(x-20)$ (세로 2개, 가로 2개)

$= 2x+2x-40 = 4x-40$ cm

(식) $4x-40 \geq 280$

$4x \geq 320$

$x \geq 80$

즉, 세로의 길이는 80 cm 이상이어야 한다.

답 80 cm

Tip

- 도형문제는 그림을 그리면서 문제를 풀면 더 쉽게 문제를 이해할 수 있어요.

난이도 ★★★☆☆

1

가로의 길이가 세로의 길이보다 10 cm 더 짧은 직사각형이 있다. 이 직사각형의 둘레의 길이가 160 cm 이상이 되게 하려면 세로의 길이는 몇 cm 이상이어야 하는지 구하여라.

Hint 세로의 길이가 x cm라면, 가로의 길이는 $(x-10)$ cm예요.

2

아랫변의 길이가 윗변의 길이보다 3 cm만큼 더 길고, 높이가 10 cm인 사다리꼴이 있다. 이 사다리꼴의 넓이가 110 cm^2 이상일 때, 사다리꼴의 아랫변의 길이는 몇 cm 이상이어야 하는지 구하여라.

Hint 윗변의 길이가 x cm라면, 아랫변의 길이는 $(x+3)$ cm예요.

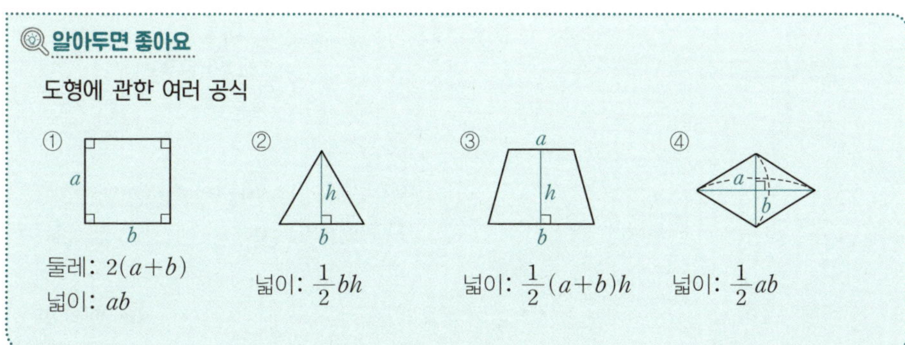

040 부등식의 활용(거리, 속력, 시간을 구하는 문제)

지연이가 집에서 12km 떨어진(총거리) 고은이네 집에 가는데 처음에는 자전거를 타고 시속 12km로(처음속력) 달리다가 언덕 앞에 자전거를 세우고 시속 2km(나중속력)로 걸어가서 2시간 이내에(2시간 이하) 도착했다. 자전거를 세워둔 지점은 지연이네 집에서 몇 km이상(x km이상) 떨어진 곳일까?

Tip

- '이내'는 '이하'를 의미해요.
- (거리)=(속력)×(시간)

  (속력)=$\frac{(거리)}{(시간)}$

  (시간)=$\frac{(거리)}{(속력)}$

풀·이·쓰·기

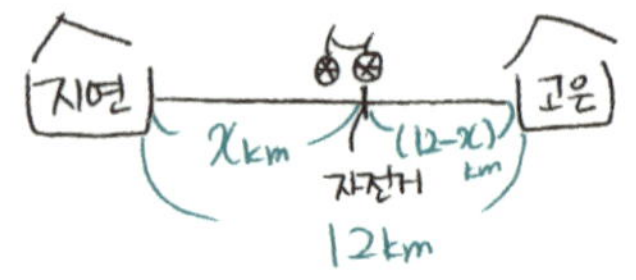

	자전거탐	걸어감
거리	x km	$(12-x)$ km
속력	시속 12 km	시속 2 km
☆시간	$\frac{x}{12}$ 시간	$\frac{(12-x)}{2}$ 시간

왜? (거 / 속 시) 시간 = $\frac{거리}{속력}$

총 2시간 이내에 도착! 이므로

㊕ $\frac{x}{12} + \frac{(12-x)}{2} \le 2$

(자전거탄 시간) (걸어간 시간) (2시간 이내)

양변에 ×12 하면

$$x + 6(12-x) \le 24$$
$$x + 72 - 6x \le 24$$
$$x - 6x \le 24 - 72$$
$$-5x \le -48$$
$$x \ge \frac{48}{5} \rightsquigarrow 9.6$$

따라서, 9.6 km 이상 떨어진 곳에 자전거를 세워두었다.

답 9.6 km

난이도 ★★★★☆

1

A지점에서 7 km 떨어진 B지점까지 가는데 처음에는 시속 4 km로 뛰다가 도중에 시속 2 km로 걸어서 3시간 이내에 B지점에 도착하였다. 이때 시속 4 km로 뛴 거리는 몇 km 이상인지 구하여라.

Hint 표를 채우면서 문제를 풀어요.

	뛸 때	걸을 때
거리	x km	$(7-x)$ km
속력	시속 4 km	시속 2 km
시간		

2

역에서 기차를 기다리는데 출발 시각까지는 1시간 30분의 여유가 있어서 이 시간을 이용하여 상점에 가서 물건을 사오려고 한다. 물건을 사는 데 30분이 걸리고, 시속 3 km로 걸을 때, 역에서 최대 몇 km 이내에 있는 상점을 이용할 수 있는지 구하여라.

풀이 쓰기

Hint 표를 채우면서 문제를 풀어요.

<table>
<tr><th></th><th colspan="2">역에서 상점</th><th colspan="2">상점에서 역</th></tr>
<tr><td>거리</td><td colspan="2">x km</td><td colspan="2">x km</td></tr>
<tr><td>속력</td><td colspan="2">시속 3 km</td><td colspan="2">시속 3 km</td></tr>
<tr><td>시간</td><td></td><td colspan="2">30분</td><td></td></tr>
</table>

1시간 30분 이내에 물건을 사는 데 30분이 걸리니까 실제로 걷는 시간은 1시간 이내여야 해요.

041 부등식의 활용(농도를 구하는 문제)

4 %의 소금물과 10 %의 소금물을 섞어서 8 %이하의 소금물 300g을 만들려고 한다. 4 %의 소금물은 최대 몇 g까지 섞을수 있을까?

↓ xg

풀·이·쓰·기

4%의 소금물의 양을 xg이라 하면 최종 300g이므로 8%의 소금물은 $(300-x)$g이다

xg중 $\frac{4}{100}$가 소금이다.

	4%		10%		8%이하
소금	$\frac{4}{100}x$	+	$\frac{10}{100}(300-x)$	⇒	$\frac{8}{100}\times300$
소금물	xg		$(300-x)$g		300g

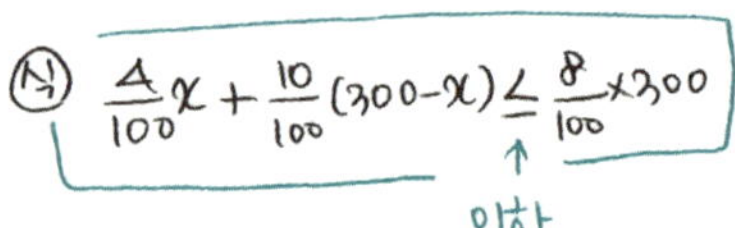

식 $\frac{4}{100}x+\frac{10}{100}(300-x)\le\frac{8}{100}\times300$

↑ 이하

양변에 ×100을 해서 분모 없애자!

$4x+10(300-x)\le2400$

$4x+3000-10x\le2400$

$4x-10x\le2400-3000$

$-6x\le-600$

$x\ge100$

x가 100 이상이므로 4%의 소금물은 최대 100g까지 섞을수 있다 쏨

답 **100 g**

Tip

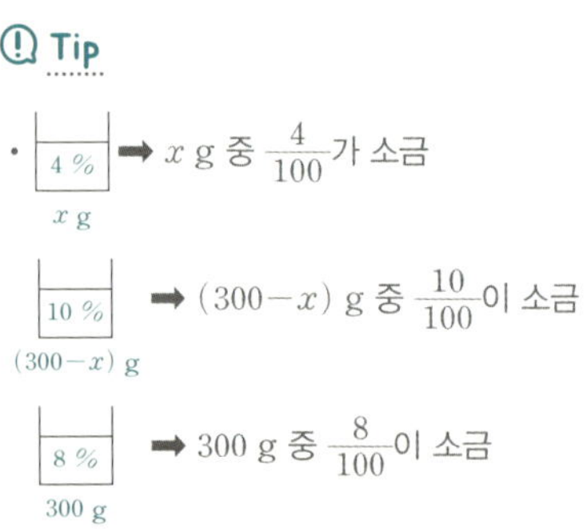

- 4 % (x g) ➡ x g 중 $\frac{4}{100}$가 소금
- 10 % ($(300-x)$ g) ➡ $(300-x)$ g 중 $\frac{10}{100}$이 소금
- 8 % (300 g) ➡ 300 g 중 $\frac{8}{100}$이 소금

난이도 ★★★★☆

1

5 %의 소금물과 9 %의 소금물을 섞어서 8 % 이하의 소금물 500 g을 만들려고 한다. 5 %의 소금물은 최소 몇 g까지 섞을 수 있는지 구하여라.

Hint 그림을 그리면서 문제를 풀어요.

농도	5 %	+	9 %	≤	8 %
소금의 양	g	+	g	≤	g
소금물의 양	x g		g		500 g

2

6 %의 소금물 400 g에 물을 더 넣어 4 % 이하의 소금물을 만들려고 한다. 이때 더 넣어야 하는 물의 양은 몇 g 이상인지 구하여라.

Hint 그림을 그리면서 문제를 풀어요.

농도	6 %	+	0 %	≤	4 %
소금의 양	g	+	0 g	≤	g
소금물의 양	400 g		x g		g

Ⅱ 부등식과 연립방정식

042 연립방정식을 가감법으로 해결하자

연립방정식 $\begin{cases} 2x+3y=-5 & \cdots ㉠ \\ -3x-4y=10 & \cdots ㉡ \end{cases}$ 의

해를 구하여라.

x를 소거하려면?

계수의 절댓값을 "6"으로 맞춰야 해

⇒ ㉠×3 + ㉡×2

y를 소거하려면?

계수의 절댓값을 "12"로 맞춰야 해

⇒ ㉠×4 + ㉡×3

Tip

- 연립방정식이란?
  연립방정식은 2개 이상의 방정식을 묶어 놓은 것을 말해요.
  여기서 연립방정식의 해는 묶여 있는 두 방정식을 모두 만족해야 하죠.

풀·이·쓰·기

$\begin{cases} 2x+3y=-5 & -㉠ \\ -3x-4y=10 & -㉡ \end{cases}$ 이라 하자.

① x를 소거해서 y를 구하자!

㉠×3 + ㉡×2

$6x+9y=-15$ ㉠×3

$+ \quad -6x-8y=20$ ㉡×2

$\therefore y=5$

왜? x항의 부호가 다르니깐 더해야 없어지지!

② $y=5$를 ㉠에 대입해서 x를 구하자!

㉠ $2x+3y=-5$ (y에 5)

$2x+15=-5$

$2x=-20$

$\therefore x=-10$

따라서, 해는 $\begin{cases} x=-10 \\ y=5 \end{cases}$ 이다.

답 $x=-10,\ y=5$

난이도 ★★☆☆☆

1

연립방정식 $\begin{cases} 4x+3y=-5 \\ 3x-y=-7 \end{cases}$ 의 해를 구하여라.

Hint x와 y 중 소거하기 편한 것을 먼저 소거해요.

2

연립방정식 $\begin{cases} 2x+3y=9 & \cdots\cdots ㉠ \\ 3x-5y=4 & \cdots\cdots ㉡ \end{cases}$ 에서 미지수를 없애기 위해 필요한 식을 모두 고르면?

풀이 쓰기

① ㉠×2−㉡×3

② ㉠×3−㉡×2

③ ㉠×3+㉡×2

④ ㉠×5−㉡×3

⑤ ㉠×5+㉡×3

알아두면 좋아요

연립방정식을 가감법으로 풀 때

연립방정식을 가감법으로 풀 때는 x와 y 중 소거하기 편한 것을 먼저 소거해 준 뒤, 하나의 해를 먼저 구하고, 그 해를 방정식에 대입하여 나머지 다른 해를 구해요.

043 연립방정식을 대입법으로 해결하자

연립방정식 $\begin{cases} 2x+3y=4 & \cdots ㉠ \\ y=5x+7 & \cdots ㉡ \end{cases}$ 의 해를 구하여라.

y 대신에 (5x+7)을 사용해도 된다는 뜻!

풀·이·쓰·기

$\begin{cases} 2x+3y=4 & -㉠ \\ y=5x+7 & -㉡ \end{cases}$ 이라 하면

㉡ $y=5x+7$은 y대신 $(5x+7)$을 대!입! 해도 된다는 것이니까

㉠에 있는 y에 $(5x+7)$을 넣어보자! (반드시 괄호!)

㉠ $2x+3y=4$

↑ $(5x+7)$ 대입

$2x+3(5x+7)=4$

$2x+15x+21=4$

$17x=-17$

$x=-1$

이제, $x=-1$을 ㉡에 대입하자.

㉡ $y=5x+7$

↑ (-1)대입

$y=5\times(-1)+7=-5+7=2$

$y=2$

따라서, 해는 $\begin{cases} x=-1 \\ y=2 \end{cases}$ 이다.

답 $x=-1$, $y=2$

Tip

- 식을 대입할 때는 반드시 괄호를 사용야 해요.

난이도 ★★☆☆☆

1

연립방정식 $\begin{cases} y=2x+5 \\ 5x+y=-9 \end{cases}$ 의 해를 구하여라.

풀이 쓰기

Hint $y=2x+5$를 두 번째 식의 y에 대입해요.

2

연립방정식 $\begin{cases} x=4y-10 \\ 3x-5y=-9 \end{cases}$ 의 해가 $x=a$, $y=b$ 일 때 $a+b$의 값을 구하여라.

풀이 쓰기

Hint $x=4y-10$을 두 번째 식의 x에 대입해요.

알아두면 좋아요

가감법과 대입법 중 어떤 방법을 사용할까?

연립방정식을 풀 때 가감법과 대입법 중 어떤 방법을 사용하더라도 옳은 방법이에요. 다만, 상황에 맞게 좀 더 쉽고 빠르게 푸는 방법을 고를 수 있어야겠죠?

① 가감법을 사용하는 것이 더 편한 경우:

$\begin{cases} x+y=3 \\ x-y=5 \end{cases}$ 와 같이 같은 종류의 항끼리 정렬된 경우

② 대입법을 사용하는 것이 더 편한 경우:

$\begin{cases} y=x+3 \\ x+y=9 \end{cases}$ 와 같이 하나의 문자에 대한 식이 주어진 경우

044 계수가 소수 또는 분수인 연립방정식의 풀이

연립방정식

$$\begin{cases} 0.06x - 0.01y = 0.16 & ㉠ \\ \frac{3}{5}x - \frac{7}{10}y = \frac{2}{5} & ㉡ \end{cases}$$ 의

해를 구하여라.

풀·이·쓰·기

㉠식을 계수를 정수로 만들자.

⇒ 양변에 ×100을 하면 되지!

⇒ $6x - y = 16$ 뿅!

㉡을 계수를 정수로?

⇒ 양변에 ×10을 하자!

분모의 최소공배수

⇒ $10 \times \frac{3}{5}x - 10 \times \frac{7}{10}y = \frac{2}{5} \times 10$

⇒ $6x - 7y = 4$ 뿅!

x를 소거하자.

$$\begin{array}{r} 6x - y = 16 \\ -\ \ 6x - 7y = 4 \\ \hline 6y = 12 \\ y = 2 \end{array}$$

㉠ $6x - y = 16$ 에 대입 ($y=2$)

$6x - 2 = 16$

$6x = 18$

$x = 3$

따라서, 해는 $\begin{cases} x = 3 \\ y = 2 \end{cases}$ 이다.

답 $x=3$, $y=2$

Tip

- 계수가 소수 또는 분수인 연립방정식을 풀 때는 계수를 정수로 만들어 주는 것이 가장 중요해요.

난이도 ★★★☆☆

1

연립방정식 $\begin{cases} 0.3x-0.2y=-0.4 \\ 0.05x-0.03y=-0.05 \end{cases}$ 의 해를 구하여라.

✎ 풀이 쓰기

Hint 첫 번째 식에는 10, 두 번째 식에는 100을 곱해 줘요.

2

연립방정식 $\begin{cases} \frac{1}{4}x+\frac{1}{2}y=-\frac{1}{4} \\ \frac{1}{2}x+\frac{1}{3}y-\frac{5}{6} \end{cases}$ 의 해를 구하여라.

✎ 풀이 쓰기

Hint 첫 번째 식에는 4, 두 번째 식에는 6을 곱해 주면, 분모가 모두 사라져요.

알아두면 좋아요

계수가 소수 또는 분수인 연립방정식의 풀이

① 계수가 소수일 때: 양변에 10의 거듭제곱을 곱해서 계수를 정수로 만들어요.
② 계수가 분수일 때: 양변에 분모의 최소공배수를 곱해서 계수를 정수로 만들어요.

045 A=B=C 꼴인 연립방정식의 풀이

$\underbrace{x-8y}_{A}=\underbrace{3(2x-1)-y}_{B}=\underbrace{3x-5y-1}_{C}$

을 만족시키는 x, y의 값을 구하여라.

풀·이·쓰·기

주어진 식 중에서 Ⓐ $x-8y$가 가장 식이 간단하므로

$\begin{cases} Ⓐ=Ⓑ \\ Ⓐ=Ⓒ \end{cases}$ 로 뽑는게 이득!

$\Rightarrow \begin{cases} x-8y=3(2x-1)-y & ㉠ \\ x-8y=3x-5y-1 & ㉡ \end{cases}$

㉠ 식정리

$x-8y=6x-3-y$

$\boxed{-5x-7y=-3}$

㉡ 식 정리

$\boxed{-2x-3y=-1}$

⇒ x를 소거하려면 ㉠×2 − ㉡×5

x를 소거하자!

$\begin{array}{rl} & -10x-14y=-6 \quad ㉠\times2 \\ - & -10x-15y=-5 \quad ㉡\times5 \\ \hline & \boxed{y=-1} \end{array}$

$y=-1$을 ㉡ $-2x-3y=-1$에 대입 (-1)

$-2x+3=-1$

$-2x=-4$

$\boxed{x=2}$

따라서, 해는 $x=2$, $y=-1$이다.

답 $x=2$, $y=-1$

Tip

• 식 A=B=C에서 A가 제일 간단한 식이라면, $\begin{cases} A=B \\ A=C \end{cases}$로 연립방정식을 세워 문제를 풀어요.

난이도 ★★★☆☆

1

연립방정식 $2x+y=x+2y=6$의 해를 구하여라.

풀이 쓰기

Hint 셋 중 가장 간단한 식이 무엇일까요?

2

연립방정식
$4(y-2)=2x+2y-4=-3(x-6)+3y$의 해를 구하여라.

풀이 쓰기

Hint 분배법칙으로 식을 정리하고 간단한 식을 찾아 연립방정식을 세워요.

알아두면 좋아요

$A=B=C$ 꼴인 연립방정식

$A=B=C$ 꼴인 연립방정식은 $A=B$, $B=C$, $C=A$라는 세 가지의 식을 만들 수 있어요. 이 중 아무 식이나 2개를 골라서 연립방정식을 만들어 풀어도 해는 모두 같아요.

$$\begin{cases}A=B\\A=C\end{cases},\ \begin{cases}B=A\\B=C\end{cases},\ \begin{cases}C=A\\C=B\end{cases}$$

046 연립방정식의 해가 주어질 때

연립방정식 $\begin{cases} ax-by=8 \\ bx-ay=1 \end{cases}$ 의

해가 $x=5$, $y=2$ 일때,

a, b의 값을 각각 구하여라.

대입하자★

Tip

- 주어진 해를 x와 y에 대입하면 a, b를 구하는 새로운 연립방정식을 만들 수 있어요.

풀·이·쓰·기

주어진 식에 $x=5$, $y=2$를 대입하면

$\begin{cases} 5a-2b=8 \\ 5b-2a=1 \end{cases}$ 로 바뀐다!

a, b를 구하는 새로운 연립방정식★

일단 [a라인] + [b라인] = [수라인] 을 정리!

$\begin{cases} 5a-2b=8 & ㉠ \\ -2a+5b=1 & ㉡ \end{cases}$

a를 소거하자 → ㉠×2 + ㉡×5

$$\begin{array}{rl} 10a-4b=16 & ㉠\times 2 \\ +\;\; -10a+25b=5 & ㉡\times 5 \\ \hline 21b=21 & \end{array}$$

$\boxed{b=1}$

$b=1$을 ㉠ $5a-2b=8$ 에 대입

↑ 1 대입

$5a-2=8$

$5a=10$

$\boxed{a=2}$

따라서, $a=2$, $b=1$ 이다.

답 $a=2$, $b=1$

난이도 ★★★☆☆

1

$\begin{cases} bx+ay=16 \\ ax+by=-14 \end{cases}$ 의 해가 $x=2$, $y=-3$일 때, 상수 a, b의 값을 구하여라.

풀이 쓰기

2

$\begin{cases} x+4y=-5 \\ ax+y=13 \end{cases}$ 의 해가 $(b,\ -2)$일 때, 상수 a, b의 값을 구하여라.

풀이 쓰기

Hint x의 해가 b라는 것에 당황하지 말고, 대입하여 식을 풀어 보면 b의 값을 구할 수 있어요.

047 두 연립방정식의 해가 같을 때

아래 두 연립방정식의 해가 같다.

이때, $a+b$의 값을 구하여라.

$$\begin{cases} x-ay=5 & ㉠ \\ x+2y=1 & ㉡ \end{cases}$$

$$\begin{cases} bx+7y=-13 & ㉢ \\ x-4y=7 & ㉣ \end{cases}$$

Tip

- 두 연립방정식의 해가 같다는 말은 4개의 방정식을 동시에 만족하는 해가 있다는 말과 같아요.
  즉, 4개의 방정식에서 2개의 식을 골라 연립방정식을 세워 해를 구하면, 나머지 2개의 방정식의 해도 자동으로 알 수 있게 되죠.

풀·이·쓰·기

두 연립방정식의 해가 같으므로

결국! 네 방정식의 공통해가 같음!

⇒ 아무거나 2개 뽑아와도 ok!

① x, y만 들어있는 식 2개를 뽑아 연립해서 해를 구하자.

㉡과 ㉣

$$\begin{array}{rl} & x+2y=1 \quad ㉡ \\ - & x-4y=7 \quad ㉣ \\ \hline & 6y=-6 \\ & \boxed{y=-1} \end{array}$$

㉡ $x+2y=1$에 대입 ($y=-1$)

$x-2=1$

$\boxed{x=3}$

⇒ 따라서, $x=3$, $y=-1$이다.

② $x=3$, $y=-1$을 ㉠에 대입

$x-ay=5$ ⇒ $3+a=5$ ($x=3$, $y=-1$)

$\boxed{a=2}$

③ $x=3$, $y=-1$을 ㉢에 대입

$bx+7y=-13$ ⇒ $3b-7=-13$ ($x=3$, $y=-1$)

$3b=-6$

$\boxed{b=-2}$

따라서, $a+b=2+(-2)=0$이다.

답 0

난이도 ★★★☆☆

1

다음 | 보기 |의 두 연립방정식의 해가 같다. 이때, $a+b$의 값을 구하여라.

풀이 쓰기

| 보기 |

$$\begin{cases} 3x-y=7 \\ ax+y=11 \end{cases}, \begin{cases} 3x-by=8 \\ 4x+3y=5 \end{cases}$$

Hint 두 연립방정식에서 x와 y만 있는 방정식을 따로 뽑아 다시 연립방정식을 세워 해를 구해요. 그 후, 연립방정식에서 구한 해를 방정식에 대입하면 a와 b를 구할 수 있죠.

수학 읽기

고대 중국의 수학책 '구장산술'

고대 중국의 수학책인 '구장산술'에도 연립방정식이 나온다는 것을 알고 있나요? 구장산술은 총 9개의 장으로 만들어진 아주 오랜 역사를 가진 수학책이에요. 그중 8장인 '방정'에는 일차 연립방정식을 가감법으로 푸는 문제가 18개 있다고 해요.

048 연립방정식의 해가 무수히 많거나 없을 때

연립방정식 $\begin{cases} x-3y=4 & ㉠ \\ ax+12y=b & ㉡ \end{cases}$ 의

해가 무수히 많을 때, 상수 a, b의 값을 각각 구하여라.

두식이 일치한다.

! Tip

- 해가 무수히 많다는 말은 두 식의 x의 계수, y의 계수, 상수항이 모두 같아질 수 있다는 말이에요.

예 $x+y=2$

$2x+2y=4$

$\frac{x}{100}+\frac{y}{100}=\frac{1}{50}$

사실은 모두 같은 식!

풀·이·쓰·기

주어진 두 식이 완벽히 일치하면

⇕

해가 무수히 많다.

즉! $x-3y=4$ 와 $ax+12y=b$ 가

똑같은 식이어야!

$1x-3y=4$

$\times(-4)$ ↓ $\times(-4)$ ↓ $\times(-4)$

$ax+12y=b$

따라서, $a=-4$, $b=-16$ 이어야 한다.

체크 $-4x+12y=-16$ ㉡

↓ 양변을 -4로 나누면

$x-3y=4$

↳ ㉠과 똑같아짐★

답 $a=-4$, $b=-16$

지연쌤의 SNS

두 연립방정식의 해가 무수히 많으려면?

연립방정식의 해가 무수히 많으려면 주어진 식에서 계수만 뽑아서 분수로 나타내었을 때 모두 같아야 해요.

예 $\begin{cases} 3x+4y=8 \\ 9x+12y=24 \end{cases}$ ➡ $\frac{3}{9}=\frac{4}{12}=\frac{8}{24}=\frac{1}{3}$ ➡ 해가 무수히 많다!

$\begin{cases} x-3y=4 \\ ax+by=8 \end{cases}$ ➡ $\frac{1}{a}=\frac{-3}{b}=\frac{4}{8}=\frac{1}{2}$ ➡ $a=2$, $b=-6$이면 해가 무수히 많다!

난이도 ★★★☆☆

1

$\begin{cases} -2x+by=2 \\ 4x-2y=a \end{cases}$ 의 해가 무수히 많을 때, a, b의 값을 구하여라.

풀이 쓰기

Hint 해가 무수히 많다는 것은 x의 계수, y의 계수, 상수가 모두 똑같아질 수 있다는 말과 같아요.

2

다음 연립방정식 중 해가 없는 것은?

풀이 쓰기

① $\begin{cases} 2x-y=4 \\ 4x+y=5 \end{cases}$ ② $\begin{cases} x+y=2 \\ 4x-4y=1 \end{cases}$

③ $\begin{cases} x-y=1 \\ 2x-y=1 \end{cases}$ ④ $\begin{cases} x-2y=-1 \\ 3x-6y=3 \end{cases}$

⑤ $\begin{cases} x+y=2 \\ 4x+4y=8 \end{cases}$

알아두면 좋아요

연립방정식의 해가 무수히 많을 때와 없을 때를 확인하는 방법

$\begin{cases} ax+by=c \\ a'x+b'y=c' \end{cases}$, 라는 연립방정식에서

$\frac{a}{a'}=\frac{b}{b'}=\frac{c}{c'}$ 이면, 해가 무수히 많고, $\frac{a}{a'}=\frac{b}{b'}\neq\frac{c}{c'}$ 이면, 해가 없다는 뜻이에요.

Ⅱ 부등식과 연립방정식

049 연립방정식의 활용(처음 수, 바꾼 수 문제)

두 자리의 자연수가 있다.
이 수는 각자리 숫자의 합의 4배 (조건①)
이고, 십의 자리의 숫자와 일의 (조건②)
자리의 숫자를 바꾼수는 처음수의
2배보다 9만큼 작다고 한다.
처음 수를 구하여라.

→ $\boxed{x}\boxed{y} \Rightarrow 10x+y$ (십 일)

Tip

- 처음 수, 바꾼 수 문제에서는
  처음 수: $\boxed{x}\boxed{y}=10x+y$ (십 일)
  바꾼 수: $\boxed{y}\boxed{x}=10y+x$ (십 일)
  라는 식을 먼저 세우고 문제를 풀어요.

풀·이·쓰·기

처음 수를 $\boxed{x}\boxed{y}$ 이라고 하면
십 일 $\Rightarrow 10x+y$

바꾼수는 $\boxed{y}\boxed{x}$ 이다
십 일 $\Rightarrow 10y+x$

조건①

$\boxed{x}\boxed{y} = (x+y)\times 4$
(십 일 — 이 수는 $10x+y$ / 각자리 숫자합의 / 4배)

$\Rightarrow 10x+y=4(x+y)$

$\Rightarrow 6x=3y \Rightarrow \boxed{y=2x}$

조건② (바꾼수) = 2(처음수) − 9
($\boxed{y}\boxed{x}$, $\boxed{x}\boxed{y}$)

$\Rightarrow (10y+x)=2(10x+y)-9$

$\Rightarrow 10y+x=20x+2y-9$

$\Rightarrow \boxed{-19x+8y=-9}$

(식)

$\begin{cases} y=2x \\ -19x+8y=-9 \end{cases}$ (대입) 을 풀면

$x=3,\ y=6$ 이다.

따라서, 처음 수는 36이다.

답 36

난이도 ★★★★☆

1

두 자리의 자연수가 있다. 각 자리의 숫자의 합은 9이고, 십의 자리의 숫자와 일의 자리의 숫자를 바꾼 수는 처음 수보다 9만큼 크다고 할 때, 처음 수를 구하여라.

Hint 식①: (각 자리 숫자의 합)=9
식②: (바꾼 수)=(처음 수)+9

2

두 자리 자연수가 있다. 이 수는 각 자리의 숫자의 합의 7배이고, 십의 자리의 숫자와 일의 자리의 숫자를 바꾼 수의 2배는 처음 수보다 6만큼 크다고 할 때, 처음 수를 구하여라.

Hint 식①: (처음 수)=7×(각 자리 숫자의 합)
식②: 2×(바꾼 수)=(처음 수)+6

알아두면 좋아요

문자로 표현된 숫자 읽기

자연수 23은 20+3이에요. 마찬가지로 두 자리의 숫자 xy는 그냥 $x+y$가 아니라 $10x+y$라고 나타내야 해요.

050 연립방정식의 활용(가격과 개수를 구하는 문제)

300원 짜리 지우개와

700원 짜리 노트를 합하여

15개를 사고, 총 8100원을 지불하였다. 이때 지우개는 몇개를 샀을까?

(조건① 15개를 사고, 조건② 총 8100원을 / 지우개는 x개, 노트는 y개)

Tip

• 연립방정식 문제 중 가격과 개수를 구하는 문제는 표를 이용하여 정리하면, 더 쉽게 이해할 수 있어요.

 풀·이·쓰·기

지우개를 x개, 노트를 y개 샀다고 하자.

	300원 지우개	700원 노트	총
개수	x개	y개	15개
가격	$300x$ (원)	$700y$ (원)	8100원

식 $\begin{cases} x+y=15 \\ 300x+700y=8100 \end{cases}$

$\Rightarrow \begin{cases} x+y=15 & ① \\ 3x+7y=81 & ② \end{cases}$ 양변 100으로 나눔.

✭ 지우개, 즉 x개를 구하는 거니까 y를 소거하는게 Good!

y를 소거하려면 ①×7 − ②

$7x+7y=105$ ①×7

$-\ 3x+7y=81$ ②

$4x=24$

$x=6$ → y는? 구할 필요 No! 지우개만 물어봤잖나~

따라서, 지우개는 6개 샀다 답

답 6개

난이도 ★★★☆☆

1

300원짜리 사탕과 700원짜리 초콜릿을 합하여 15개를 사고 6900원을 지불하였다. 이때, 사탕을 몇 개 샀는지 구하여라.

Hint 표의 빈칸을 채우면서 문제를 풀어요.

	사탕	초콜릿	합계
개수	x개	y개	15개
가격			6900원

2

사과 3개와 배 4개의 값은 5400원이고, 사과 5개와 배 2개의 값은 4800원일 때, 사과 1개의 가격은 얼마인지 구하여라.

Hint 표를 보고 문제를 풀어요.

사과 (개당 x원)	배 (개당 y원)	합계
3개	4개	5400원
5개	2개	4800원

051 연립방정식의 활용(도형에 관한 문제)

윗변의 길이가 아랫변의 길이보다 2cm 짧은 사다리꼴이 있다. 이 사다리꼴의 높이가 8cm이고, 넓이가 88cm² 일 때, 아랫변의 길이를 구하여라.

(윗변의 길이: $x$cm, 아랫변의 길이: $y$cm — 조건①, 조건②)

y만 구하면 되네?

Tip

- 도형문제는 그림을 그리면서 문제를 이해하는 것이 중요해요.

풀·이·쓰·기

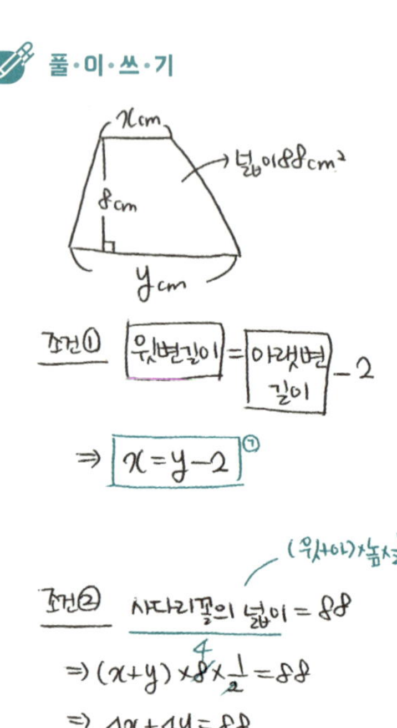

$\Rightarrow 4x+4y=88$

$\Rightarrow x+y=22$ ㉡

식 $\begin{cases} x=y-2 \\ x+y=22 \end{cases}$ 대입법으로 풀자.

$\Rightarrow y-2+y=22$

$2y=24$

$y=12$

따라서, 아랫변의 길이는 12cm이다.

답 12 cm

난이도 ★★★☆☆

1

윗변의 길이가 아랫변의 길이보다 4 cm 짧은 사다리꼴이 있다. 이 사다리꼴의 높이가 8 cm이고 넓이가 72 cm^2일 때, 아랫변의 길이는 얼마인지 구하여라.

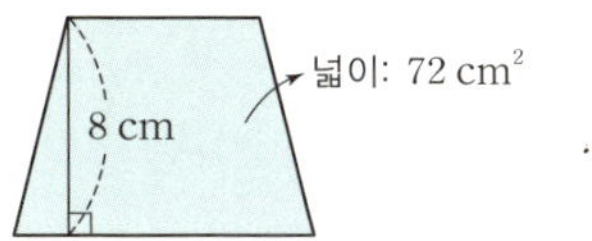

Hint 아랫변의 길이: x cm, 윗변의 길이: y cm

① (윗변의 길이)$=$(아랫변의 길이)-4

② (사다리꼴의 넓이)

$=$(윗변의 길이$+$아랫변의 길이)$\times$(높이)$\times\frac{1}{2}$

2

둘레의 길이가 30 cm인 직사각형이 있다. 이 직사각형의 가로의 길이를 2배로 늘이고, 세로의 길이를 3배로 늘였더니 둘레의 길이가 70 cm가 되었다. 처음 직사각형의 가로의 길이를 구하여라.

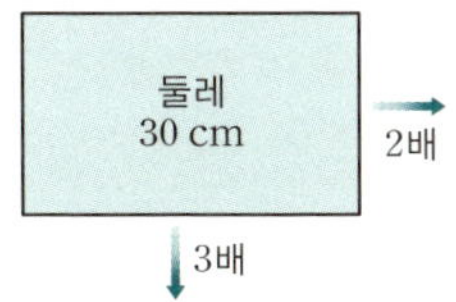

Hint 직사각형의 가로가 x cm, 세로가 y cm라면,

① (처음 직사각형의 둘레)$=30$

② (늘린 직사각형의 둘레)$=70$

052 연립방정식의 활용(계단을 오르는 문제)

수진이와 민주는 가위바위보를 하여 이기면 2계단 올라가고(+2), 지면 1계단 내려가기로(−1) 약속했다. 여러 번 가위바위보를 한 끝에, 수진이는 처음 위치보다 3계단 위에(조건①), 민주는 처음 위치보다 9계단 위에 있었을 때(조건②), 수진이가 이긴 횟수는?
(단, 비기는 경우는 제외한다.)

x번 이겼다고 하자.

풀·이·쓰·기

수진이가 x번 이기고, y번 졌다면
민주는 x번 지고, y번 이긴 것!

	이기고 (+2)	졌다 (−1)	최종위치
수진	$+2x$	$-y$	$+3$
민주	$+2y$	$-x$	$+9$

식 $\begin{cases} 2x-y=3 \\ 2y-x=9 \end{cases}$ $\underset{\text{정리}}{\overset{\text{라인}}{\Rightarrow}}$ $\begin{cases} 2x-y=3 & ㉠ \\ -x+2y=9 & ㉡ \end{cases}$

수진이가 이긴 횟수, x만 구하면 돼!
y를 소거하자.

$\Rightarrow$ ㉠×2+㉡

$$\begin{array}{rl} & 4x-2y=6 \\ + & -x+2y=9 \\ \hline & 3x=15 \end{array}$$

$\boxed{x=5}$

따라서, 수진이가 이긴 횟수는 5번

답 5번

지연쌤의 SNS

☑ 연립방정식을 활용하는 문제의 핵심은 무엇인가요?

① 문제에서 무엇을 미지수(x, y)로 나타낼 것인지를 정해요.
② x, y를 사용하여 문제의 의도에 맞게 연립방정식을 세워요.
③ 연립방정식을 풀어서 x, y의 값을 구해요.
④ 구한 해를 다시 대입해서 정답이 맞는지 확인해요.

난이도 ★★★☆☆

1

민성이와 정희는 가위바위보를 하여 이기면 3계단 올라가고, 지면 1계단 내려가기로 했다. 여러 번 가위바위보를 한 뒤에 민성이는 처음 위치보다 2계단 위에, 정희는 처음 위치보다 10계단 위에 있었을 때, 민성이가 이긴 횟수를 구하여라. (단, 비기는 경우는 제외한다.)

Hint 표의 빈칸을 채우면서 문제를 풀어요.

	승 (+3계단)	패 (−1계단)	합계
민성 (x승 y패)			+2
정희 (y승 x패)			+10

수학 읽기

같은 유형의 문제를 찾아보자!

계단 오르기 문제의 핵심은 무엇일까요?
맞아요. 이기면 ☆점 획득, 지면 ♡점 감점이라는 것이지요.
비슷한 문제로는 퀴즈대회에서 얼마의 점수를 획득했는지, 운동 경기에서 얼마를 득점했는지 등 무언가를 득점하고 감점하는 문제가 있어요.

053 연립방정식의 활용(학생 수를 구하는 문제)

어느 학교의 작년의 전체 학생수는 1000명이었다. 올해 남학생 수는 작년에 비해 6% 증가하였고, 여학생은 4% 감소하여 전체적으로 20명 감소하였다고 한다. 작년의 남학생 수는?

(조건① / 조건② / $\frac{6}{100}$ / $\frac{4}{100}$ / x명)

작년 여학생 수 : y명.

Tip

- x명에 a %가 증가하였다는 말은 $x\frac{a}{100}$명이 증가(+)하였다는 말이고, x명에 b %가 감소하였다는 말은 $x\frac{b}{100}$명이 감소(−)하였다는 말이에요.

풀·이·쓰·기

작년 남학생을 x명, 여학생을 y명 이라고하자.

① (작년) 전체학생수가 1000명

$\Rightarrow$ $x+y=1000$

② 증감량 : 20명 감소 $\rightarrow$ -20

남학생 증감량: $+\frac{6}{100}x$ (x명에서 6% 증가)

여학생 증감량: $-\frac{4}{100}y$ (y명 중 4% 감소)

$\Rightarrow +\frac{6}{100}x-\frac{4}{100}y=-20$

$\Rightarrow 6x-4y=-2000$

$\Rightarrow 3x-2y=-1000$ (간단히 정리)

㊅ $\begin{cases} x+y=1000 & ㉠ \\ 3x-2y=-1000 & ㉡ \end{cases}$

$\Rightarrow$ ㉠$\times2+$㉡을 하면 y소거가능

$$\begin{array}{r} 2x+2y=2000 \\ +\;3x-2y=-1000 \\ \hline 5x=1000 \end{array}$$

$x=200$

따라서, 작년 남학생수는 200명이다.

답 200명

난이도 ★★★★★

1

어느 학교의 지난해의 전체 학생 수는 500명이었다. 올해 남학생 수는 지난해에 비해 5 % 감소하였고, 여학생은 4 % 증가하여 전체적으로 7명 감소하였다고 한다. 다음 물음에 답하여라.

(1) 지난해 남학생 수를 구하여라.

(2) 올해 남학생 수를 구하여라.

 표의 빈칸을 채우면서 문제를 풀어요.

	남학생	여학생	합계
지난해	x명	y명	500명
증감량	(5 % 감소) 명	(4 % 증가) 명	−7명

(올해 남학생 수)=(지난해 남학생 수)+(증감량)

수학 읽기

문제를 끝까지 잘 읽자!

연립방정식의 활용문제를 풀 때는 항상 문제에서 무엇을 물어봤는지 확인해야 해요.
예를 들어 위의 문제1–(1)에서 열심히 문제를 풀어서 x와 y의 값을 구했는데 실수로 y의 값을 답으로 적으면 지난해 여학생의 수를 적은 것이 되어 문제를 틀리게 되죠.
그러니 방정식만 잘 풀었다고 해서 끝나는 것이 아니라 문제를 끝까지 잘 읽어서 문제에서 원하는 것이 x값인지 y값인지 아니면 다른 계산이 더 필요한지 꼭 확인해야 해요.

054 연립방정식의 활용(정가와 원가를 구하는 문제)

티셔츠와 스웨터를 합하여 50000원에 사서, 티셔츠는 원가의 4%, 스웨터는 원가의 10%의 이익을 붙여 팔았더니 4400원의 이익이 발생하였다. 티셔츠와 스웨터의 원가를 각각 구하여라.

조건① 조건② x원 y원

Tip

- 원가가 x원, 이익이 원가의 ☆ %라면,

  (원가)$=x$원

  (이익)$=x\times\frac{☆}{100}$원

  (정가)$=\left(\underset{\text{원가}}{x}+\underset{\text{이익}}{x\frac{☆}{100}}\right)$원

풀·이·쓰·기

티셔츠의 원가: x원
스웨터의 원가: y원) 이라고 하자.

	티셔츠	스웨터	총
① 원가	x원	y원	50000원
② 이익금	4% 이익 $\frac{4}{100}x$	10% 이익 $\frac{10}{100}y$	+4400

㊕ $\begin{cases} x+y=50000 \\ \frac{4}{100}x+\frac{10}{100}y=4400 \end{cases}$

$\Rightarrow \begin{cases} x+y=50000 & ① \\ 2x+5y=220000 & ② \end{cases}$

① × 2 − ② 를 하면

$$\begin{array}{r} 2x+2y=100000 \\ -)\ 2x+5y=220000 \\ \hline -3y=-120000 \end{array}$$

$\boxed{y=40000}$

⇒ $y=40000$을 ①에 대입하면

$x+y=50000 \Rightarrow \boxed{x=10000}$ (y ↑ 40000)

따라서, 티셔츠는 40000원
스웨터는 10000원에 샀다.

답 티셔츠: 40000원, 스웨터: 10000원

난이도 ★★★★★

1

풀이 쓰기

운동화와 구두를 합하여 45000원에 사서, 운동화는 원가의 6 %, 구두는 원가의 8 %의 이익을 붙여 팔았더니 총 3000원의 이익이 발생하였다. 운동화와 구두의 원가를 구하여라.

Hint 표의 빈칸을 채우면서 문제를 풀어요.

	운동화	구두	합계
원가	x원	y원	45000원
이익	(원가의 6 %) 원	(원가의 8 %) 원	3000원

II

부등식과 연립방정식

수학 읽기

퍼센트(%)와 할푼리

여러분 100의 30 %는 얼마인가요? 맞아요! $100\times\frac{30}{100}=30$이에요.

그렇다면 100의 6할은 얼마를 의미할까요? $100\times0.6=60$을 의미하고, 60 %라는 의미예요.
할푼리는 비율을 나타내는 데 사용하는 단위로 비율을 소수로 나타내었을 때,
소수점 첫째 자리를 '할', 둘째 자리를 '푼', 셋째 자리를 '리'라고 해요.

즉, 'x의 2할 5푼 6리'는 식으로 나타내면 $x\times\frac{256}{1000}=x\times0.256$이죠.

보통 야구 선수의 안타칠 확률을 할푼리로 많이 나타낸답니다.

055 연립방정식의 활용(일의 양을 구하는 문제)

승비와 은채가 함께하면 10일 만에 끝낼 수 있는 일을 승비가 5일 동안 한 후 은채가 12일 동안 하여 끝냈다고 한다. 이 일을 은채가 혼자서 했다면, 며칠이 걸렸을까?

조건① : 함께하면 10일 만에
조건② : 승비가 5일 동안 한 후 은채가 12일 동안 하여

승비가 하루에 x만큼 일하고
은채는 하루에 y만큼 일한다

★일을 다 끝냈다? ① 로 생각!

Tip

- A가 하루에 $\frac{1}{10}$만큼 일했다?

  A는 10일 걸려야 일을 끝내요.

풀·이·쓰·기

승비와 은채가 하루에 일하는 양을 x, y라고 하면,

조건① 함께 일해서 10일 걸림

$\Rightarrow$ $10x+10y=1$

(x만큼 10일 일함, y만큼 10일 일함, 1: 일을 끝냄!)

조건② 승비 5일 + 은채 12일 = 일 끝냄

$\Rightarrow$ $5x+12y=1$

식 $\begin{cases} 10x+10y=1 & \cdots ㉠ \\ 5x+12y=1 & \cdots ㉡ \end{cases}$

㉠ − ㉡×2를 하면

$$\begin{array}{r} 10x+10y=1 \\ -\,)\ 10x+24y=2 \\ \hline -14y=-1 \end{array}$$

$y=\frac{1}{14}$

은채는 하루에 $\frac{1}{14}$만큼 일한다.

따라서 14일 걸려야 일을 끝낸다.

($\frac{1}{14}$만큼 × 14일 = 1)

(1: 일을 끝냄!)

답 14일

난이도 ★★★★☆

1

지연이와 지혜가 함께하면 12일 만에 끝낼 수 있는 일을 지연이가 6일 동안 일한 후 지혜가 15일 동안 일하여 끝냈다고 한다. 이 일을 지혜가 혼자서 했다면 며칠이 걸렸을지 구하여라.

Hint

지연이가 하루에 일하는 양: x,
지혜가 하루에 일하는 양: y
(지연이가 12일)+(지혜가 12일)=1(일을 마침)
(지연이가 6일)+(지혜가 15일)=1(일을 마침)

알아두면 좋아요

모든 일의 양을 1로 하는 것이 중요해요!

일의 양을 구하는 문제에서는 일의 총량을 1로 생각하는 것이 문제 풀이의 핵심이에요.
사실 어떠한 값을 사용하더라도 문제를 푸는 데에는 문제가 없지만,
모든 일의 양을 1로 생각하는 것이 문제를 더 쉽고 간단하게 풀 수 있기 때문이죠.
그래서 x와 y의 값이 분수로 나오는 것이 당연하니까 당황하지 마세요.

056 연립방정식의 활용(거리, 속력, 시간을 구하는 문제)

희열이가 애라네 집까지 가는데
처음에는 시속 5km로 뛰다가
힘들어서 시속 3km로 걸어서 도착
했다고 한다. 희열이네 집에서
애라네 집까지는 5.5km이고
— 총거리 (조건①)
총 1시간 20분이 걸렸다고 할 때,
— 총 시간 (조건②)
희열이가 뛰어간 거리는?

↓

뛰어간 거리 x km
걸어간거리 y km

 풀·이·쓰·기

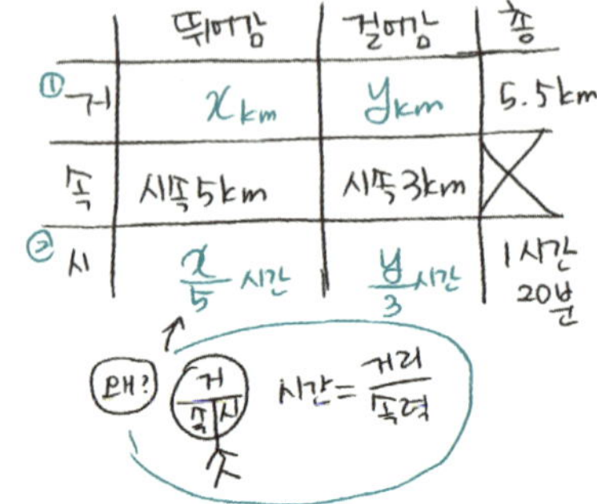

	뛰어감	걸어감	총
① 거	x km	y km	5.5km
속	시속 5km	시속 3km	╳
② 시	$\frac{x}{5}$ 시간	$\frac{y}{3}$ 시간	1시간 20분

식 $\begin{cases} x+y=5.5 & ㉠ \\ \frac{x}{5}+\frac{y}{3}=\frac{4}{3} & ㉡ \end{cases}$

1시간 20분 $=1\frac{1}{3}$ 시간 $=\frac{4}{3}$ 시간

⇓

$\begin{cases} 10x+10y=55 & ㉠\times10 \\ 3x+5y=20 & ㉡\times15 \end{cases}$

y를 소거하자!

$$\begin{array}{r} 10x+10y=55 \\ -\ \ 6x+10y=40 \\ \hline 4x=15 \\ x=\frac{15}{4} \end{array}$$

따라서, 희열이는 $\frac{15}{4}$ km를 뛰었다.

답 $\frac{15}{4}$ km

지연쌤의 SNS

☑ 속력을 보면 단위가 보여요.

속력이 시속 5 km로 주어졌다는 것은
시간의 단위가 시간이고, 거리의 단위가 km라는 것을 말해요.
만약, 분속 3 m로 주어졌다면,
시간의 단위는 분이고, 거리의 단위는 m겠죠?

난이도 ★★★★☆

1

호민이가 집에서 10 km 떨어진 공원에 가는데 시속 12 km로 자전거를 타고 가다가 자전거가 고장이 나서 시속 4 km로 걸어갔더니 총 1시간 30분이 걸렸다. 이때 호민이가 자전거를 타고 간 거리를 구하여라.

Hint 표의 빈칸을 채우면서 문제를 풀어요.

	자전거	걷기	합계
거리	x km	y km	10 km
속력			–
시간			1시간 30분

2

등산을 하는데 올라갈 때는 시속 2 km로 걷고, 내려올 때는 다른 길을 따라 시속 3 km로 걸어서 모두 3시간이 걸렸다. 총 7 km를 걸었을 때, 올라간 거리를 구하여라.

풀이 쓰기

Hint 표의 빈칸을 채우면서 문제를 풀어요.

	올라갈 때	내려갈 때	합계
거리	x km	y km	7 km
속력			–
시간			3시간

057 연립방정식의 활용(강물 위의 배 문제)

속력이 일정한 배로 거리가 16 km인 강을 거슬러 올라가는 데 2시간, 같은 거리를 강을 따라 내려오는데는 1시간이 걸렸다. 정지한 물에서의 배의 속력을 구하여라.

(단, 강물의 속력도 일정하다.)

조건① 조건②

배의 속력을 시속 x km
강물의 속력을 시속 y km 라고 하자!

ⓘ Tip

- 문제에서 '정지한 물에서의 배의 속력'이라는 말은 강물에 영향을 받지 않는 순수한 배의 속력을 말하는 것이에요.

풀·이·쓰·기

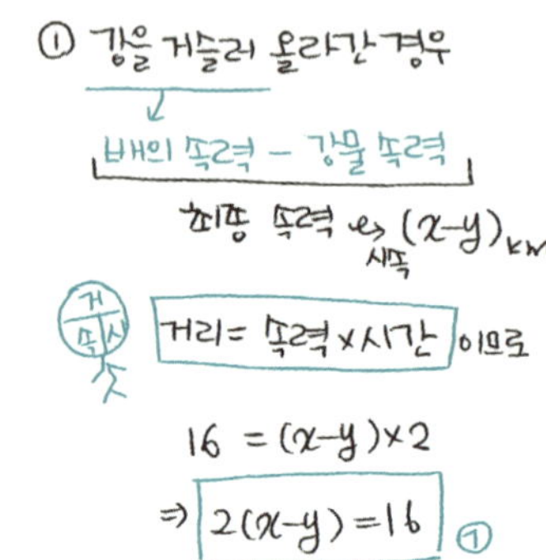

① 강을 거슬러 올라간 경우

배의 속력 − 강물 속력

최종 속력 ⇒ 시속 $(x-y)$ km

거리 = 속력 × 시간 이므로

$16=(x-y)\times 2$

$\Rightarrow 2(x-y)=16$ ㉠

② 강을 따라 내려온 경우

배의 속력 + 강물 속력

최종 속력 시속 $(x+y)$ km

거리 = 속력 × 시간 이므로

$16=(x+y)\times 1$

$\Rightarrow x+y=16$ ㉡

식 $\begin{cases} 2(x-y)=16 & ㉠ \\ x+y=16 & ㉡ \end{cases}$

㉠식 양변을 2로 나누면

$\begin{cases} x-y=8 \\ x+y=16 \end{cases}$ → $x-y=8$, $+\ x+y=16$, $2x=24$, $x=12$

답 시속 12 km

난이도 ★★★★★

1

속력이 일정한 배로 거리가 40 km인 강을 거슬러 올라가는 데 2시간 30분, 같은 거리를 강을 따라 내려오는 데 2시간이 걸렸다. 정지한 물에서의 배의 속력을 구하여라. (단, 강물의 속력도 일정하다.)

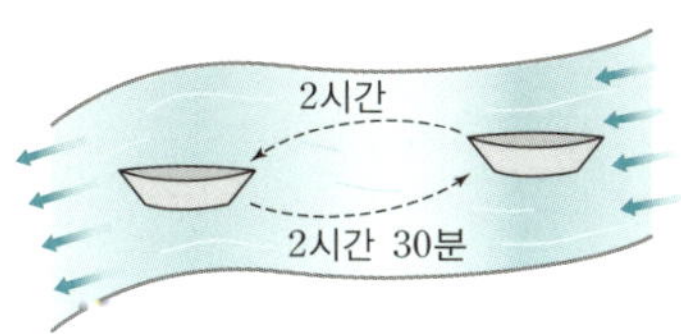

배의 속력을 시속 x km, 강물의 속력을 시속 y km라고 해요.

수학 읽기

강을 거슬러 올라가자! 강을 거슬러 내려가자!

여러분 혹시 바람이 강하게 부는 날에 달리기를 해본 적이 있나요?
바람을 정면으로 맞으면서 달리면 힘들고, 바람을 등지고 달리면 더 빨리 달릴 수 있죠?
강물 위의 배도 마찬가지예요.
강물을 **거슬러 올라갈 때**는 강물이 흐르는 것에 **반대 방향**으로 움직이는 것을 말해요.
➡ (배의 속력)−(강물의 속력)=(최종 속력)
강물을 **따라 내려갈 때**는 강물이 흐르는 것과 **같은 방향**으로 움직이는 것을 말하죠.
➡ (배의 속력)+(강물의 속력)=(최종 속력)

058 연립방정식의 활용(농도를 구하는 문제)

8%의 소금물과 16%의 소금물을 섞어서 10%의 소금물 200g을 만들려고 한다. 이때 8%의 소금물의 양을 구하여라.

(8%의 소금물: xg, 16%의 소금물: yg)

Tip

- 총 x g의 소금물에서 소금의 농도가 8 %라는 말은 소금의 양이 $\frac{8}{100}x$ g이라는 말이에요.
- 서로 다른 농도의 소금물이 합쳐졌다는 말은 소금물의 양이 합쳐지면서, 소금의 양도 같이 합쳐졌다는 말이에요.

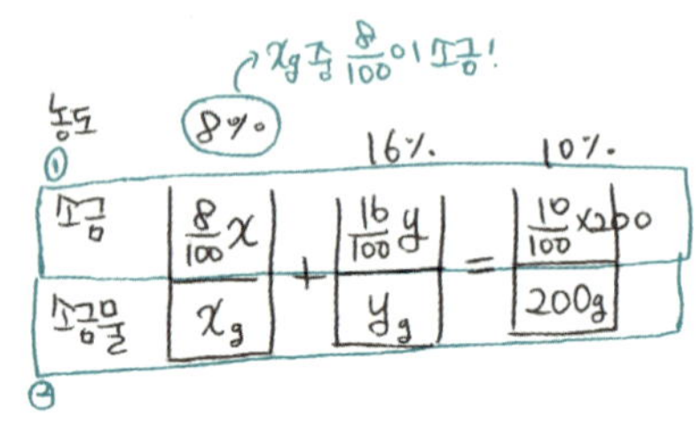

식 $\begin{cases} \frac{8}{100}x+\frac{16}{100}y=\frac{10}{100}\times200 & ㉠ \\ x+y=200 & ㉡ \end{cases}$

㉠ 식을 정리하면

$8x+16y=2000$

$\Rightarrow x+2y=250$

$\begin{cases} x+2y=250 & ㉠ \\ x+y=200 & ㉡ \end{cases}$

$-$

$y=50$ ← 이건 16% 소금물 양

$\Rightarrow y=50$을 ㉡에 대입

$x+50=200$

$x=150$

따라서, 8%의 소금물의 양은 150g이다.

답 150 g

난이도 ★★★★☆

1

3 %의 소금물과 8 %의 소금물을 섞어서 6 %의 소금물 400 g을 만들려고 한다. 이때 3 %의 소금물의 양을 구하여라.

Hint 그림을 그리면서 문제를 풀어요.

농도	3 %	+	8 %	=	6 %
소금의 양	g	+	g	=	g
소금물의 양	x g		y g		400 g

2

20 %의 소금물에 물을 추가하여 15 %의 소금물 300 g을 만들려고 한다. 추가한 물의 양을 구하여라.

Hint 그림을 그리면서 문제를 풀어요.

농도	20 %	+	0 %	=	15 %
소금의 양	g	+	0 g	=	g
소금물의 양	x g		y g		300 g

물에는 소금이 하나도 없어요. 즉, 추가한 소금의 양이 0 g이라는 말이에요.

Ⅱ 부등식과 연립방정식

연립방정식의 등장

여기에 $x+y=5$라는 미지수가 2개인 일차방정식이 있어요. 이 방정식의 해를 구하기 위해 표를 그려서 확인해 볼까요?

x	1	3	10	2.1	$\frac{3}{2}$	…
y	4	2	-5	2.9	$\frac{7}{2}$	…

다음과 같이 하나의 방정식에 무수히 많은 해가 있어요.

그런데 수학이라는 과목은 이렇게 답이 깔끔하지 않은 것을 좋아하지 않아요. 그래서 고민을 하다가 $x-y=1$이라는 방정식을 하나 더 연결하기로 했어요.

$x+y=5$

x	1	3	10	…
y	4	2	-5	…

$x-y=1$

x	10	3	1	…
y	9	2	0	…

$x+y=5$와 $x-y=1$ 두 방정식 모두 각각 무수히 많은 해가 있지만, 두 방정식을 모두 만족하는 해는 $x=3$, $y=2$인 경우뿐이라는 것을 알 수 있어요.

이렇게 두 방정식에서 공통으로 만족하는 해를 찾기 위해서 두 방정식을 연결하는 연립방정식이 나타났어요.

그런데 매번 이렇게 표를 그려서 공통인 해를 찾기 어렵기 때문에 해를 빠르게 찾을 수 있도록 방법을 생각했어요. 그 방법이 바로 가감법과 대입법이죠.

① 가감법: 연립방정식의 두 미지수 중 한 미지수의 계수의 절댓값을 같게 하여 부호에 따라 더하거나 빼는 방법

② 대입법: 연립방정식에서 한 방정식을 한 문자에 관하여 정리한 후 다른 방정식에 대입하는 방법

Ⅲ. 일차함수의 그래프

#함수 #함숫값 #일차함수의 그래프

#x절편 #y절편 #기울기

#일차함수의 활용

059 함수인 것 찾기

다음 중 y가 x의 함수가 아닌것을 모두 골라라. (x가 하나 들어가면 y가 하나로 결정!)

㉠ 자연수 x의 약수의 개수 y

㉡ 한 변의 길이가 x cm인 정사각형의 넓이 y cm²

㉢ 자연수 x 보다 큰 짝수 y

㉣ 한개에 800원인 아이스크림 x개의 가격 y원

㉤ 자연수 x의 배수 y.

! Tip

- 함수란?
  두 변수 x, y에 대하여 x의 값이 변함에 따라 y의 값이 하나씩 정해지는 대응 관계가 성립할 때, y를 x의 함수라고 해요.

풀·이·쓰·기

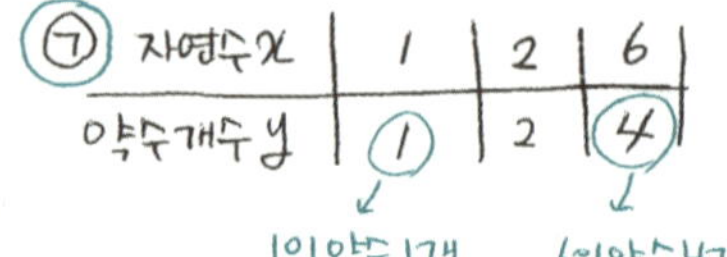

㉠ 자연수 x	1	2	6
약수개수 y	1	2	4

1의 약수 1개 / 6의 약수 4개

→ y가 하나로 결정! 함수 OK

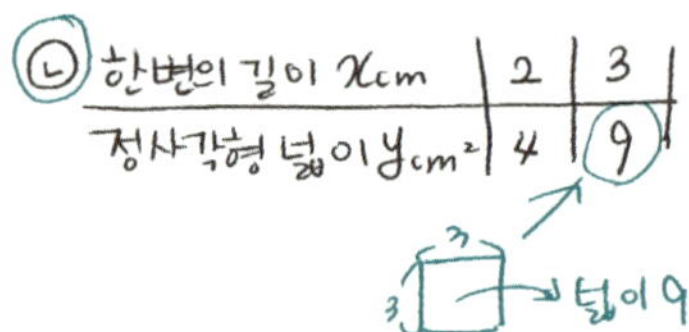

㉡ 한변의 길이 $x$cm	2	3
정사각형 넓이 $y$cm²	4	9

→ y가 하나로 결정! 함수 OK

㉢ 자연수 x	1	4
보다 큰 짝수 y	2, 4, 6, ⋯	6, 8, 10 ⋯

1보다 큰 짝수 2, 4, 6 ⋯

→ y가 여러개 등장! 함수 No.

㉣ 800원 x개	1개	2개
y원	800원	1600원

→ y가 하나로 결정. 함수 OK

㉤ 자연수 x	2	5
배수 y	2, 4, 6, 8 ⋯	5, 10, 15 ⋯

2의 배수 2, 4, 6, 8, ⋯

→ y가 여러개 등장! 함수 No!

답 ㉠, ㉡, ㉣

난이도 ★★☆☆☆

1

다음 중 y가 x의 함수가 아닌 것은?

✎ 풀이 쓰기

① 자연수 x의 약수의 개수 y

② 자연수 x보다 작은 소수의 개수 y

③ 자연수 x와 서로소인 수 y

④ 밑변의 길이가 x cm, 높이가 8 cm인 삼각형의 넓이 y cm^2

⑤ 한 변의 길이가 x cm인 정오각형의 둘레의 길이 y cm

2

다음 보기에서 y가 x의 함수인 것을 모두 골라라.

보기

ㄱ. 자연수 x보다 10 만큼 큰 수 y

ㄴ. 자연수 x의 약수 y

ㄷ. 한 변의 길이가 x cm인 정삼각형의 둘레의 길이 y cm

ㄹ. 둘레의 길이가 x cm인 직사각형의 넓이 y cm^2

알아두면 좋아요

함수를 찾자!

함수는 쉽게 말해서 x의 값 하나당 y의 값도 하나인 관계를 말해요.
대응표를 그려서 확인하면 쉽게 함수인지 아닌지 알 수 있죠.

예

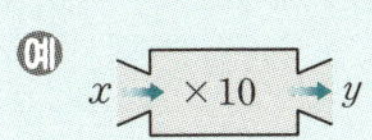

x	1	2	5	10
y	10	20	50	100

III 일차함수의 그래프

060 함숫값 $f(x)$

함수 $f(x)=ax-2$ 에 대하여
$f(2)=4$ 일때, ($x=2$를 대입하면 4가 나옴)
$f(3)-f(-1)$의 값을 구하여라.
(㉠ $f(3)$, ㉡ $f(-1)$)

Tip

- 함수 $f(x)=3x$에서
  $x=4$일 때, 함숫값은
  x에 4를 대입한 12예요.

$$f(x)=3x \Rightarrow f(4)=3\times4=12$$

(x에 4를 대입 / $x=4$일 때의 함숫값)

풀·이·쓰·기

① $f(2)=4$를 이용해서 a를 구하자

$f(x)=ax-4$
↑ 대입 ↑
$f(2)=a\times2-4$

$f(2)=2a-4=4$ 이므로

$2a=4+4$
$2a=8$
$a=4$

따라서, $f(x)=4x-2$이다.

② $f(3)-f(-1)$을 구하자

㉠ $f(3)=4\times3-2=10$

㉡ $f(-1)=4\times(-1)-2=-6$

$\Rightarrow$ ㉠ $-$ ㉡ $=10-(-6)$
$=10+(+6)=16$

답 16

지연쌤의 SNS

☑ $f(x)$는 무엇을 의미하나요?

함수는 영어로 function이라고 써요. $f(x)$의 f는 바로 function의 f인 것이죠.
function을 사전에서 찾아보면 함수라는 뜻 말고도 '기능을 (수행)하다'라는 뜻도 있어요.
예를 들어 $f(x)=2x$는 x의 값을 입력 받아서 2를 곱해 주는 '기능'을 해요.

난이도 ★★☆☆☆

1

함수 $f(x)=ax+3$에 대하여 $f(2)=1$일 때, $f(4)-f(-2)$의 값을 구하여라.

풀이 쓰기

Hint $f(2)=1$을 이용하여 a의 값을 찾아야 해요.

2

함수 $f(x)=5x+a$에서 $f(3)=12$이고 $f(2)=b$일 때, $a+b$의 값을 구하여라.

풀이 쓰기

Hint $f(3)=12$를 이용하여 a의 값을 찾아야 해요.

수학 읽기

사다리 게임이 함수 관계라고?

여러분은 사다리 게임을 해 본 적이 있나요? 사다리 게임은 여러 개의 세로선에 가로로 사다리 모양처럼 선을 그어서 위에서부터 선을 따라 밑으로 내려가는 게임이에요.
이 사다리 게임은 가로선을 몇 개를 그리더라도 마치 함수 관계처럼 위쪽 사다리 하나에 아래쪽 사다리 하나라는 결과가 나온답니다.

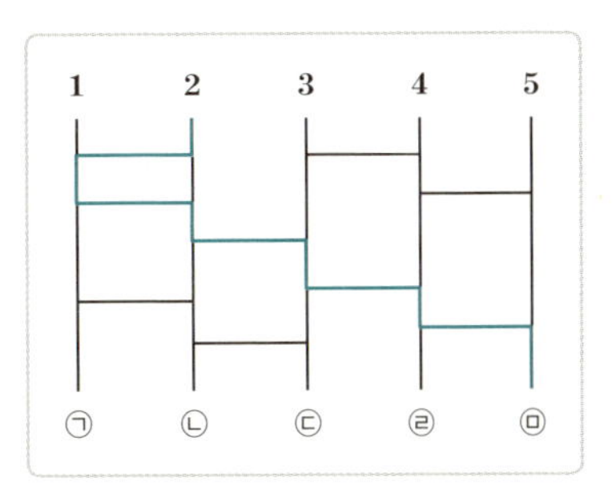

III 일차함수의 그래프

061 일차함수의 평행이동과 그래프 위의 점

일차함수 $y=-3x+2$의 그래프를 y축의 방향으로 b만큼 평행이동한 그래프가 $(1, -4)$, $(-1, a)$를 지날 때, $a+b$의 값을 구하여라.

+b 점을 지난다? 대입!

풀·이·쓰·기

① $y=-3x+2$를 b만큼 평행이동 (y축 방향으로)

$\Rightarrow$ $y=-3x+2+b$ ㊕

$(1, -4)$를 대입하자 (x, y)

$\Rightarrow -4=-3\times1+2+b$

$-4=-3+2+b$

$-4=-1+b$

$\therefore b=-3$

따라서, ㊕은 $y=-3x+2-3$

$y=-3x-1$ 이다.

② $y=-3x-1$에 $(-1, a)$ 대입.

$\Rightarrow a=-3\times(-1)-1=3-1=2$

$\therefore a=2$

따라서, $a+b=2+(-3)=-1$

Tip

- 평행이동이란?
  한 도형을 일정한 방향으로 일정한 거리만큼 옮기는 것을 말해요.
- 일차함수 그래프
  일차함수 $y=ax+b$의 그래프 $y=ax$의 그래프를 y축의 방향으로 b만큼 평행이동한 직선이에요.

답 -1

난이도 ★★★☆☆

1

일차함수 $y=-3x+1$의 그래프를 y축의 방향으로 a만큼 평행이동한 그래프가 점 $(-1,\ 5)$를 지날 때, a의 값을 구하여라.

Hint 평행이동한 그래프의 식은 $y=-3x+1+a$가 되겠죠?

2

일차함수 $y=-4x+3$의 그래프를 y축의 방향으로 b만큼 평행이동한 그래프가 점 $(2,\ 0)$, $(-1,\ a)$를 지날 때, $a+b$의 값을 구하여라.

Hint 평행이동한 그래프의 식은 $y=-4x+3+b$가 되겠죠?

알아두면 좋아요

일차함수 그래프의 평행이동

일차함수 $y=ax+b$의 그래프는 $y=ax$의 그래프에서 b만큼 올라갔나 내려갔나를 생각하면 쉬워요. 만약 b가 양수라면 올라간 것이고, 음수라면 내려간 것이죠.

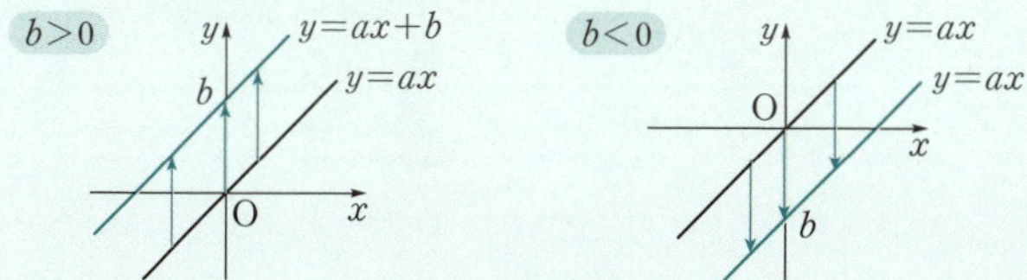

062 그래프와 축이 만나는 점, x절편과 y절편

다음 중 x절편이 나머지 넷과 다른 하나는? ($y=0$ 일 때!)

① $y=-3x+6$

② $y=\frac{1}{2}x-1$

③ $y=-2x+4$

④ $y=-\frac{5}{2}x+5$

⑤ $y=-\frac{1}{2}x+2$

Tip

- y절편은 그냥 마지막에 붙은 상수예요! 너무 쉬워서 문제로는 x절편이 더 많이 나와요.

풀·이·쓰·기

각 식에 $y=0$을 대입해서 x절편을 구해보자.

① $y=-3x+6$

$0=-3x+6$

$3x=6$

$x=2$

② $y=\frac{1}{2}x-1$

$0=\frac{1}{2}x-1$

$-\frac{1}{2}x=-1$) $\times(-2)$

$x=2$

③ $y=-2x+4$

$0=-2x+4$

$2x=4$

$x=2$

④ $y=-\frac{5}{2}x+5$

$0=-\frac{5}{2}x+5$

$\frac{2}{5}\times\frac{5}{2}x=5\times\frac{2}{5}$

$x=2$

⑤ $y=-\frac{1}{2}x+2$

$0=-\frac{1}{2}x+2$

$2\times\frac{1}{2}x=2\times2$

$x=4$

⇒ 따라서, x절편이 다른 하나는 ⑤번이다.

답 ⑤

난이도 ★★☆☆☆

1

다음 중 x절편이 나머지 넷과 다른 하나는?

풀이 쓰기

① $y=-2x+6$

② $y=\frac{1}{3}x-1$

③ $y=-x+3$

④ $y=\frac{5}{3}x-5$

⑤ $y=-3x+3$

Ⅲ

일차함수의 그래프

2

일차함수 $y=-\frac{1}{2}x+6$의 x절편을 a, y절편을 b라고 할 때, $a+b$의 값을 구하여라.

풀이 쓰기

Hint x절편은 $y=0$을 대입하고, y절편은 $x=0$을 대입해요.

알아두면 좋아요

x절편과 y절편

일차함수 $y=ax+b$ $(a\neq0)$의 그래프에서

① x절편: 그래프가 x축과 만나는 점의 x좌표

➡ $y=0$일 때, x의 값을 찾아요!

② y절편: 그래프가 y축과 만나는 점의 y좌표

➡ $x=0$일 때, y의 값을 찾아요!

① x절편: $-\frac{b}{a}$ ② y절편: b

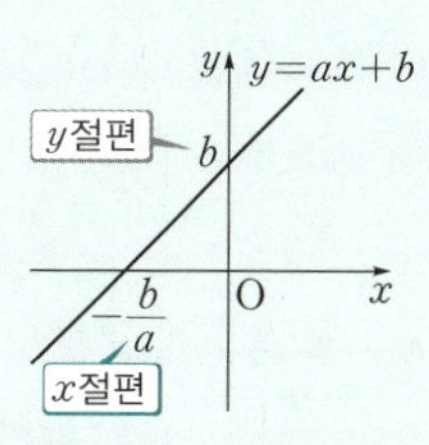

063 얼마나 기울어진 직선일까?

아래 그림과 같이 두점 (−5, 10), (−2, 4)를 지나는 일차함수의 그래프에서 x의 값이 5만큼 증가할 때, y의 값의 증가량은?

(5만큼 ← x의 증가량)

☆

Tip

• 일차함수 $y=ax+b$에서

$y=ax+b$

a: 기울기, b: y절편

풀·이·쓰·기

① 두점을 이용 → "기울기"를 구하자

(−5, 10), (−2, 4)

x값 3만큼 증가 (+3)

y값 6만큼 감소 (−6)

⇒ 기울기 $= \frac{-6}{+3} = \boxed{-2}$ (-6 ← y의 증가량, $+3$ ← x의 증가량)

② 기울기 = −2를 이용하자.

$\frac{y\text{값의 증가량}}{x\text{값의 증가량}} = \frac{☆}{5} = -2$ 이므로

☆ = −10 이다.

따라서, x의 증가량이 5일 때

y의 증가량은 $\boxed{-10}$이다.

답 −10

지연쌤의 SNS

기울기는 어떻게 구할 수 있나요?

일차함수 $y=ax+b$에서

기울기는 직선 위의 두 점을 아무거나 선택해서 y값의 증가량을 x값의 증가량으로 나누어 주면 구할 수 있어요.

그 값은 x의 계수인 a와 같죠.

$$(\text{기울기}) = \frac{(y\text{의 값의 증가량})}{(x\text{의 값의 증가량})} = a$$

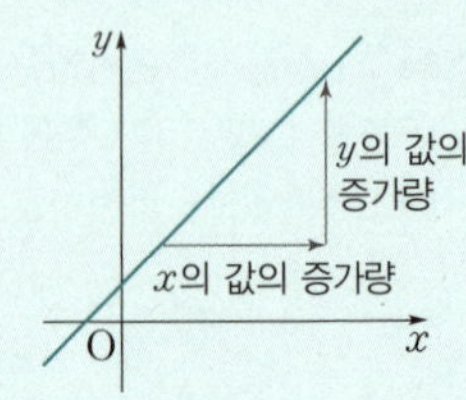

난이도 ★★★☆☆

1

다음 그림과 같이 두 점 $(-3, 5)$, $(1, -7)$을 지나는 일차함수의 그래프에서 x의 값이 7만큼 증가할 때, y의 값의 증가량은 얼마인지 구하여라.

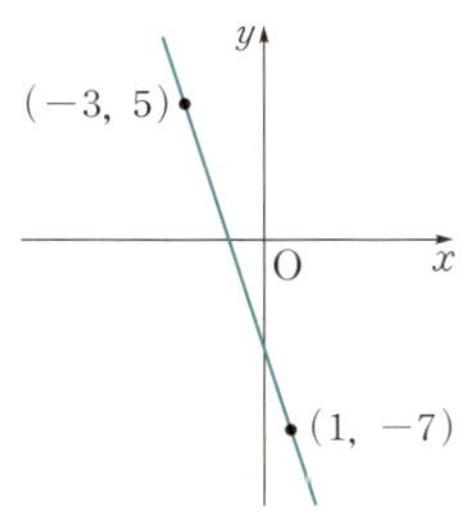

2

다음 그림과 같이 x절편이 -3, y절편이 -6인 일차함수의 그래프의 기울기를 구하여라.

풀이 쓰기

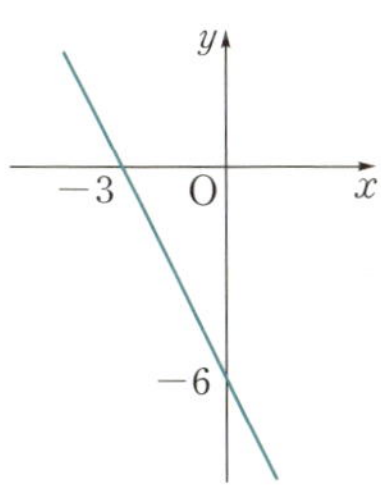

Hint x절편은 좌표로 $(-3, 0)$이고, y절편은 좌표로 $(0, -6)$이에요.

Ⅲ 일차함수의 그래프

064 세 점이 한 직선 위에 있으려면?

세 점 $(-3, 4)$, $(5, 2)$, $(1, a)$가 한 직선 위에 있다고 한다. 이때, a의 값을 구하여라.

아무거나 두 점을 택해도 기울기가 같다!

! Tip

- 한 직선 위에 있다는 말은 기울기가 같다는 말과 같아요.
  먼저 두 개의 점을 이용해서 기울기를 구하면 남은 점의 좌표도 쉽게 구할 수 있죠.

풀·이·쓰·기

① $(-3, 4)$, $(5, 2)$를 지나는 직선의 기울기를 구하자.

→ $(-3, 4)$, $(5, 2)$: $+8$, -2

$$\text{기울기} = \frac{-2}{+8} = -\frac{1}{4}$$

② $(5, 2)$, $(1, a)$를 지나는 직선의 기울기도 $-\frac{1}{4}$ 이어야 해

→ $(5, 2)$ $(1, a)$: -4, ★이라 하자

$$\text{기울기} = \frac{★}{-4} = -\frac{1}{4}$$

↓

★$=1$ 이어야 한다.

→ $(5, 2)$ $(1, a)$ ⇒ $a=3$

1 증가이므로

답 3

난이도 ★★★★☆

1

세 점 $(2, -1)$, $(5, 8)$, $(1, a)$가 한 직선 위에 있다고 한다. 이때 a의 값을 구하여라.

풀이 쓰기

Hint 처음 두 점을 이용해서 기울기를 먼저 구해요.

2

세 점 $(4, -2)$, $(-4, 8)$, $(a, 13)$이 한 직선 위에 있다고 한다. 다음 물음에 답하여라.

풀이 쓰기

(1) 이 직선의 기울기를 구하여라.

(2) a의 값을 구하여라.

수학 읽기

증가량인데 -10이라고?

맞아요! 수학에서는 그렇게 말해요. 10만큼 감소했다는 말은 -10만큼 증가했다는 말과 같은 의미예요.

그래서 만약 어떤 직선이 두 점 $(2, 3)$, $(5, -6)$을 지난다고 하면,
x의 값의 증가량은 2에서 5가 되었으니 증가량이 $+3$이고,
y의 값의 증가량은 3에서 -6이 되었으니 증가량이 -9예요.
그래서 기울기는 $\frac{-9}{+3}=-3$이 되죠.

065 그래프와 축으로 둘러싸인 도형의 넓이

$y=-\frac{1}{4}x+2$ 의 그래프와 x축, y축으로 둘러싸인 도형의 넓이를 구하여라.

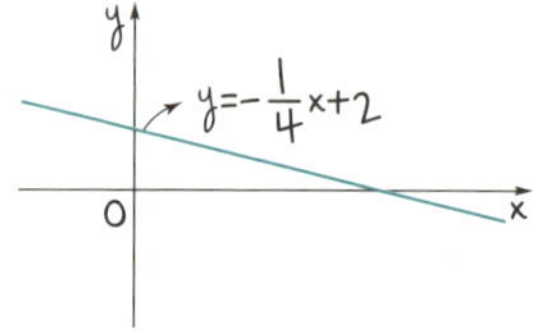

Tip

- 일차함수 그래프의 x절편과 y절편을 찾으면 도형의 넓이를 쉽게 구할 수 있어요.

 풀·이·쓰·기

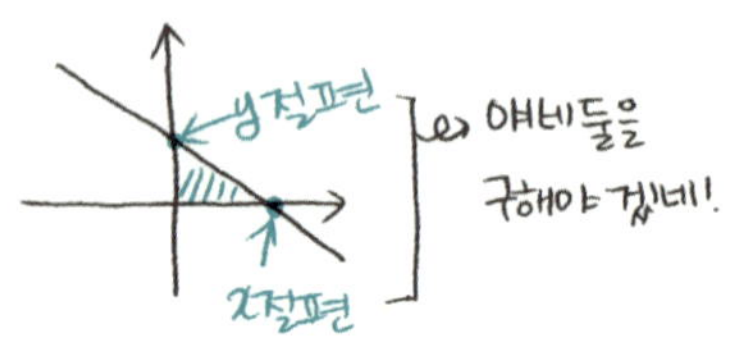

① y절편? $\boxed{+2}$ 끝!

↳ 왜? $y=-\frac{1}{4}x+2$ ← y절편

② x절편?

↳ $y=0$ 대입

→ $0=-\frac{1}{4}x+2$

$4\times\frac{1}{4}x=+2\times4$

$x=8$

따라서 그림을 다시 그려보면

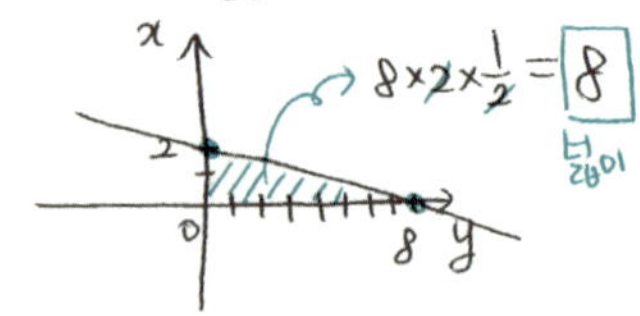

답 8

난이도 ★★★★☆

1

일차함수 $y=-\frac{3}{2}x+6$의 그래프와 x축, y축으로 둘러싸인 도형의 넓이를 구하여라.

풀이 쓰기

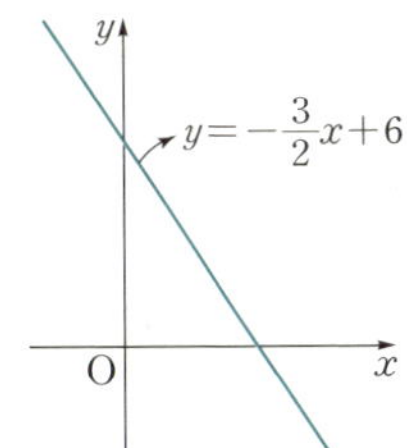

2

일차함수 $y=ax+3$의 그래프와 x축, y축으로 둘러싸인 도형의 넓이가 6이고, 그래프가 다음과 같을 때, a의 값을 구하여라.

풀이 쓰기

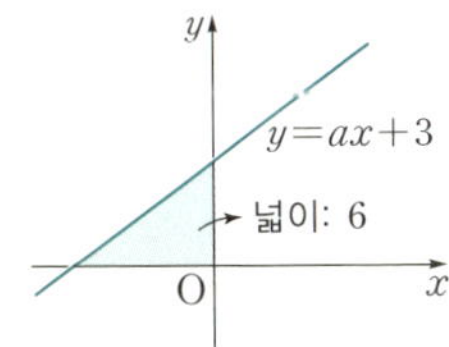

Hint 삼각형의 넓이가 6이고, y절편이 3일 때, x절편은 얼마여야 할까요?

알아두면 좋아요

넓이는 무조건 양수!

일차함수 $y=ax+b$의 그래프와 x축 및 y축으로 둘러싸인 도형의 넓이는

$$\frac{1}{2}\times(x\text{절편의 절댓값})\times(y\text{절편의 절댓값})$$

여기서 절댓값이어야 하는 이유는 무엇일까요?
맞아요! 삼각형은 밑변과 높이라는 '길이'로 넓이를 구하기 때문이에요.
그래서 x절편이 -4가 나오더라도 길이는 절댓값인 4로 생각해야 해요.

Ⅲ 일차함수의 그래프

066 그래프가 지나지 않는 사분면은?

$y=ax+b$의 그래프가 아래 그림과 같을 때, $y=abx-b$의 그래프가 지나지 않는 사분면은?

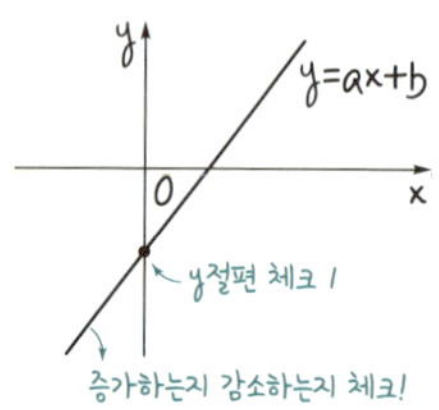

! Tip

- 그래프가 지나는 사분면을 알려면 두 가지를 확인하세요.
  ① y절편이 양수인지 음수인지 확인!
  ② 기울기가 양수인지 음수인지 확인!

풀·이·쓰·기

①

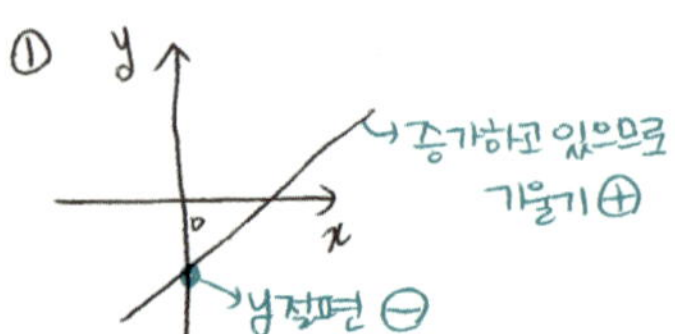

→ $y=ax+b$
기울기 ⊕ (a), y절편 ⊖ (b)

→ $a>0,\ b<0$

② $y=abx-b$
기울기 (ab), y절편 ($-b$)

- 기울기 ab → ⊕×⊖ → ⊖
  (감소하는 직선)
- y절편 $-b$ → −⊖ → ⊕

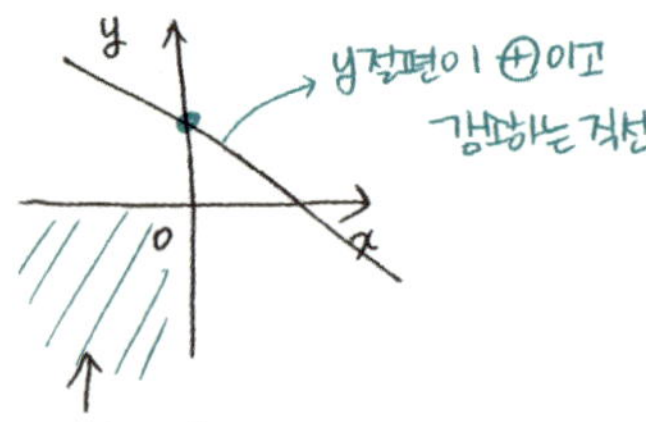

지나지 않는 사분면은 제 3사분면

답 제3사분면

난이도 ★★★★☆

1

$y=ax+b$의 그래프가 다음 그림과 같을 때, $y=bx-a$의 그래프가 지나지 않는 사분면을 구하여라.

풀이 쓰기

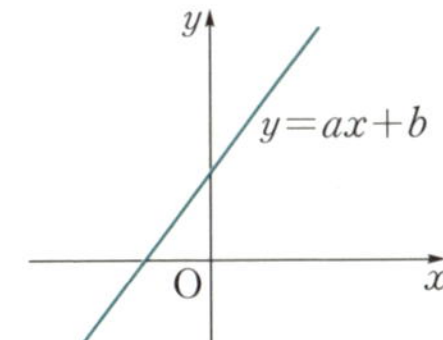

Hint y절편과 기울기의 부호를 먼저 확인해요.

2

$ab>0$, $a+b<0$일 때, 일차함수 $y=ax+b$의 그래프가 지나지 않는 사분면을 구하여라.

(단, a, b는 상수)

풀이 쓰기

Hint $ab>0$이려면, a와 b가 똑같이 양수이거나 똑같이 음수여야 해요.

알아두면 좋아요

기울기 a와 y절편의 부호에 따른 그래프의 모양

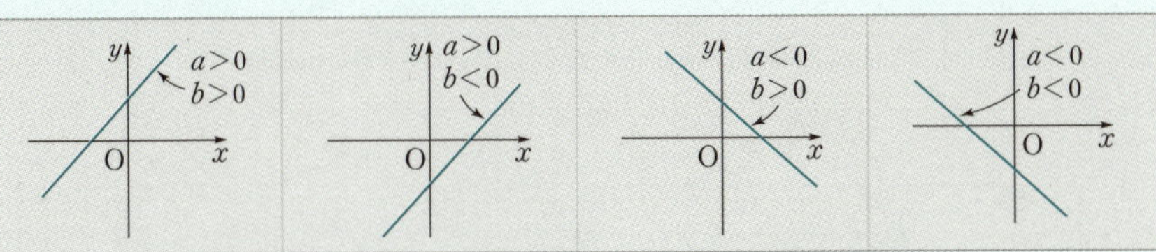

일차함수 $y=ax+b$에서 기울기와 y절편만 알고 있다면, 정확한 그래프를 그리지 못하더라도 어떤 사분면을 지나는지 예상할 수 있죠.

067 두 그래프의 평행과 일치

일차함수 $y=ax+4$의 그래프는 $y=-3x+1$의 그래프와 평행하고, 점 $(2, k)$를 지난다. 이때, k의 값을 구하여라.

기울기가 같음

점을 지난다? 대입!

풀·이·쓰·기

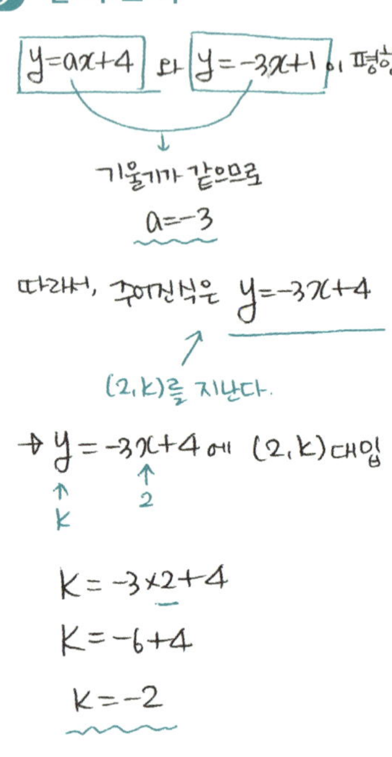

답 -2

Tip

- 두 그래프가 평행하다면, 기울기가 같고, y절편은 달라요.

  두 그래프가 일치한다면, 기울기가 같고, y절편도 같아요.

지연쌤의 SNS

☑ 그래프가 평행하고 일치한다는 것은 어떤 의미인가요?

① 일차함수가 서로 평행하다는 것은 그래프에서 두 직선을 지나는 모든 점이 단 하나도 일치하지 않는다는 것을 말해요.

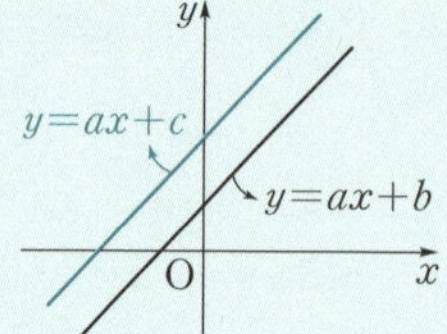

② 일차함수가 서로 일치한다는 것은 그래프에서 두 직선을 지나는 모든 점이 전부 일치한다는 것을 말해요.

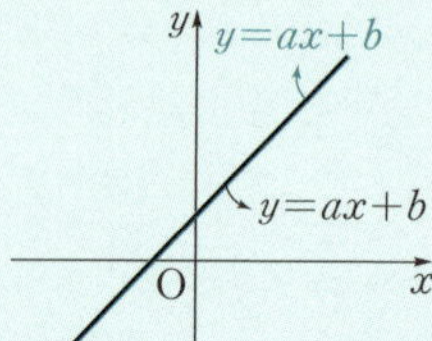

난이도 ★★★☆☆

1

일차함수 $y=ax-3$의 그래프는 $y=-4x+1$의 그래프와 평행하고 점 $(-1,\ k)$를 지난다. 이때 k의 값을 구하여라.

Hint 두 그래프가 평행하려면, 기울기는 같고 y절편은 달라야겠죠?

2

일차함수 $y=ax-3$의 그래프와 $y=5x+b$의 그래프가 일치할 때, $a+b$의 값을 구하여라.

풀이 쓰기

Hint 두 그래프가 일치하려면, 기울기와 y절편이 모두 같아야겠죠?

068 일차함수의 식 구하기

다음을 만족하는 일차함수의 식을 구하여라.
($y=ax+b$)

(1) 기울기가 3이고, y절편이 -4

(2) x절편이 -2, y절편이 3

(3) $(2, -3)$, $(-2, 5)$를 지나는 그래프

Tip

- 일차함수의 식을 구하라는 말은 $y=ax+b$에서 a, b를 구하라는 말과 같아요. 즉, 기울기와 y절편을 구하는 것이죠.

풀·이·쓰·기

$y=ax+b$ 에서 a는 기울기
b는 y절편

(1) $y=3x-4$ ← 바로 쏙쏙! 넣어주면 끝
(3: 기울기, -4: y절편)

(2) x절편 -2, y절편 3
$(-2, 0)$ $(0, 3)$
$+2$ $+3$

기울기 $=\frac{+3}{+2}=\frac{3}{2}$

→ $y=\frac{3}{2}x+3$ (기울기, y절편)

(3) $(2, -3)$, $(-2, 5)$
-4 $+8$

기울기 $=\frac{+8}{-4}=-2$

→ $y=-2x+b$ (기울기, 아직 모름)

아무거나 한 점 대입

$(2, -3)$을 대입하면
→ $-3=-2\times 2+b$
$-3=-4+b$
$\therefore b=+1$

따라서, $y=-2x+1$

답 (1) $y=3x-4$, (2) $y=\frac{3}{2}x+3$, (3) $y=-2x+1$

난이도 ★★★☆☆

1

다음을 만족하는 일차함수의 식을 구하여라.

(1) 기울기가 5이고, y절편이 -2

(2) x절편이 2, y절편이 -4

(3) $(4, -2)$, $(7, 7)$을 지나는 그래프

III

일차함수의 그래프

일차함수의 식에는 왜 $(a \neq 0)$이라는 조건이 있을까?

$a=0$이 되면 x의 값에 어떤 값이 오더라도 ax의 값이 0이 되어 버려요.
즉, $y=b$라는 식만 남게 되죠. 함수는 x와 y 사이의 관계를 나타내는 식이므로 x가 사라지면 안되기 때문에 $a \neq 0$이어야 해요.

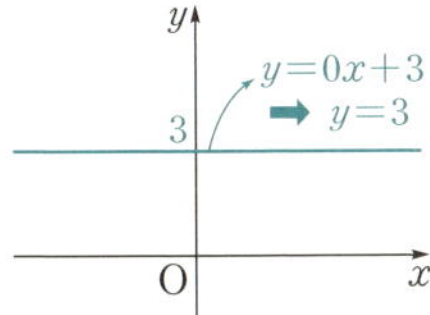

x	1	2	5	10	100
y	3	3	3	3	3

069 일차함수의 활용(실생활에서의 일차함수)

길이가 15cm인 양초에 불을 붙이면 1분에 0.5cm씩 길이가 줄어든다. (2분이면 1cm)
x분 후 남은 양초의 길이를 y cm라 할 때, 다음 물음에 답하여라.

(1) x와 y의 관계식을 구하여라.
↳ $y=ax+b$

(2) 양초의 길이가 7cm가 되는 것은 몇 분 후인가?
$y=7$일 때, $x=?$

Tip

- 먼저 문제에서 일차함수의 식을 만들어 내는 것이 중요해요.
  대응표를 그려서 x의 값의 변화에 따라 y의 값이 어떻게 바뀌었는지 확인해요.

 풀·이·쓰·기

(1) 대응표를 그리자.

x분 후	0	2
남은 양초 y cm	15	14

(0: 하나도 안 지났어, +2 / 15: 양초 그대로, −1 / 14: 2분 지났으니 1cm 감소)

기울기 $= \dfrac{y\text{증가량}}{x\text{증가량}} = \dfrac{-1}{+2} = -\dfrac{1}{2}$

y절편 $= 15$ ($x=0$일 때)

→ 관계식: $y=-\frac{1}{2}x+15$

(2) $y=7$일 때 x의 값

$y=-\frac{1}{2}x+15$
↑ 7 대입

$7=-\frac{1}{2}x+15$

$\frac{1}{2}x=15-7$

$\frac{1}{2}x=8$

$x=16$

따라서 16분 후 양초는 7cm가 된다

답 (1) $y=-\dfrac{1}{2}x+15$, (2) 16분

난이도 ★★★★☆

1

길이가 10 cm인 용수철에 2 g의 추를 달 때마다 용수철의 길이가 1 cm씩 늘어난다고 한다. x g의 추를 달았을 때의 용수철의 길이를 y cm라고 할 때, 다음 물음에 답하여라.

(1) x와 y의 관계식을 구하여라.

(2) 용수철의 길이가 15 cm였다면, 몇 g의 추를 달았을지 구하여라.

Hint

대응표를 그려서 관계식을 세워요.

추의 무게(x g)	0 g	2 g
용수철의 길이(y cm)	10 cm	cm

2

휘발유 1 L로 12 km를 달릴 수 있는 자동차에 60 L의 휘발유를 채우고 출발하였다. x km를 달린 후 자동차에 남아있는 휘발유의 양을 y L라고 할 때, 다음 물음에 답하여라.

(1) x와 y의 관계식을 구하여라.

(2) 180 km를 달린 후에 남아 있는 휘발유의 양을 구하여라.

Hint

대응표를 그려서 관계식을 세워요.

달린 거리(x km)	0 km	12 km
남는 휘발유의 양(y L)	60 L	L

070 일차함수의 활용(도형에 관한 문제)

아래 그림과 같은 직사각형 ABCD에서 점 P는 점 C를 출발하여 변 DC를 따라 점 D까지 매초 1cm의 속력으로 움직인다.
1초 1cm, 2초 2cm, …
점 P가 점 C를 출발한지 x초 후 $\triangle APD$의 넓이를 $y\,cm^2$라고 할 때 다음 물음에 답하여라.

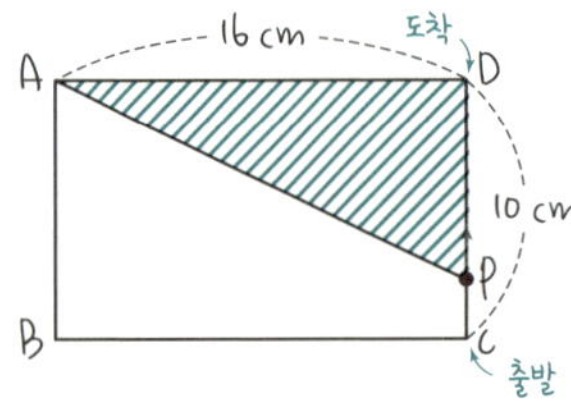

(1) x와 y의 관계식?
↳ $y=ax+b$

(2) $\triangle APD$의 넓이가 $32\,cm^2$가 되는 것은 점 P가 점 C를 출발한지 몇 초 후인가?
$y=32$
$x=?$

풀·이·쓰·기

(1) 대응표를 그리자.

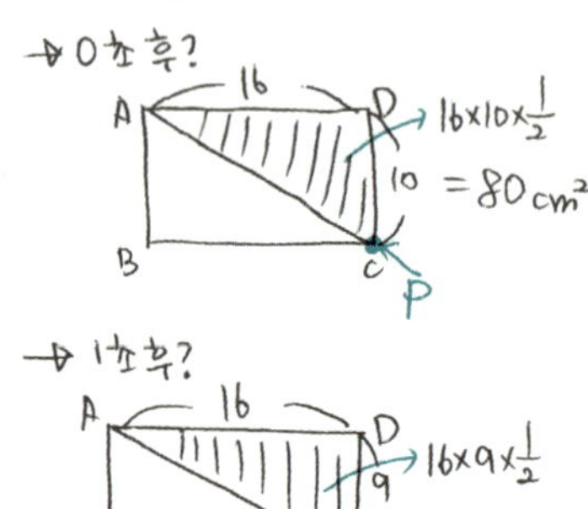

→ x초 후	0	1
넓이 $y\,cm^2$	80	72

(x: +1, y: −8)

→ 기울기 $= \frac{-8}{+1} = -8$
→ y절편 $= 80$
⇒ 관계식 $y=-8x+80$

(2) $y=32$일 때, x값

$y=-8x+80$
↑ 32 대입
$32=-8x+80$
$8x=48$
$x=6$

→ 6초 후 넓이가 $32\,cm^2$이다.

답 (1) $y=-8x+80$, (2) 6초

난이도 ★★★★★

1

다음 그림과 같은 직사각형 ABCD에서 점 P가 점 B를 출발하여 점 C까지 $\overline{BC}$를 따라 매초 2 cm의 속력으로 움직인다. 점 P가 점 B를 출발한 지 x초 후의 사각형 APCD의 넓이를 y cm^{2}이라고 할 때, 다음 물음에 답하여라.

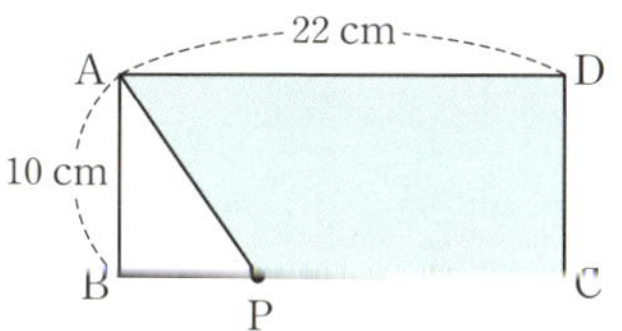

(1) x와 y의 관계식을 구하여라.

(2) 점 P가 점 B를 출발한 지 몇 초 후에 사각형 APCD의 넓이가 140 cm^{2}가 되는지 구하여라.

Hint

대응표를 그려서 관계식을 세워요.

시간 경과 (x 초)	0 초	1 초
사각형의 넓이 (y cm^2)	220 cm^2	cm^2

알아두면 좋아요

일차함수의 관계식을 세우는 준비물!

일차함수의 관계식을 세울 때는 단 두 개의 점만 있으면 끝나요!
x, y가 무엇이든 간에 대응표를 그려서 빈칸을 채우고,
x의 값의 증가량과 y의 값의 증가량을 확인하면 쉽게 관계식을 세울 수 있어요.

Ⅲ 일차함수의 그래프

071 일차함수의 활용(일차함수와 일차방정식)

일차방정식 $3x-5y+15=0$의 그래프의 기울기를 a, y절편을 b, x절편을 c라 할 때, abc의 값을 구하여라.

! Tip

- 일차방정식과 일차함수의 식의 변환

일차방정식
$ax+by+c=0$
⇕
일차함수
$y=-\frac{a}{b}x-\frac{c}{b}$

풀·이·쓰·기

$3x-5y+15=0$ 을 일차함수의 형태로 변형하자!

↳ $y=$ ////// 꼴

$-5y=-3x-15$] 양변을 $\times\left(-\frac{1}{5}\right)$

$y=\frac{3}{5}x+3$

($\frac{3}{5}$: 기울기, 3: y절편)

→ 따라서, $a=\frac{3}{5}$, $b=3$ 이다.

x절편을 구하기 위해 $y=0$을 대입

→ $y=\frac{3}{5}x+3$

$0=\frac{3}{5}x+3$

$-\frac{5}{3}\times -\frac{3}{5}x=3\times -\frac{5}{3}$

$x=\boxed{-5}$ ← x절편

→ 따라서, $c=-5$ 이다.

$\therefore abc=\frac{3}{5}\times 3\times(-5)=\boxed{-9}$

답 -9

난이도 ★★★☆☆

1

일차방정식 $-4x+2y-5=0$의 그래프의 기울기를 a, y절편을 b, x절편을 c라고 할 때, a, b, c의 값을 각각 구하여라.

2

일차방정식 $ax+by+4=0$의 그래프와 일차함수 $y=-2x-4$의 그래프가 같은 직선일 때, ab의 값을 구하여라.

Hint 주어진 일차함수의 식을 모두 좌변으로 이항해서 비교해요.

알아두면 좋아요

외우지 말고 풀이해 봐요!

일차방정식과 일차함수의 식의 변환 공식을 열심히 외우지 않아도 된답니다.
그냥 주어진 일차방정식을 $y=\square$의 형태로 바꾸는 것과 같아요.
그래프를 그릴 때는 기울기와 y절편이 한눈에 보이는 일차함수의 식이 더 편리하겠죠?
두 식은 표현이 다를 뿐 서로 같은 식이라는 것을 기억하세요.

072 일차함수의 활용(좌표축과 평행한 그래프, $x=p$, $y=q$)

다음 네 직선으로 둘러싸인 도형의 넓이를 구하여라.

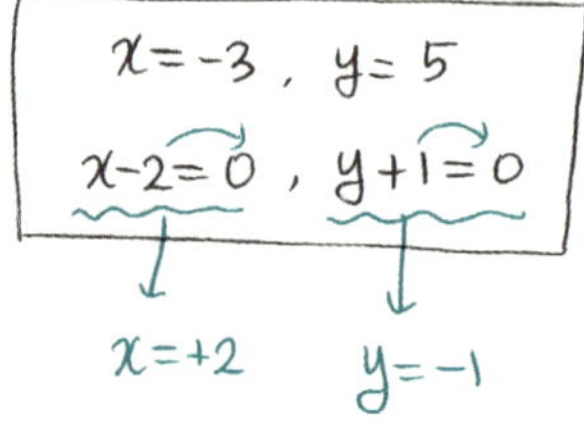

Tip

- $x=p$, $y=q$의 그래프는 함수 관계는 아니지만, 함수의 활용문제에 자주 나오므로 그래프의 모양을 꼭 기억하세요.

풀·이·쓰·기

$x=-3$, $y=5$, $x=2$, $y=-1$의 그래프를 그려보자!

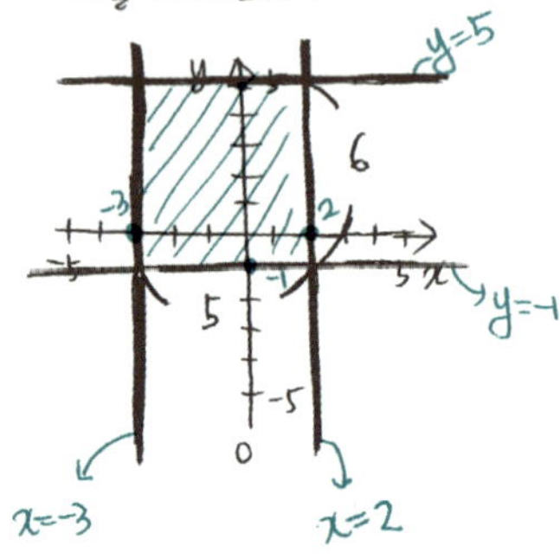

→ 결국 직사각형의 넓이를 구하는 것.

6 넓이 $=5\times6=30$

5

답 30

지연쌤의 SNS

✉ $x=p$, $y=q$의 그래프는 어떻게 그리나요?

① $x=p$ $(p\neq0)$의 그래프는
점 $(p, 0)$을 지나는 y축에 평행한 직선이에요.
x의 값은 항상 p

② $y=q$ $(q\neq0)$의 그래프는
점 $(0, q)$을 지나는 x축에 평행한 직선이에요.
y의 값은 항상 q

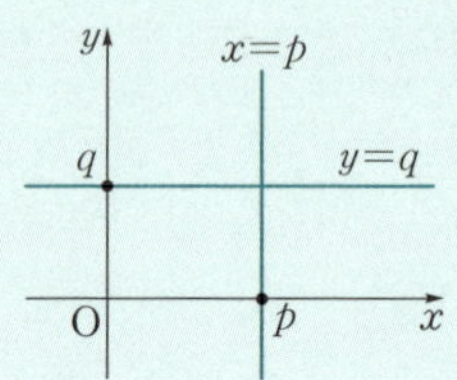

난이도 ★★★☆☆

1

다음 | 보기 |의 네 직선으로 둘러싸인 도형의 넓이를 구하여라.

풀이 쓰기

| 보기 |

$x=2$, $y=-5$, $x+3=0$, $y-1=0$

Hint 먼저 식을 x에 대한 식과 y에 대한 식으로 정리한 뒤, 그래프를 그려요.

2

다음 그림은 점 $(-3,\ 0)$을 지나고 y축에 평행한 직선이다. 이 직선에 수직이고, 점 $(-2,\ 6)$을 지나는 직선의 방정식을 구하여라.

풀이 쓰기

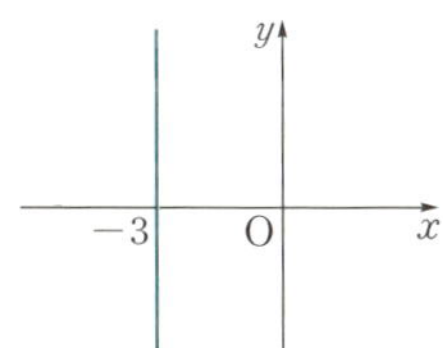

Hint 주어진 직선에 수직이려면, x축에 평행한 모양인 $y=q$ 그래프에요.

수학 읽기

y의 값은 아무 상관이 없어요!

$x=p$라는 것은 y의 값에 어떤 값을 대입하더라도 x의 값이 항상 p라는 것을 말해요.

예 $x=2$의 그래프를 그려라.

먼저, $x=2$의 대응표를 그리면 다음과 같아요.

x	2	2	2	2	2
y	1	2	3	4	5

표의 좌표를 좌표평면에 그리면, y축에 평행한 직선이 그려지죠.

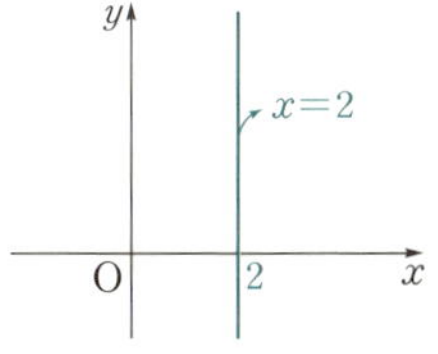

III 일차함수의 그래프

073 일차함수의 활용(교점의 좌표와 연립방정식의 해)

연립방정식 $\begin{cases} x+ay=4 \\ bx+5y=3 \end{cases}$ 의

각 일차방정식의 그래프가 아래와 같을 때, a, b의 값을 각각 구하여라.

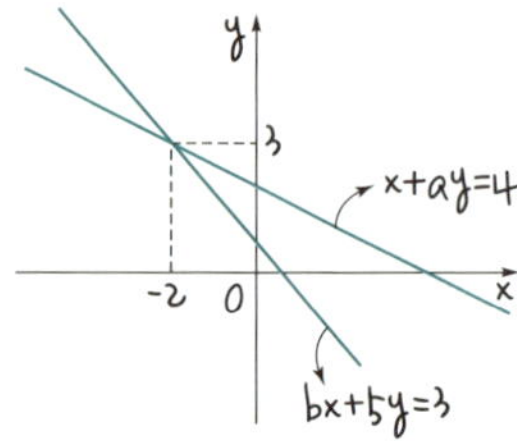

Tip

• 교점이란 두 직선이 만나는 점을 말해요.

풀·이·쓰·기

두 그래프가 만나는 교점이 (-2, 3) 이므로

이 연립방정식의 해는 $\begin{cases} x=-2 \\ y=3 \end{cases}$ 이다.

해를 각 식에 대입해서 a, b를 구하자.

① $x+ay=4$ 에 대입 ($x \leftarrow -2$, $y \leftarrow 3$)

$-2+3a=4$

$3a=6$

$a=2$

② $bx+5y=3$ 에 대입 ($x \leftarrow -2$, $y \leftarrow 3$)

$-2b+15=3$

$-2b=-12$

$b=6$

따라서, $a=2$, $b=6$ 이다.

답 $a=2$, $b=6$

난이도 ★★★☆☆

1

연립방정식 $\begin{cases} 4x+ay=-6 \\ 3x+6y+b=0 \end{cases}$ 에서 두 일차방정식의 그래프가 다음 그림과 같을 때, 상수 a, b의 값을 각각 구하여라.

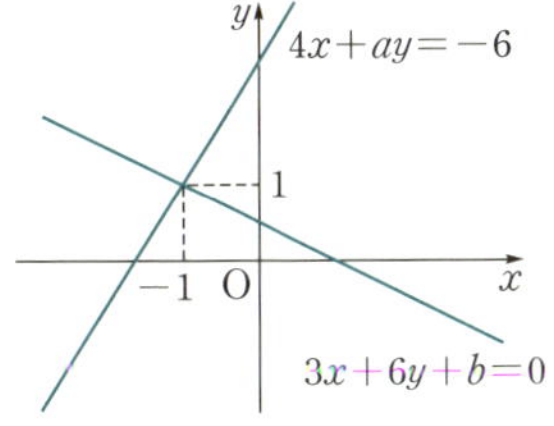

풀이 쓰기

2

두 일차방정식 $4x+y-1=0$, $2x-y+4=0$의 그래프의 교점의 좌표를 구하여라.

풀이 쓰기

Hint 두 그래프의 교점을 구하는 것은 연립방정식의 해를 구하는 것과 같아요.

알아두면 좋아요

(두 일차방정식의 교점)=(연립방정식의 해!)

연립방정식 $\begin{cases} ax+by=c \\ a'x+b'y=c' \end{cases}$ 의 해는 두 일차방정식 $ax+by=c$, $a'x+b'y=c'$의 그래프의 교점의 좌표와 같아요.

연립방정식의 해 $x=p$, $y=q$	⇄	두 일차방정식의 그래프의 교점의 좌표 (p, q)

y, $ax+by=c$, q, (p, q), O, p, x, $a'x+b'y=c'$

III 일차함수의 그래프

074 일차함수의 활용(한 점에서 만나는 세 직선)

다음 세 직선이 한점에서 만날 때, 상수 a의 값을 구하여라.

$$2x-3y=-5 \quad ㉠$$
$$ax-y=1 \quad ㉡$$
$$-x+y=1 \quad ㉢$$

Tip

- 세 직선이 한 점에서 만난다는 것은 세 일차방정식을 동시에 만족하는 해가 있다는 말과 같죠.

풀·이·쓰·기

㉠ 과 ㉢ 을 연립해서 방정식을 풀면 (해)를 구할수 있다.

↑ 이 (해)를 ㉡ 번식도 지나가는 것!

그러니까 (해)를 구해서 식② 에대입

① $\begin{cases} 2x-3y=-5 & ㉠ \\ -x+y=1 & ㉢ \end{cases}$ 의 해를 구하자

→ x를 소거하기위해

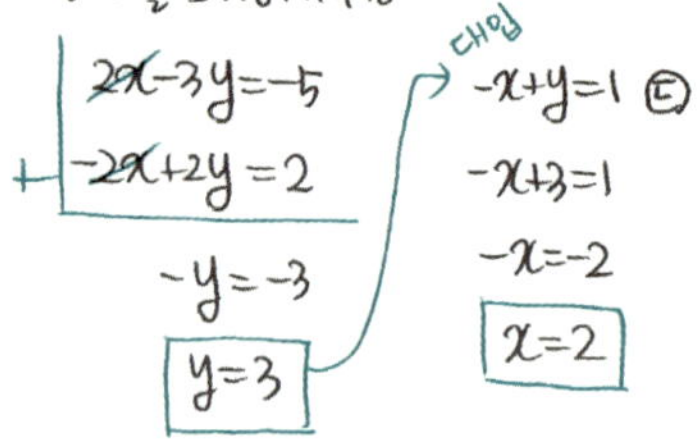

② $x=2$, $y=3$을 ㉡에 대입

$$ax-y=1$$
(a에 ↑2, y에 ↑3)

$$2a-3=1$$
$$2a=4$$
$$a=2$$

따라서, a의 값은 2이다.

답 2

난이도 ★★★★☆

1

다음 |보기|의 세 직선이 한 점에서 만날 때, 상수 a의 값을 구하여라.

✎ 풀이 쓰기

|보기|

$$3x-y=7$$
$$ax+y=5$$
$$2x+3y=1$$

2

다음 |보기|의 세 직선이 한 점에서 만날 때, 상수 a의 값을 구하여라.

✎ 풀이 쓰기

|보기|

$$2x-y=0$$
$$2ax+ay=8$$
$$x-2y=-3$$

Hint a가 두 개 있다고 당황하지 말고, x, y의 값을 먼저 구하고 대입을 하면 쉽게 해결할 수 있어요.

알아두면 좋아요

세 직선의 교점!

주어진 세 일차방정식 중에서 반드시 두 개의 식은 해를 구할 수 있게 되어 있어요.
두 개의 일차방정식으로 먼저 두 그래프의 교점을 구한 뒤,
그 교점의 좌표를 남은 일차방정식에 대입하면 세 직선의 교점을 구할 수 있죠.

075 일차함수의 활용(연립방정식의 해와 그래프)

연립방정식 $\begin{cases} ax+4y=2 & ㉠ \\ -3x-2y=b & ㉡ \end{cases}$ 를

나타내는 두 그래프가 만나지 않기위한 상수 a, b의 조건을 구하여라.

두 직선이 평면에서 만나지 않으려면 평행 해야 한다!

풀·이·쓰·기

두 직선이 평행 하려면?

→ 기울기가 같고, y절편은 다름!

㉠ $ax+4y=2$ ㉡ $-3x-2y=b$

$+4y=-ax+2$ $-2y=3x+b$

$y=-\frac{a}{4}x+\frac{1}{2}$ $y=-\frac{3}{2}x-\frac{b}{2}$

조건① 기울기가 같아야 함

$-\frac{a}{4}=-\frac{3}{2} \rightarrow a=6$

조건② y절편은 달라야 함

$+\frac{1}{2} \neq -\frac{b}{2} \rightarrow b \neq -1$

따라서, $a=6$, $b \neq -1$ 이다.

만나지 않기위한 조건은!

답 $a=6$, $b \neq -1$

지연쌤의 SNS

☑ 두 그래프가 만나지 않을 때는 무엇을 의미하나요?

두 그래프가 만나지 않는다는 것은 두 그래프가 서로 만나는 교점이 없다는 말과 같아요.
즉, **두 그래프가 서로 평행하다**는 것이죠.
따라서 **두 일차방정식을 동시에 만족하는 연립방정식의 해가 없어요.**

난이도 ★★★★☆

1

연립방정식 $\begin{cases} -x+2y=b \\ 3x+ay=9 \end{cases}$ 를 나타내는 두 그래프가 만나지 않기 위한 상수 a, b의 조건을 구하여라.

풀이 쓰기

2

연립방정식 $\begin{cases} ax+4y=-8 \\ 9x+6y=b \end{cases}$ 를 나타내는 두 그래프가 일치할 때, 상수 a, b의 값을 각각 구하여라.

풀이 쓰기

Hint 두 그래프가 일치하기 위해서는 두 일차방정식이 똑같아야 해요.

알아두면 좋아요

두 그래프가 평행하다? 일치한다?

연립방정식 $\begin{cases} ax+by=c \\ a'x+b'y=c' \end{cases}$ 의 해의 개수는 두 일차방정식의 그래프의 교점의 개수와 같아요.

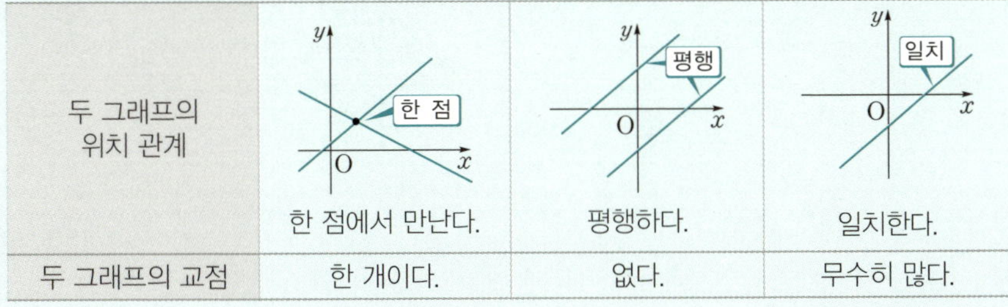

두 그래프의 위치 관계	한 점에서 만난다.	평행하다.	일치한다.
두 그래프의 교점	한 개이다.	없다.	무수히 많다.

076 일차함수의 활용(직선으로 둘러싸인 도형의 넓이)

아래 그림과 같이 두 직선

㉠ $-x+2y=14$, ㉡ $2x+y=12$, x축으로

둘러싸인 도형의 넓이를 구하여라.

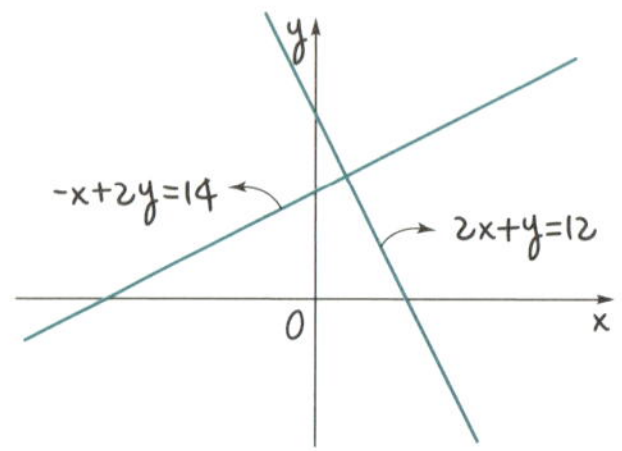

Tip

- x축으로 둘러싸인 도형의 넓이를 구할 때,
  (밑변의 길이)=(두 그래프의 x절편의 차이)

  y축으로 둘러싸인 도형의 넓이를 구할 때,
  (밑변의 길이)=(두 그래프의 y절편의 차이)

풀·이·쓰·기

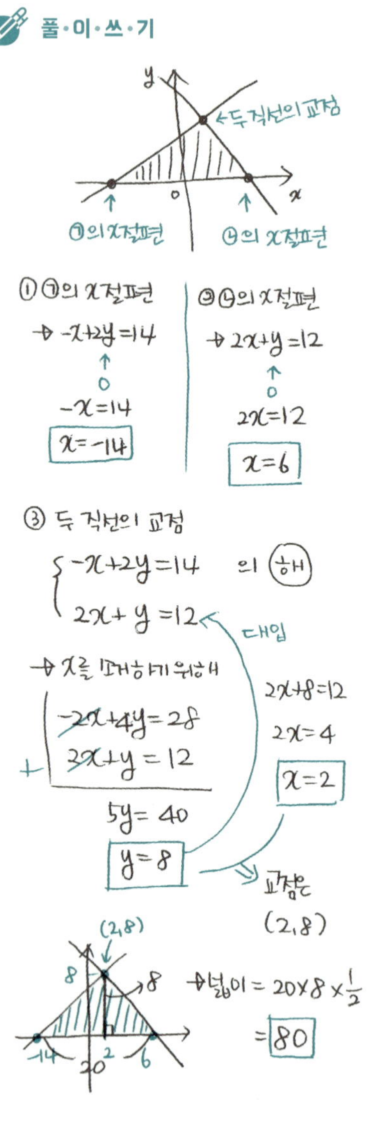

답 80

난이도 ★★★★★

1

다음 그림과 같이 두 일차함수

$y=2x+10$, $y=-\frac{1}{2}x+10$의 그래프와 x축으로

둘러싸인 삼각형의 넓이를 구하여라.

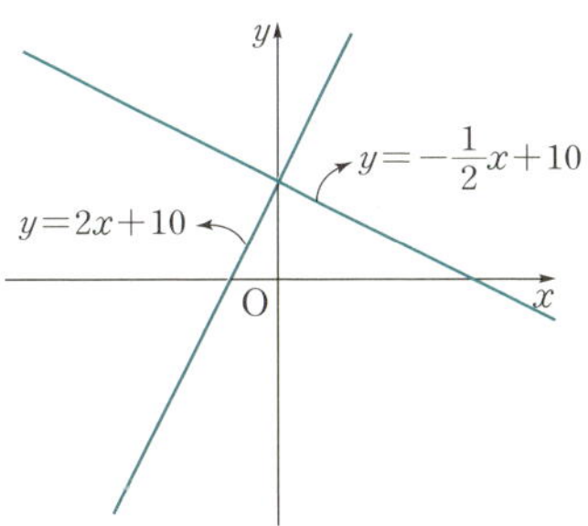

풀이 쓰기

2

두 일차방정식 $3x-4y=-12$, $2x+y=14$의 그래프와 x축으로 둘러싸인 삼각형의 넓이를 구하여라.

풀이 쓰기

Hint 좌표평면에 그래프를 그리면서 문제를 풀어요.

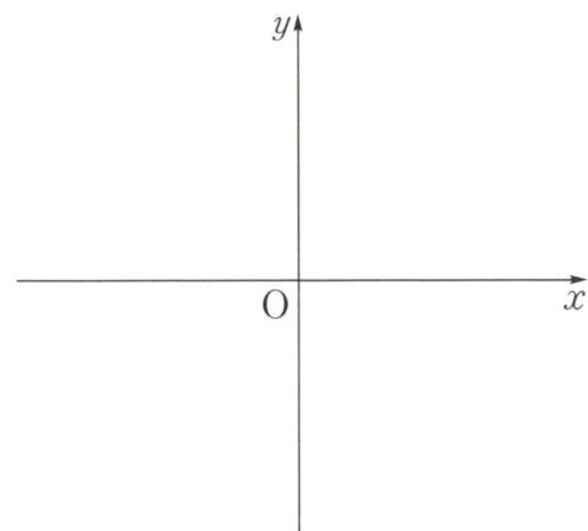

III 일차함수의 그래프

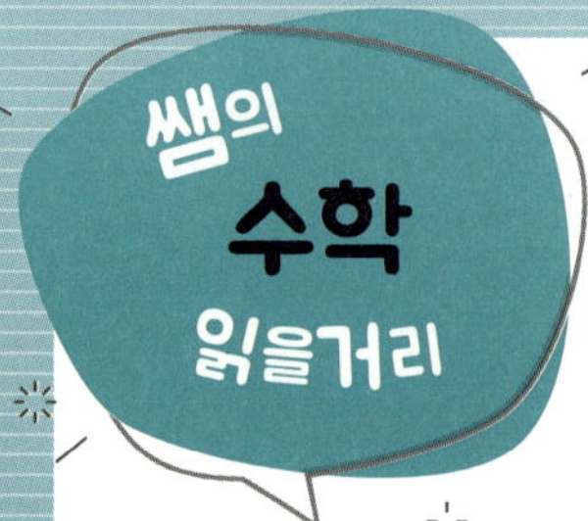

함수의 여러 가지 의미

여러분, 인터넷 사전에서 '함수'라는 단어를 검색하면 어떤 의미가 나오나요? 쌤이 찾아봤더니 이렇게 나오네요.

> 함수(函數)
> 1. (수학) function
> 2. (비유적)

여기서 function'은 우리가 수학에서 사용하는 함숫값 $f(x)$의 f를 의미해요. 이번에는 반대로 'function'을 검색하면 어떤 의미가 나올까요?

> function 미국 · 영국 [ˈfʌŋkʃn]
> 1. (사람사물의) 기능
> 2. 행사, 의식
> 3. (수학) 함수
> 4. (프로그램 등의) 기능

맞아요. 함수는 세탁기처럼 '어떠한 기능을 하는 기계'라고 생각하면 된답니다. 세탁기에 더러워진 티셔츠 한 장을 넣고 작동하면 깨끗해진 셔츠 한 장이 나오는 것처럼, 수학의 함수도 x의 값 하나당 y의 값 하나라는 관계가 나와요.

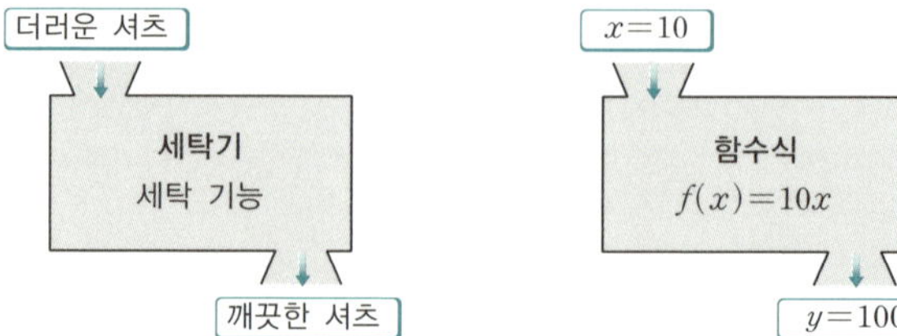

Ⅳ. 도형의 성질

#이등변삼각형 #직각삼각형

#합동 조건 #RHS합동 #RHA합동

#삼각형의 외심 #삼각형의 내심 #외접원 #내접원

#평행사변형 #마름모 #직사각형

#정사각형 #등변사다리꼴 #평행선과 도형

077 이등변삼각형의 성질

아래 그림과 같이 $\overline{AB}=\overline{AC}$인 △ABC에서 ∠A=40°이고 ∠B의 이등분선과 ∠C의 외각의 이등분선의 교점을 D라 할 때 ∠x의 크기는?

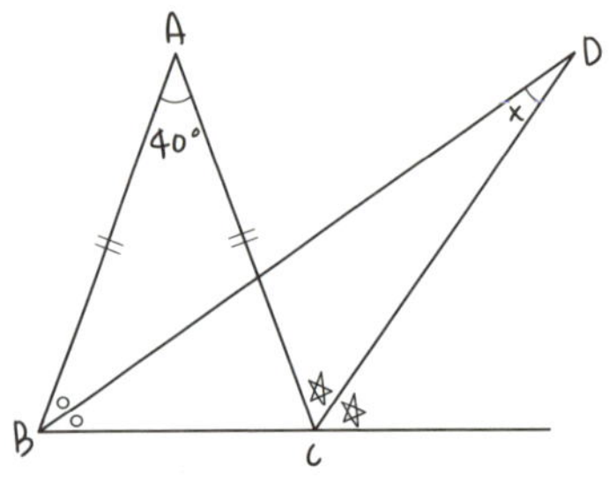

 풀·이·쓰·기

→ 두 밑각의 크기가 (=)

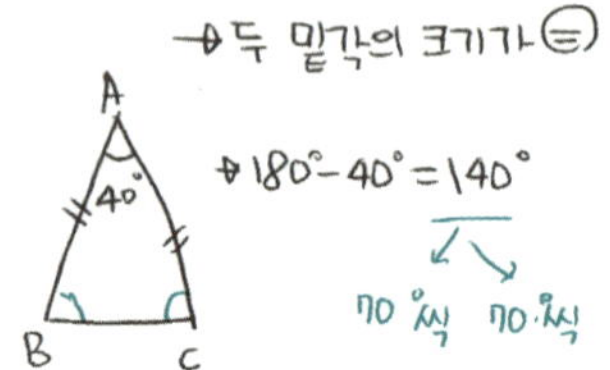

삼각형의 한 외각은 이웃하지 않는 두 내각의 합과 같으므로

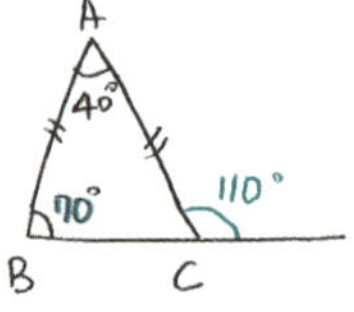

→

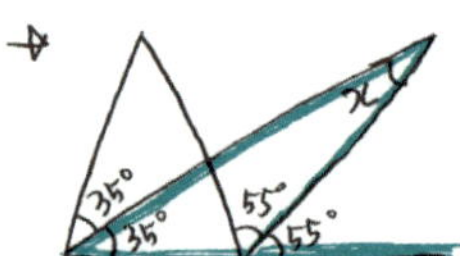

∴ 35°+∠x=55°이므로

∠x=20°이다.

답 20°

지연쌤의 SNS

☑ 이등변삼각형은 어떤 성질이 있나요?

이등변삼각형의 가장 기본적인 성질은 두 변의 길이와 두 밑각의 크기가 같다는 것이에요.

➡ △ABC에서 $\overline{AB}=\overline{AC}$이면 ∠B=∠C

그리고 이등변삼각형의 세 각 중에서 한 각만 알아도 나머지 모든 각을 알 수 있어요.

➡ (꼭지각)+2×(밑각)=180°

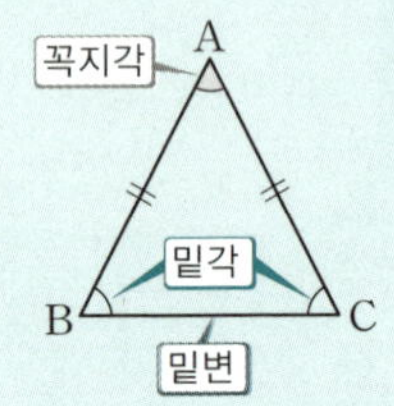

난이도 ★★★☆☆

1

다음 그림에서 $\overline{AC}=\overline{DC}=\overline{DB}$이고 $\angle BDC=100°$ 일 때, $\angle ACE$의 크기를 구하여라.

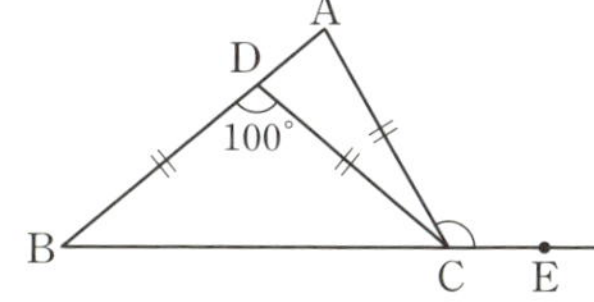

2

다음 그림과 같이 $\overline{AB}=\overline{AC}$인 $\triangle ABC$에서 $\angle A=44°$이고 $\angle B$의 이등분선과 $\angle C$의 외각의 이등분선의 교점을 D라 할 때 $\angle x$의 크기를 구하여라.

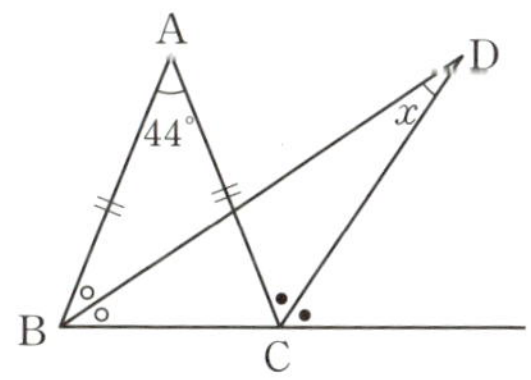

알아두면 좋아요

이등변삼각형의 또 다른 성질

이등변삼각형의 꼭지각의 이등분선은 밑변을 수직이등분해요.

➡ $\triangle ABC$에서 $\overline{AB}=\overline{AC}$, $\angle BAD=\angle CAD$이면 $\overline{BD}=\overline{CD}$이고, $\overline{AD}\perp\overline{BC}$에요.

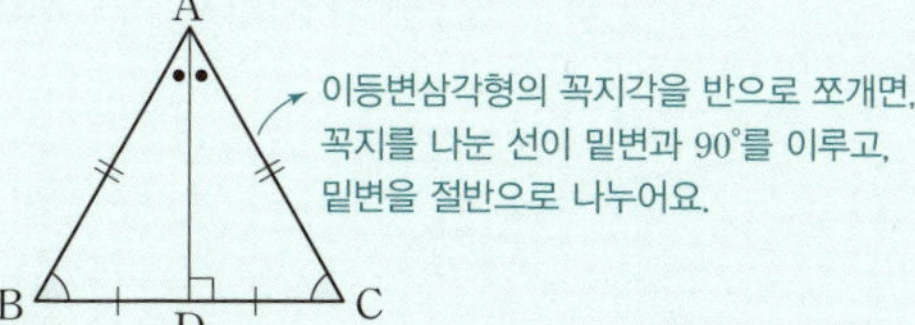

IV 도형의 성질

078 이등변삼각형이 여러 개 붙어 있을 때

아래 그림에서 x, y의 값을 각각 구하여라.

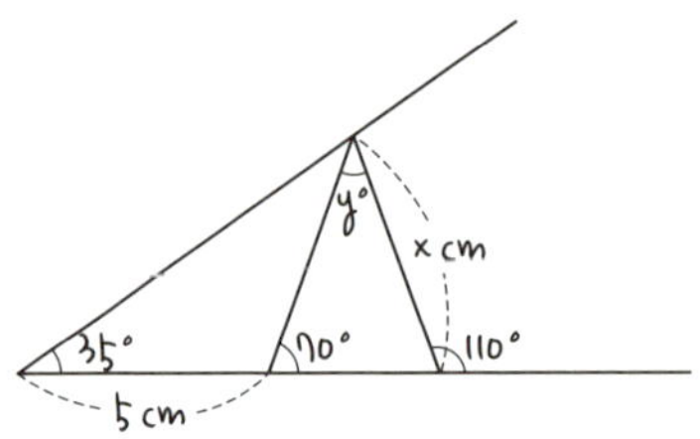

풀·이·쓰·기

①

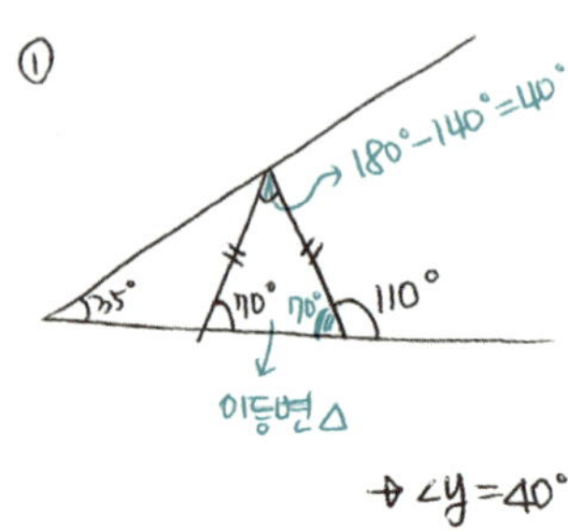

②

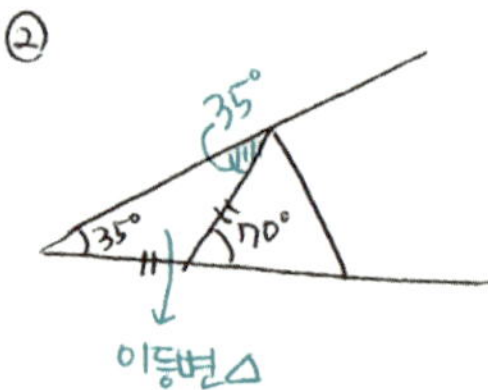

①과 ②를 합쳐보면

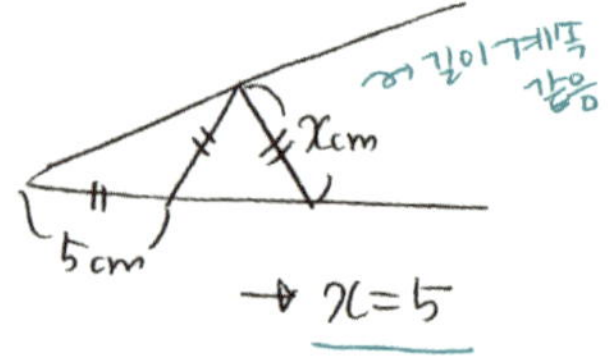

따라서, $x=5$, $y=40$ 이다.

!! Tip

- 이등변삼각형의 성질을 이용해서 밑각을 찾으면서 문제를 풀어요.

답 $x=5$ cm, $y=40°$

난이도 ★★★★☆

1

다음 그림과 같이 $\overline{AB}=\overline{AC}$인 이등변삼각형 ABC에서 $\overline{BD}$는 $\angle B$의 이등분선이고 $\angle A=36°$일 때, $\angle BDC$의 크기와 $\overline{AD}$의 길이를 구하여라.

풀이 쓰기

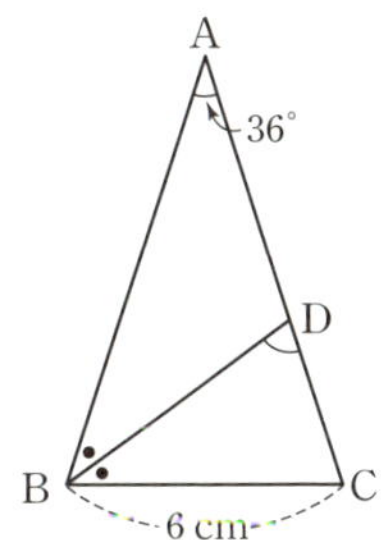

Hint 이 그림에는 이등변삼각형이 모두 3개 있어요.

2

다음 그림에서 x, y의 값을 각각 구하여라.

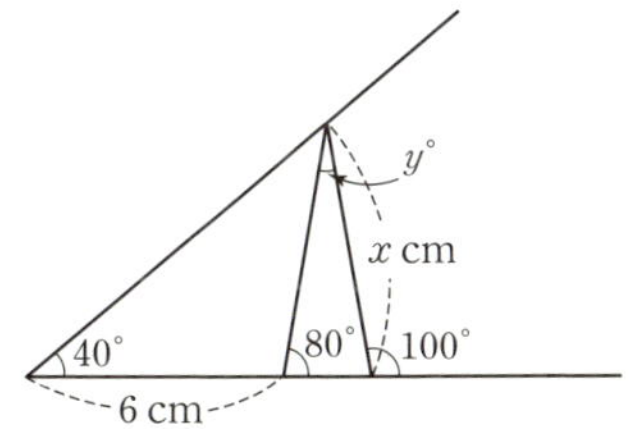

알아두면 좋아요

이등변삼각형이 여러 개 붙어 있는 문제

이런 유형의 문제는 다음 그림의 공식만 알면 쉽게 해결할 수있어요.

① 이등변삼각형의 두 밑각의 크기는 같다는 성질

② 한 각의 외각은 다른 두 각의 내각의 합과 같다는 성질

이 두 성질을 잘 이용하면 이등변삼각형 몇 개가 붙어 있어도 괜찮아요.

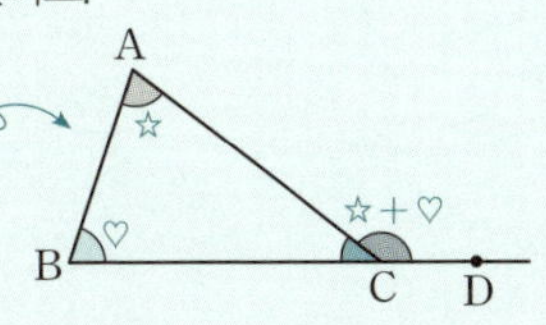

IV 도형의 성질

079 직사각형 모양의 종이를 접으면?

아래 그림과 같이 직사각형 모양의 종이를 접었을 때, $\overline{AB}=10$cm, △ABC의 넓이는 35 cm² 이다. 이 직사각형 모양의 종이의 세로의 길이를 구하여라.

(세로의 길이 → x cm)

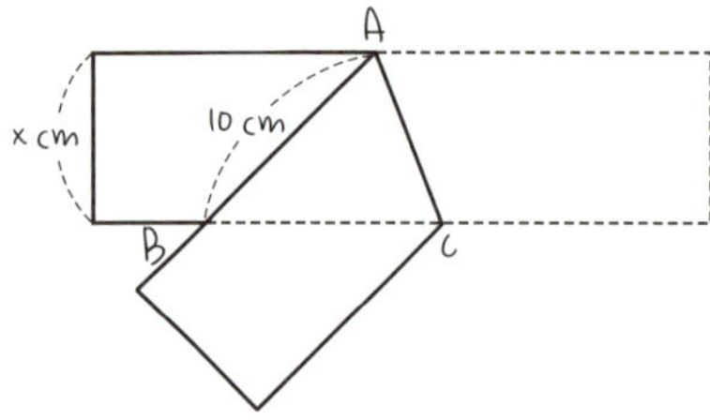

Tip

- 직사각형 모양의 종이를 비스듬하게 접으면 맞닿아있는 부분은 무조건 이등변삼각형이에요.

 **풀·이·쓰·기**

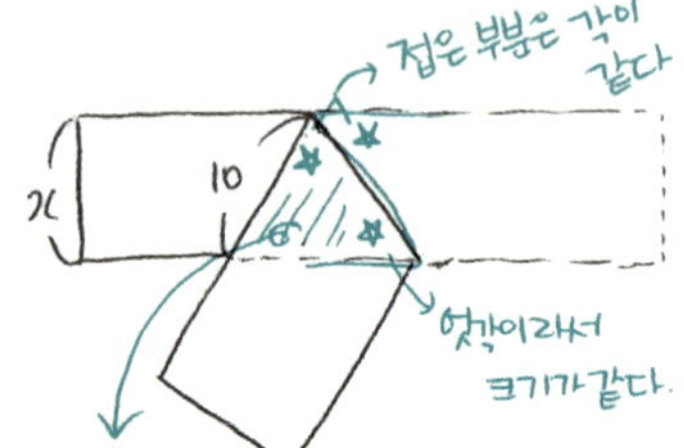

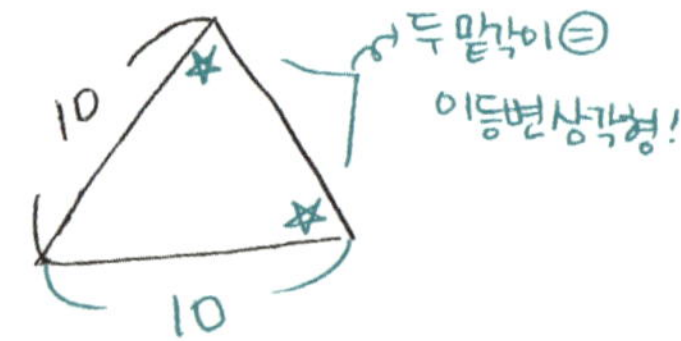

⇒ (밑변 10, 빗변 10, 높이 x인 삼각형)의 넓이 $=\dfrac{10\times x}{2}=5x$

⇒ 따라서, $5x=35$ 이다.

답 7 cm

지연쌤의 SNS

☑ 직선이 평행할 때 동위각과 엇각은 어떤 성질이 있나요?

서로 다른 두 직선 l, m이 다른 한 직선 n과 만날 때,

직선 l, m이 평행하다면,
$\angle a=\angle d$(동위각)이고,
$\angle b=\angle c$(엇각)이다.

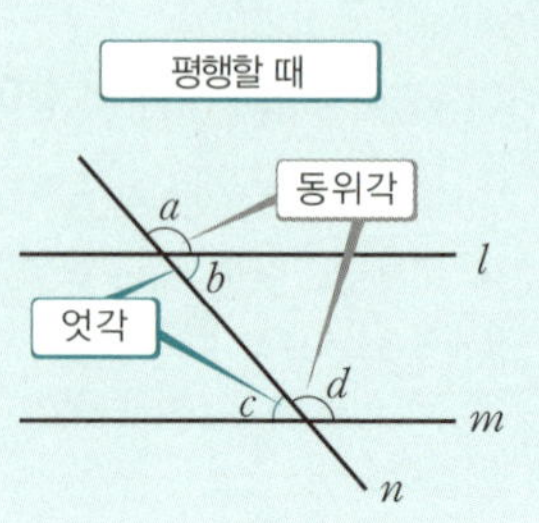

난이도 ★★★★☆

1

다음 그림과 같이 직사각형 모양의 종이를 접었을 때, $\overline{AB}=12$ cm, $\triangle ABC$의 넓이는 42 cm^2이다. 이 직사각형 모양의 종이의 세로의 길이를 구하여라.

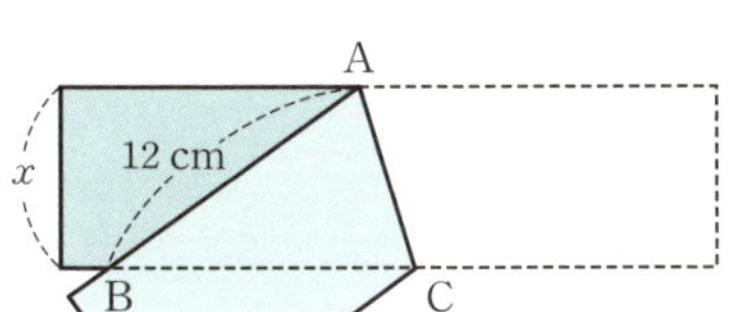

2

다음 그림과 같이 직사각형 모양의 종이를 접었을 때, $\angle BFD'=68°$이다. $\angle x$의 크기를 구하여라.

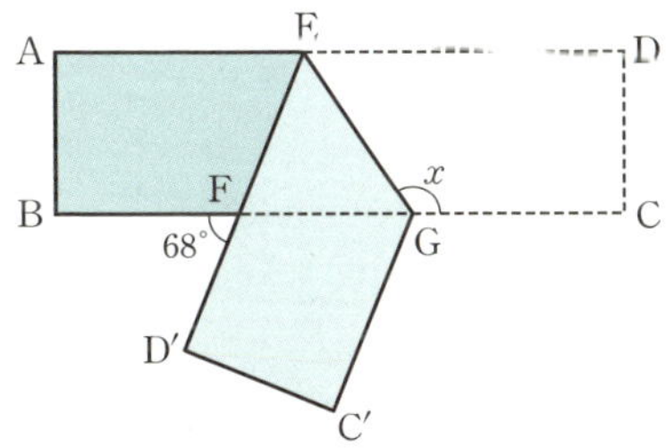

Hint $\triangle EFG$은 어떤 삼각형일까요?

알아두면 좋아요

왜 직사각형 모양의 종이를 접으면 이등변삼각형이 될까?

다음 그림을 보고 하나씩 확인해 볼까요?

① 직사각형에서 마주 보는 변은 서로 평행해요.
따라서 $\angle ACB=\angle CBD$(엇각)이에요.

② 종이를 접은 부분과 펼친 부분은 같은 도형이에요.
따라서 $\angle ABC=\angle CBD$이에요.

①과 ②에 따라 $\angle ABC=\angle ACB$이므로 $\overline{AB}=\overline{AC}$예요.

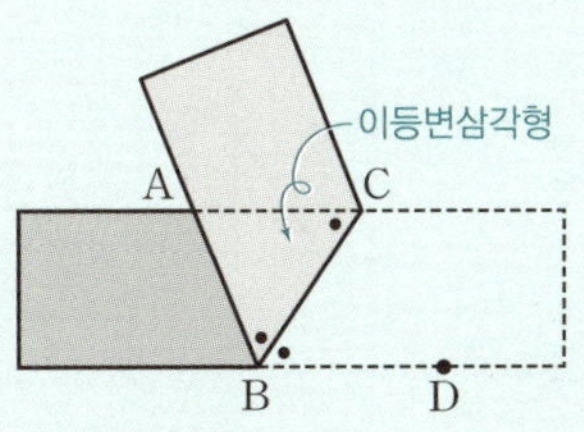

080 직각삼각형의 합동 조건

아래 그림과같이 ∠A=90°인 두 직각삼각형 ABC, ADE 에서 $\overline{BC}=\overline{DE}$, $\overline{AC}=\overline{AD}$이고 ∠E=40°일때, ∠x의 크기를 구하여라.

아마... 합동일껄? 왜?

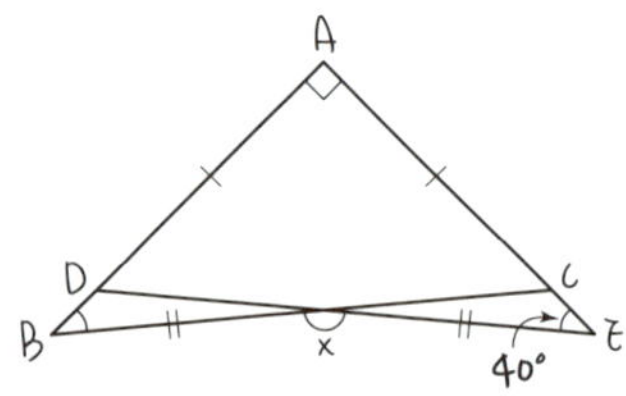

Tip

- 직각삼각형의 합동 조건

  두 직각삼각형 ABC와 DEF의 합동 조건은 다음과 같아요.

  ① 빗변의 길이와 한 예각의 크기가 각각 같을 때 (RHA 합동)

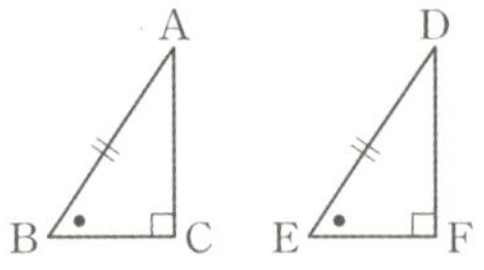

  ② 빗변의 길이와 다른 한 변의 길이가 각각 같을 때 (RHS 합동)

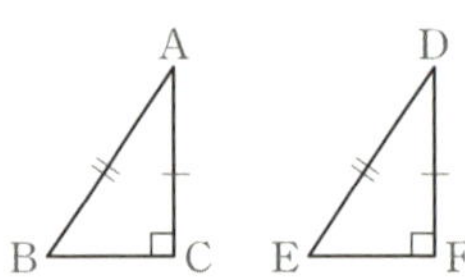

풀·이·쓰·기

겹쳐있는 두 직각삼각형을 떼어 보면

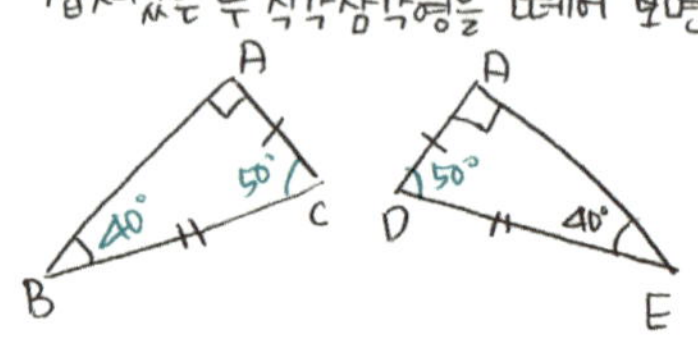

→ 빗변의 길이와 다른한 변의 길이가 같으므로 두 삼각형은 합동!

(대응하는)

$\triangle ABC \equiv \triangle ACD$ (RHS 합동)

직각 빗변 다른 한변

다시 합쳐 보면

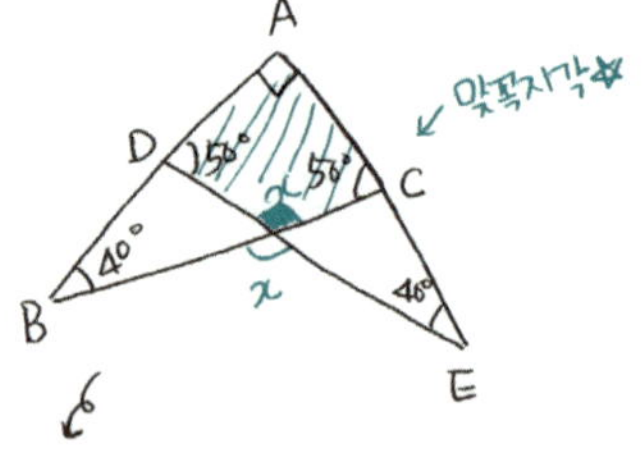

사각형의 내각의 합은 360°

90°+50°+50°+∠x=360°

따라서 ∠x=170° 이다.

 170°

난이도 ★★★★☆

1

다음 그림과 같이 $\angle A=90°$인 두 직각삼각형 ABC, ADE에서 $\overline{BC}=\overline{DE}$, $\overline{AC}=\overline{AD}$이고 $\angle E=30°$일 때, $\angle x$의 크기를 구하여라.

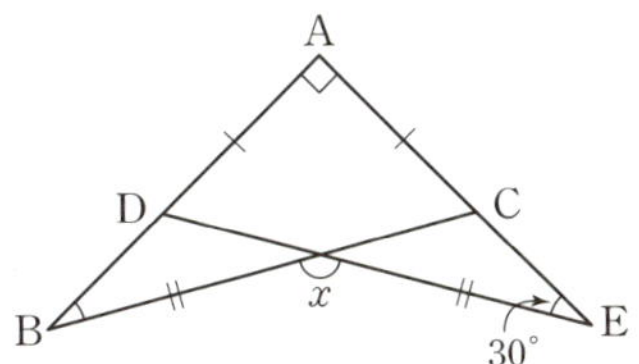

2

다음 그림과 같이 $\overline{AD}=\overline{BC}$인 사각형 ABCD에서 $\overline{AB}\perp\overline{BD}$, $\overline{CD}\perp\overline{BD}$이고, $\angle ADB=24°$일 때, $\angle C$의 크기를 구하여라.

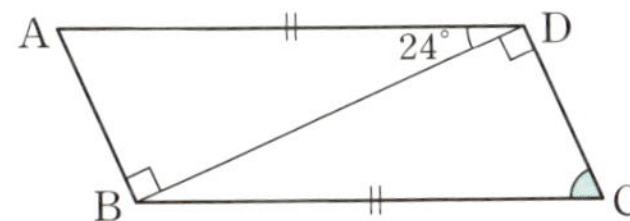

Hint 어떤 두 삼각형이 합동인지는 사실 자세히 보면 알 수 있어요. 하지만 그것이 왜 합동인지를 설명할 수 있어야 해요.

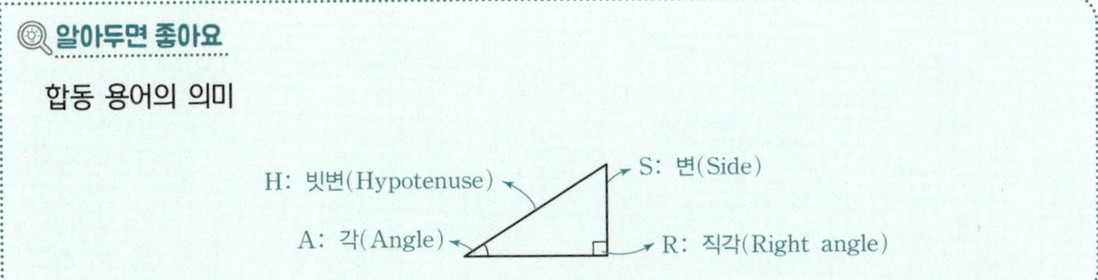

081 직각삼각형에서의 각의 이등분선

다음 그림과 같이 $\angle B=90°$인 직각삼각형 ABC에서 $\angle A$의 이등분선과 $\overline{BC}$의 교점을 D, 점 D에서 $\overline{AC}$에 내린 수선의 발을 E라고 할 때, $\triangle EDC$의 둘레의 길이를 구하여라.

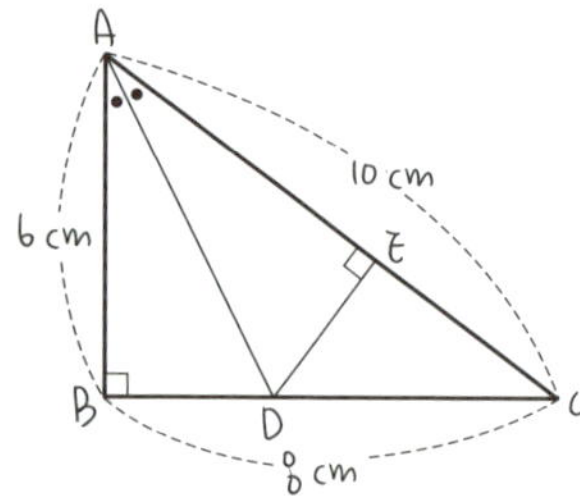

Tip

• 수선과 수선의 발이란?

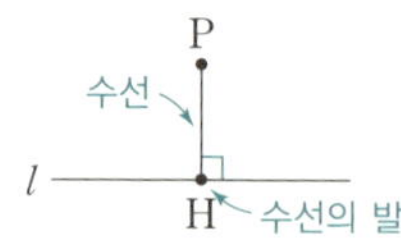

풀·이·쓰·기

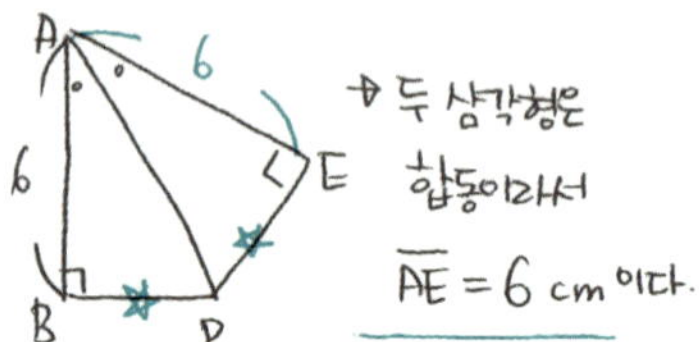

→ 두 삼각형은 합동이라서 $\overline{AE}=6$ cm이다.

(RHA?) 빗변 $\overline{AD}$ 공통 (H)
$\angle B=\angle E=90°$ (R)
$\angle BAD=\angle EAD$ (A)
$\Rightarrow \triangle ABD \equiv \triangle AED$ (RHA합동)

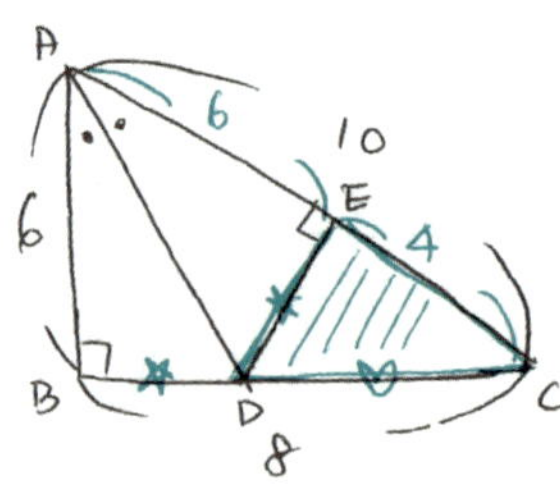

$\triangle EDC$의 둘레는 ☆+♡+4

그런데 이건 $\overline{BC}$의 길이?

→ ☆+♡+4 $=8+4=12$
(☆+♡ = 8)

따라서 둘레의 길이는 12 cm이다.

답 12 cm

난이도 ★★★★☆

1

다음 그림과 같이 $\angle B=90°$인 직각삼각형 ABC에서 $\angle A$의 이등분선과 $\overline{BC}$의 교점을 D, 점 D에서 $\overline{AC}$에 내린 수선의 발을 E라고 할 때, $\triangle EDC$의 둘레의 길이를 구하여라.

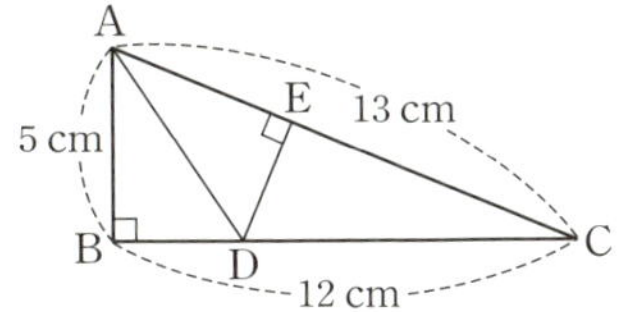

2

다음 그림과 같이 $\overline{AB}=\overline{AC}$인 직각이등변삼각형 ABC에서 $\overline{AB}=\overline{DB}$인 점 D를 지나며 $\overline{BC}$에 수직인 직선이 $\overline{AC}$와 만나는 점을 E라고 할 때, $\angle DEB$의 크기를 구하여라.

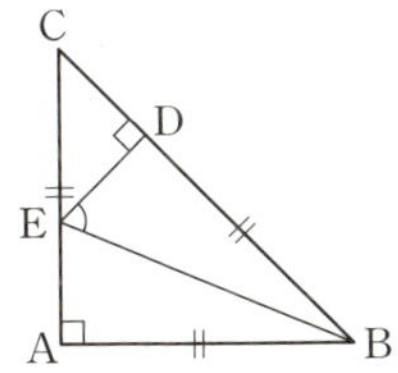

Hint 직각이등변삼각형은 밑각의 크기가 45°예요.

알아두면 좋아요

문제에 자주 나오는 직각삼각형!

다음과 같이 생긴 도형에 관한 문제가 자주 나오니 꼭 기억하세요!

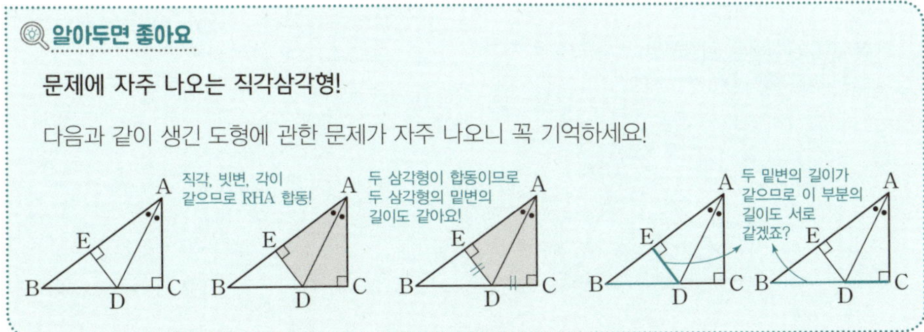

082 삼각형의 외심

다음 그림에서 점 O는 △ABC의 외심이다. ∠x의 크기를 구하여라.

(1)

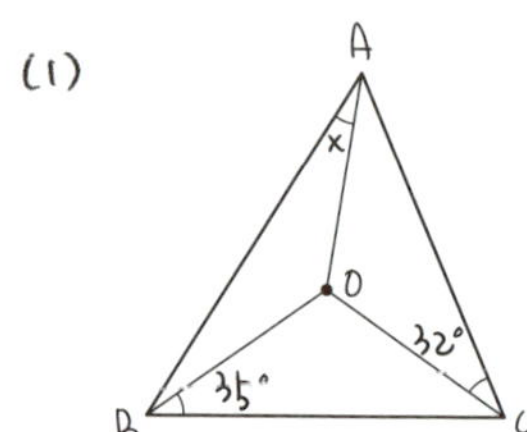

(2)

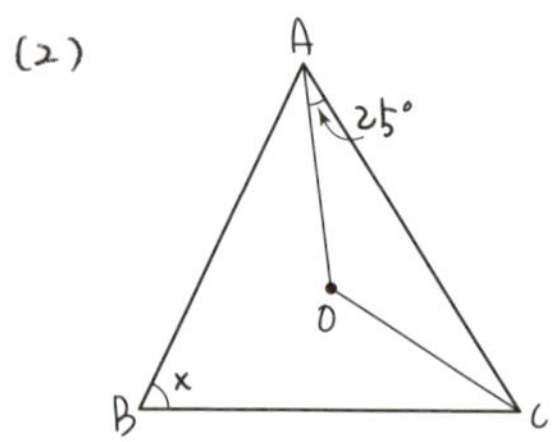

Tip

- 외심이란?
  △ABC의 세 변의 수직이등분선을 그었을 때 생기는 교점 O를 △ABC의 외심이라고 해요.
- 외접원이란?
  외심에서 △ABC의 각 꼭짓점까지의 거리는 모두 같아요.
  ➡ $\overline{OA}=\overline{OB}=\overline{OC}$
  외심을 중심으로 삼각형의 세 꼭짓점을 지나는 원을 외접원이라고 해요.

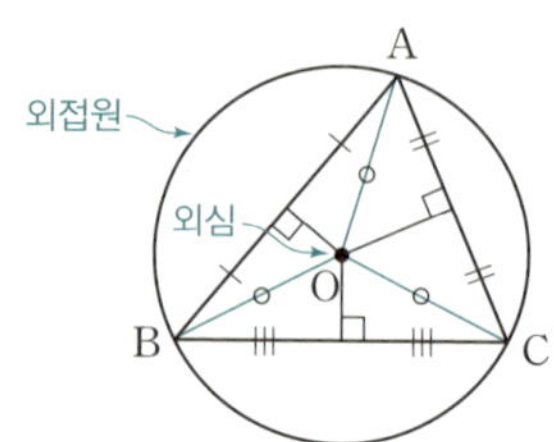

(1)

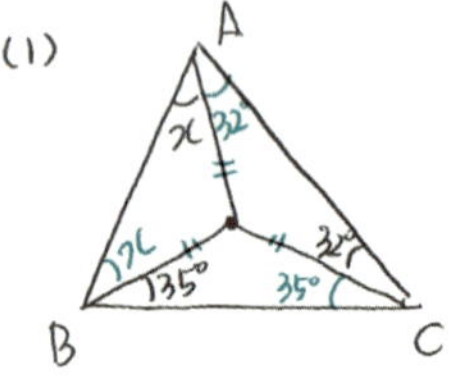

→ $2\angle x+70°+64°=180°$

$2\angle x=46°$

$\angle x=23°$

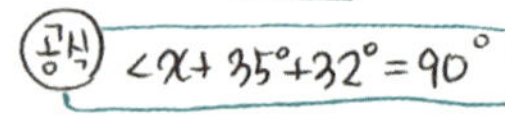

(2)

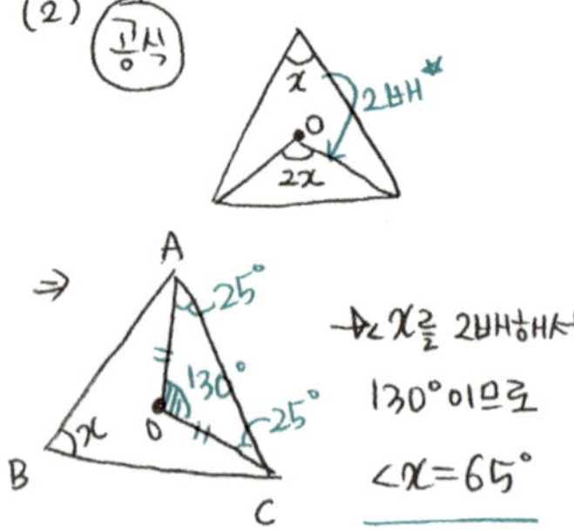

→ ∠x를 2배해서 130°이므로 $\angle x=65°$

답 (1) **23°**, (2) **65°**

난이도 ★★★☆☆

1

다음 그림에서 점 O는 △ABC의 외심이다. $\angle x$의 크기를 구하여라.

풀이 쓰기

(1)

(2)

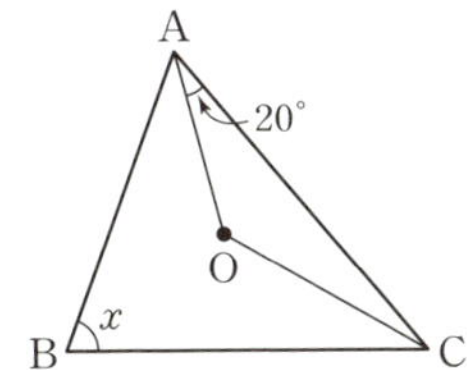

2

다음 그림에서 점 O는 △ABC의 외심이고, $\angle OAC=36°$, $\angle BOC=142°$일 때, $\angle x$의 크기를 구하여라.

풀이 쓰기

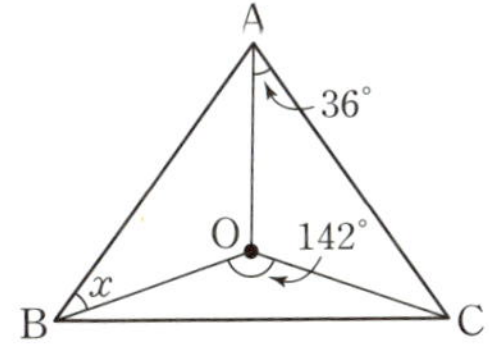

Hint △AOB는 이등변삼각형이에요.

알아두면 좋아요

외심의 활용

점 O가 △ABC의 외심일 때,

① $\angle x+\angle y+\angle z=90°$

② $\angle BOC=2\angle A$

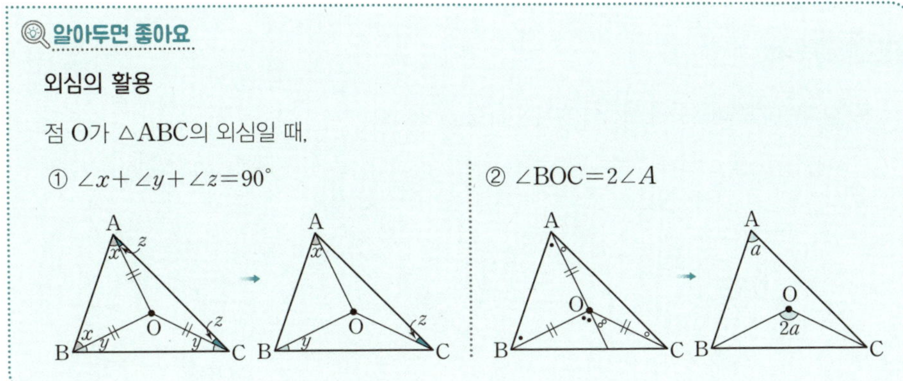

083 삼각형의 외심의 위치

아래 그림과 같이 $\angle B=90°$, $\overline{AC}=10$cm인 $\triangle ABC$에서 점 D는 $\overline{AC}$의 중점이다. 이 그림에서 x, y의 값을 각각 구하여라.

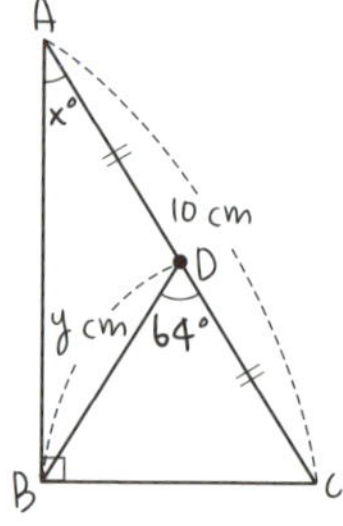

Tip

(직각삼각형의 외심)=(직각삼각형의 빗변의 중점)

풀·이·쓰·기

직각삼각형의 빗변의 중점

||

직각삼각형의 외심

외심은 각 꼭짓점까지의 거리가 같다.

①

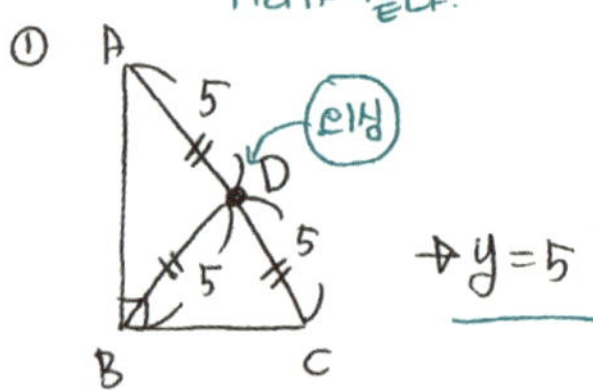

$\therefore y=5$

②

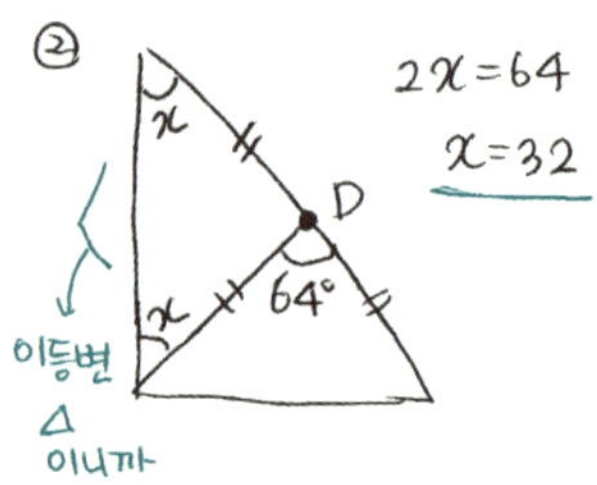

이등변 △ 이니까

$2x=64$

$x=32$

답 $x=32°$, $y=5°$

지연쌤의 SNS

삼각형의 모양에 따라 외심의 위치가 바뀔 수 있나요?

① 예각삼각형: 삼각형의 내부

모든 각의 크기가 90°보다 작은 삼각형

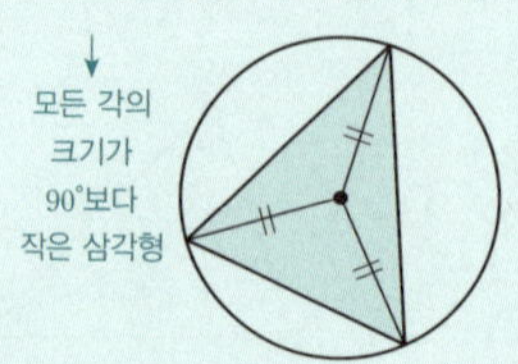

② 직각삼각형: 빗변의 중점

한 각의 크기가 90°인 삼각형

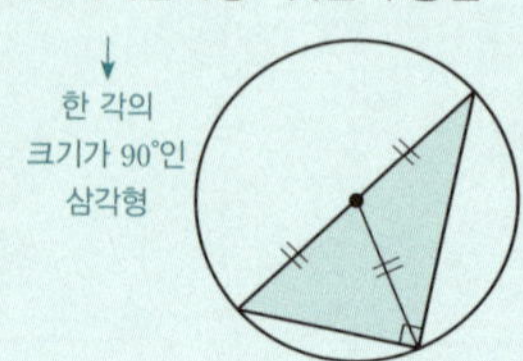

③ 둔각삼각형: 삼각형의 외부

한 각의 크기가 90°보다 큰 삼각형

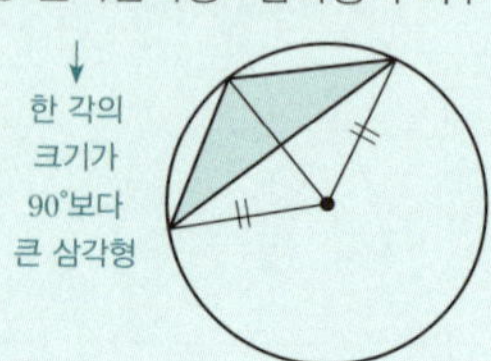

난이도 ★★★☆☆

1

다음 그림과 같이 $\angle B=90^\circ$, $\overline{AC}=10$ cm인 $\triangle ABC$에서 점 D는 $\overline{AC}$의 중점이다. 이 그림에서 x, y의 값을 각각 구하여라.

풀이 쓰기

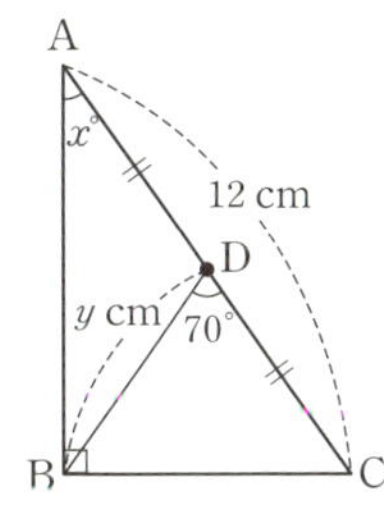

2

다음 그림과 같이 $\angle C=90^\circ$인 직각삼각형 ABC에서 점 O가 외심일 때, $\triangle AOC$의 둘레의 길이를 구하여라.

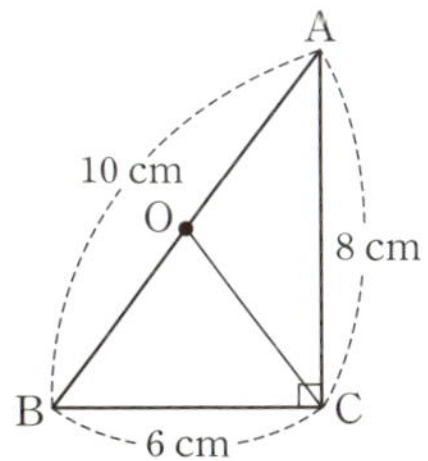

Hint 외심에서 세 꼭짓점까지의 거리는 같아요.

수학 읽기

종이접기로 외심을 찾아보자!

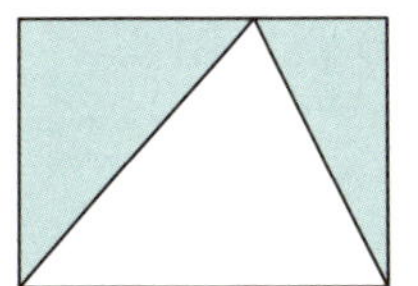

① 종이를 오려서 예각삼각형을 하나 만들어요.

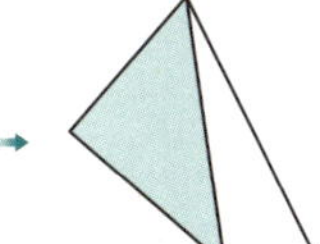

② 한 점과 다른 한 점이 겹치도록 접어요.

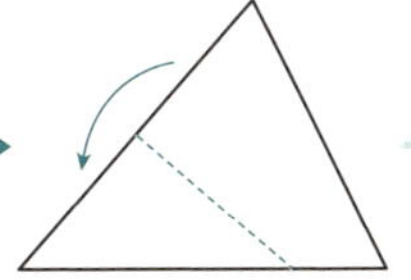

③ 접었던 종이를 펼치면 변의 수직이등분선이 만들어져요.

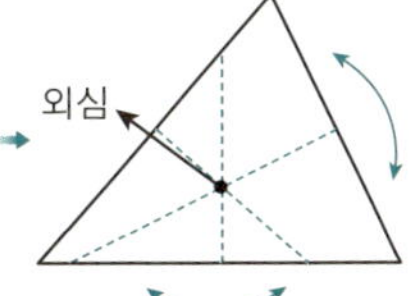

④ 이 과정을 두 번 더 반복하면 그림과 같이 삼각형의 외심을 찾을 수 있어요.

084 삼각형의 외심과 삼각형의 둘레의 길이

아래 그림에서 점 O는 △ABC의 외심이고 점 O에서 세 변에 내린 수선의 발을 각각 D, E, F라고 할 때, △ABC의 둘레의 길이를 구하여라.

90°

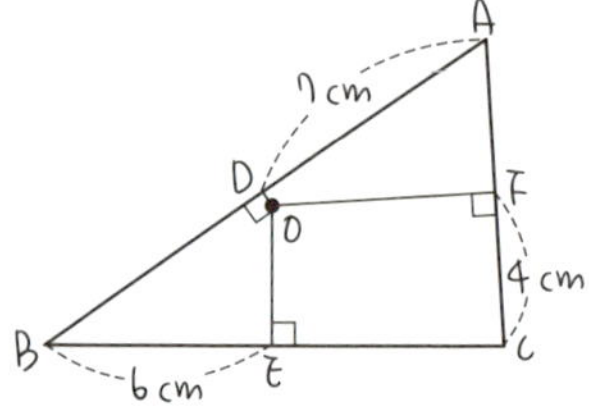

Tip

- 문제에서 점 O를 외심이라고 했다면, 삼각형의 각 꼭짓점에서 외심까지 직선을 그으면, 그 직선들은 모두 길이가 같죠.

 풀·이·쓰·기

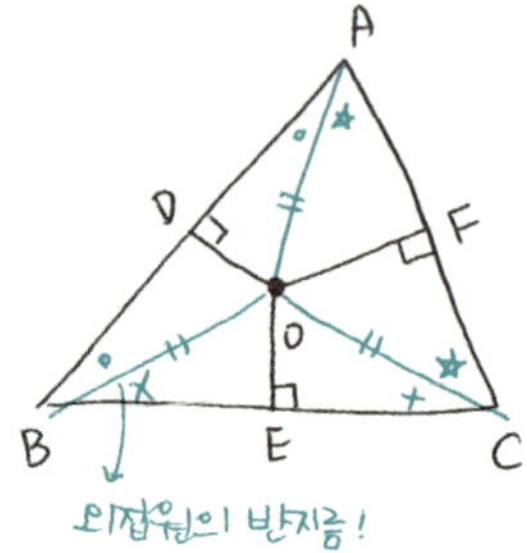

☆ 외심에서 각 꼭짓점까지의 거리는 항상 같다.

따라서, △AOB, △BOC, △AOC는 이등변삼각형

그리고 이렇게 끼리끼리 합동!

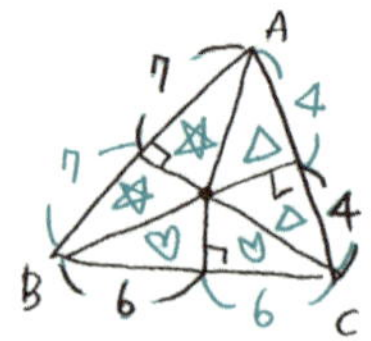

⇒ 따라서 둘레의 길이는

$14+12+8=\underline{34\text{ cm}}$ 이다.

 34 cm

난이도 ★★★★☆

1

다음 그림에서 점 O는 △ABC의 외심이고 점 O에서 세 변에 내린 수선의 발을 각각 D, E, F라고 할 때, △ABC의 둘레의 길이를 구하여라.

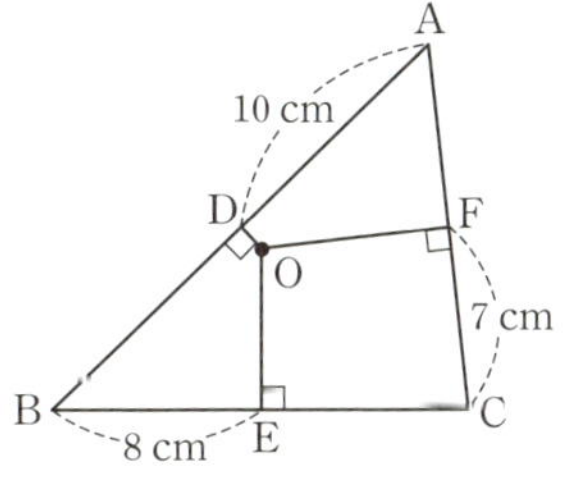

Hint 삼각형의 외심에서 각 꼭짓점까지 보조선을 그리면, 세 개의 이등변삼각형이 생겨요.

2

다음 그림에서 점 O는 △ABC의 외심이다. $\overline{AC}$=10 cm이고, △AOC의 둘레의 길이는 26 cm일 때, 외접원의 넓이를 구하여라.

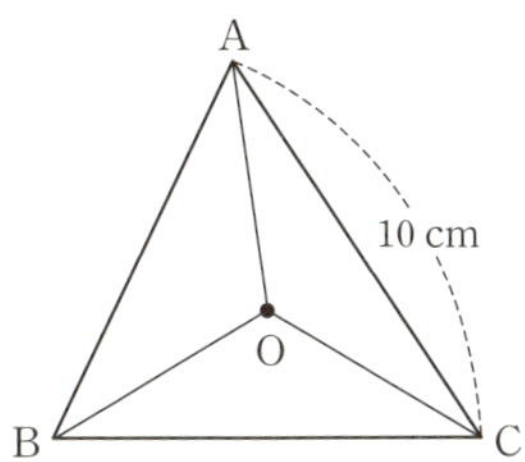

Hint △AOC은 이등변삼각형이에요.

085 삼각형의 내심

다음 그림에서 점 I는 △ABC의 내심이다. ∠x, ∠y의 크기를 구하여라.

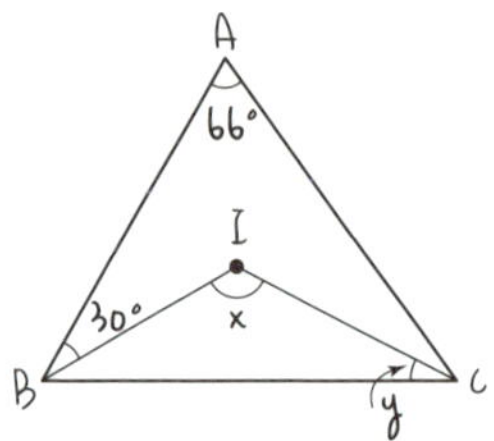

Tip

- **내심이란?**
  △ABC의 세 각의 이등분선을 그었을 때 생기는 교점 O를 △ABC의 내심이라고 해요.
- **내접원이란?**
  내심에서 △ABC의 각 변까지의 거리는 모두 같아요.
  ➡ $\overline{ID}=\overline{IE}=\overline{IF}$
  내심을 중심으로 삼각형의 변에 접하는 원을 내접원이라고 해요.

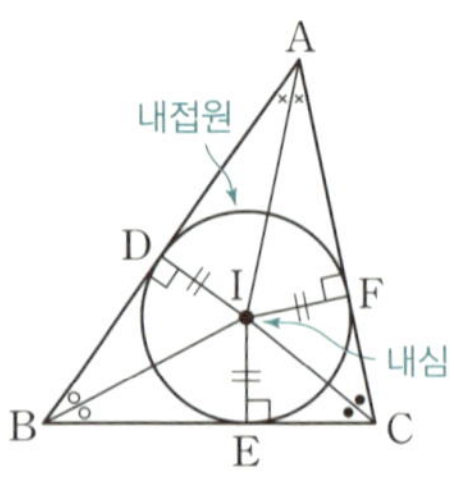

풀·이·쓰·기

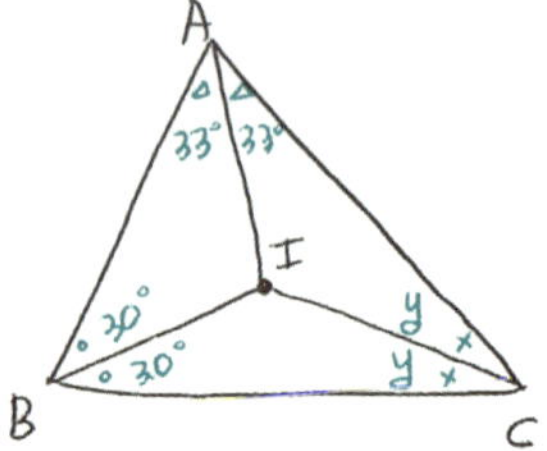

내심은 각의 이등분선의 교점!

① $2● + 2△ + 2x = 180°$ 이므로

(공식) $● + △ + x = 90°$

→ $33° + 30° + ∠y = 90°$

$∠y = 27°$

②

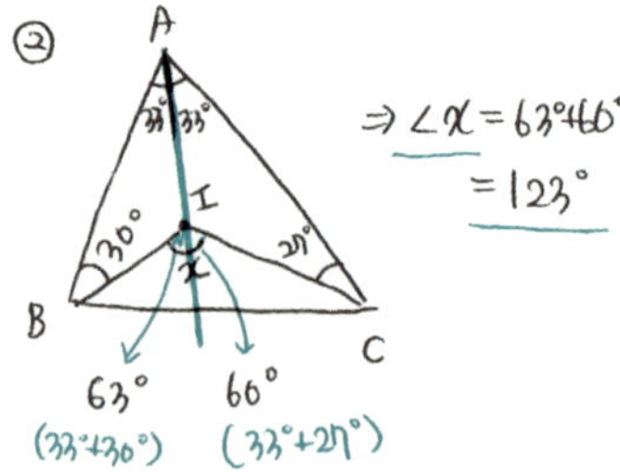

$⇒ ∠x = 63° + 60°$
$= 123°$

이해 안되는 사람 위해서 확대!

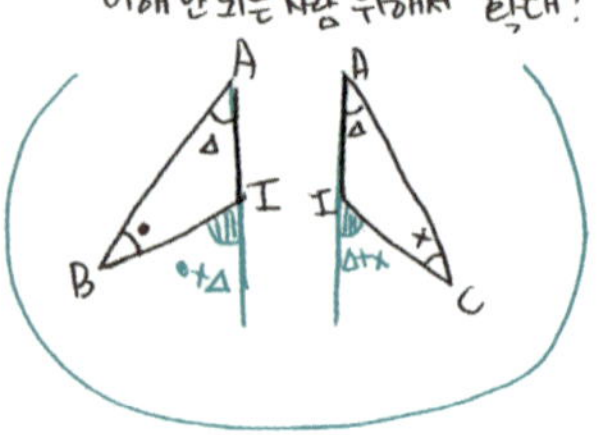

답 $∠x=123°$, $∠y=27°$

난이도 ★★★☆☆

1

다음 그림에서 점 I는 △ABC의 내심이다. $\angle x$, $\angle y$의 크기를 구하여라.

풀이 쓰기

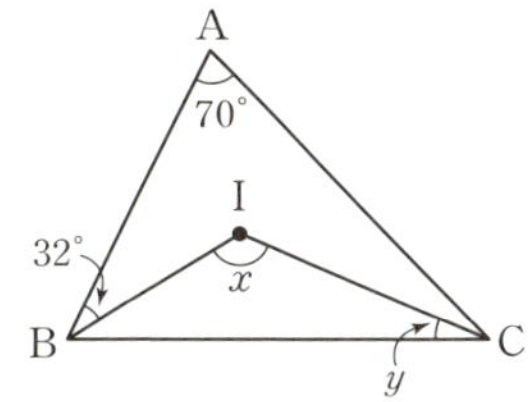

2

다음 그림에서 점 I는 △ABC의 내심이다. $\angle ABI=25°$, $\angle ACI=33°$일 때, $\angle BIC$의 크기를 구하여라.

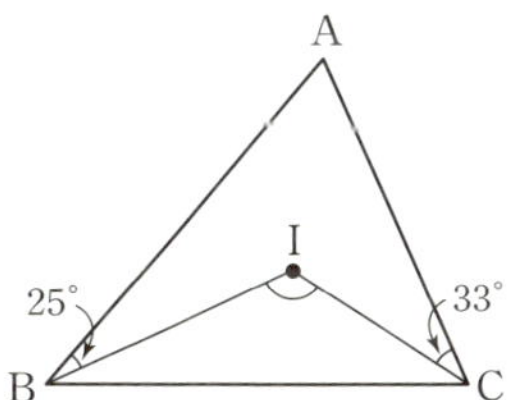

Hint 내심은 삼각형의 각을 이등분했다는 것을 기억하세요.

알아두면 좋아요

내심의 활용

점 I가 △ABC의 내심일 때,

① $\angle x+\angle y+\angle z=90°$

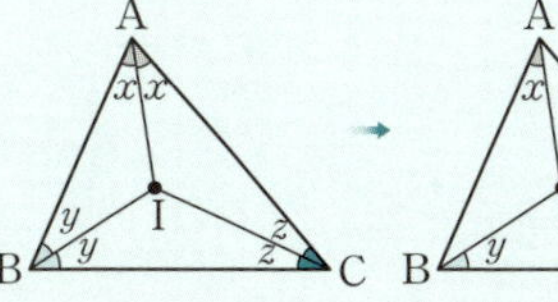

② $\angle BIC=90°+\frac{1}{2}\angle A$

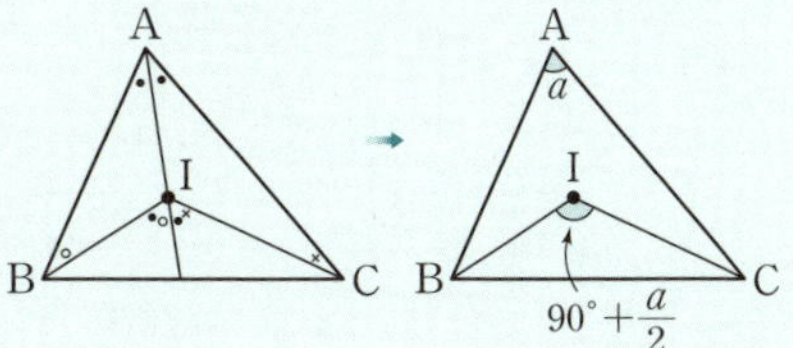

086 삼각형의 내심과 변의 길이

아래 그림에서 점 I는 △ABC의 내심이고, 점 D, E, F는 △ABC와 내접원의 접점이다.
$\overline{AB}=6cm$, $\overline{AC}=8cm$, $\overline{BC}=12cm$
일 때, $\overline{AF}$의 길이는?
↳ $x$cm라고 하자!

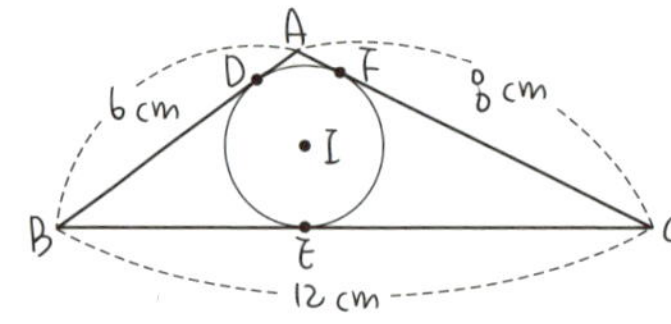

 풀·미·쓰·기

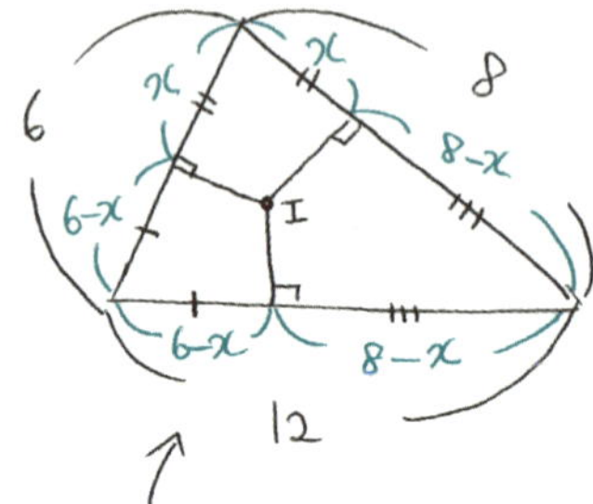

식을 세워보면

$(6-x)+(8-x)=12$

$6-x+8-x=12$

$14-2x=12$

$-2x=-2$

$\boxed{x=1}$

답 1 cm

지연쌤의 SNS

☑ 내심의 위치는 항상 삼각형 내부에 있나요?

맞아요. 내심은 외심과 달리 삼각형의 종류(예각 · 직각 · 둔각)와 관계없이 항상 삼각형의 내부에 있어요.

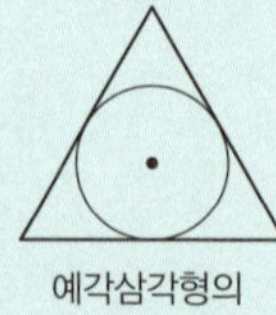

예각삼각형의 내심

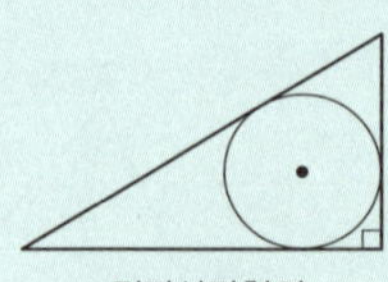

직각삼각형의 내심

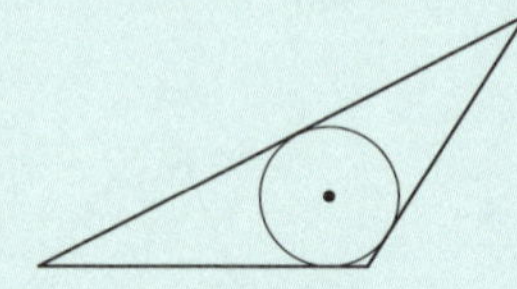

둔각삼각형의 내심

난이도 ★★★★☆

1

다음 그림에서 점 I는 △ABC의 내심이고, 점 D, E, F는 △ABC와 내접원의 접점이다. $\overline{AB}$=9 cm, $\overline{AC}$=10 cm, $\overline{BC}$=11 cm일 때, $\overline{AF}$의 길이를 구하여라.

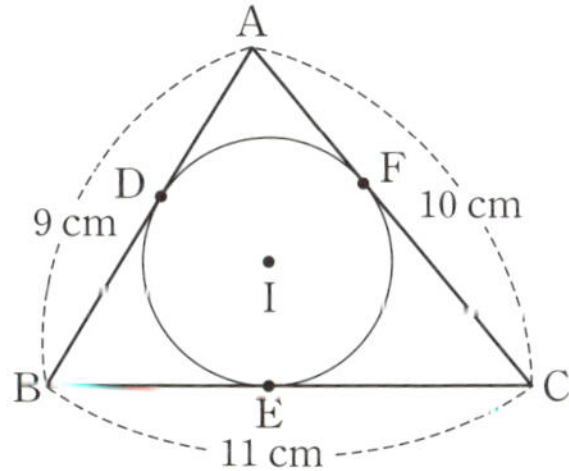

2

다음 그림에서 점 I는 ∠C=90°인 직각삼각형 ABC이 내심이다. $\overline{AB}$=13 cm, $\overline{BC}$=12 cm, $\overline{CA}$=5 cm일 때, △ABC의 내접원의 반지름의 길이를 구하여라.

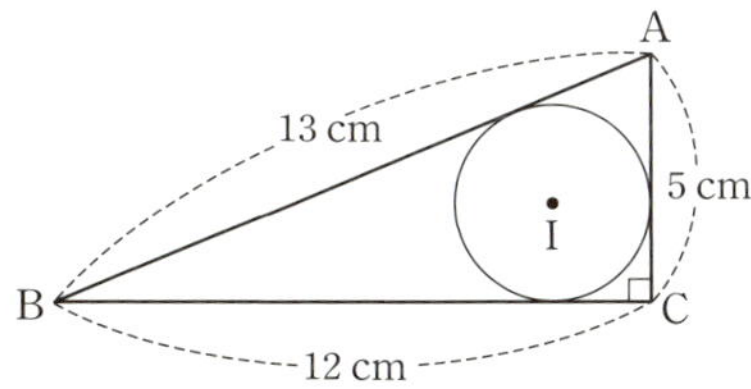

알아두면 좋아요

직각삼각형의 내접원의 반지름

직각삼각형에서의 내심과 내접원은 그림과 같이 생겼어요.
이 삼각형에서 직각을 이루는 두 변과 내심에서 두 변에 내린 수선으로 둘러싸인 도형은 어떤 도형일까요?
두 변과 수선이 직각을 이루고, 모든 변의 길이가 내접원의 반지름의 길이와 같으므로 저 도형은 정사각형이에요.

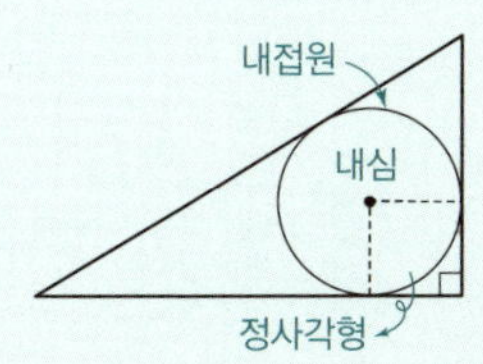

087 삼각형의 내심과 삼각형의 넓이

아래 그림에서 점 I는 △ABC의 내심이고, $\overline{AB}=13cm$, $\overline{BC}=12cm$, $\overline{CA}=5cm$ 일 때, △IBC의 넓이는?

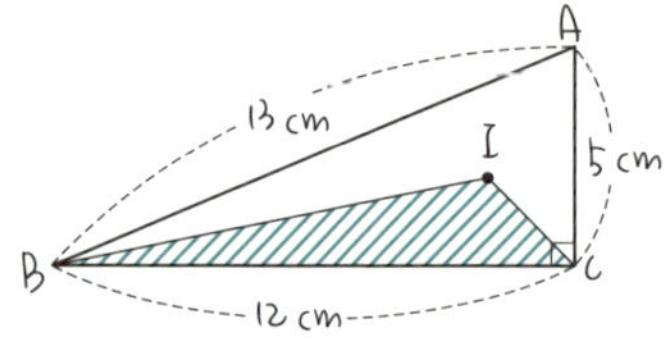

Tip

- 문제에서 점 I를 내심이라고 했다면, 삼각형의 내심에서 각 변까지 수직인 직선을 그으면, 그 직선들은 모두 길이가 같죠.

 풀·이·쓰·기

내심은 요렇게 합동이다!

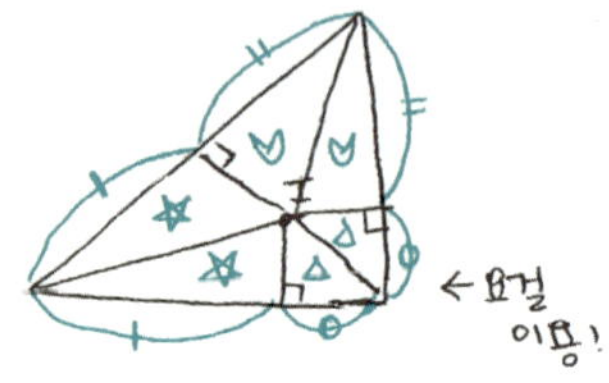

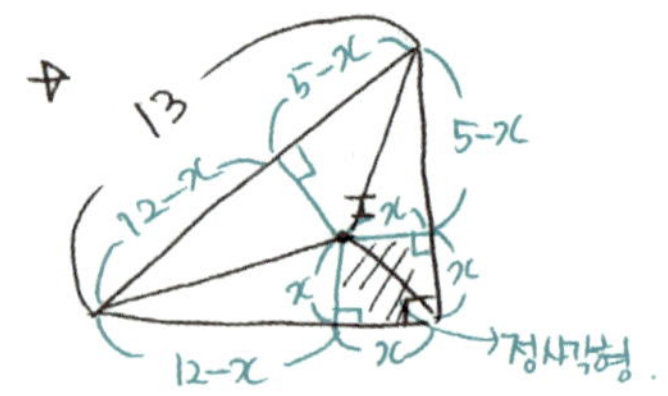

→ $(12-x)+(5-x)=13$

$17-2x=13$

$-2x=-4$ → $x=2$

△IBC를 보자.

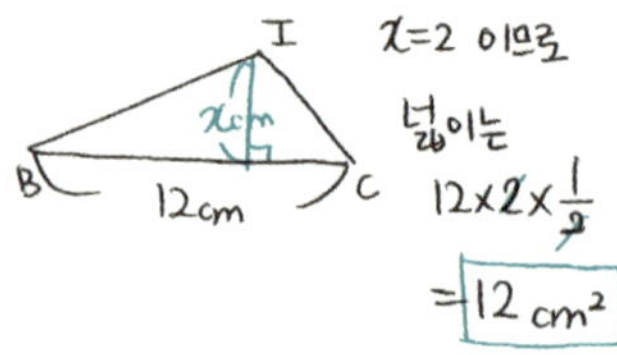

$x=2$ 이므로

넓이는

$12\times2\times\frac{1}{2}$

$=12\ cm^2$

답 $12\ cm^2$

난이도 ★★★★☆

1

다음 그림에서 점 I는 $\triangle ABC$의 내심이고, $\overline{AB}=15\,cm$, $\overline{BC}=12\,cm$, $\overline{CA}=9\,cm$일 때, $\triangle IBC$의 넓이를 구하여라.

풀이 쓰기

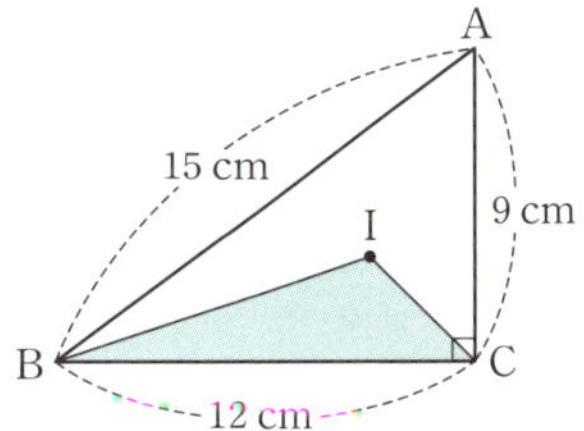

2

다음 그림에서 점 I는 $\angle B=90°$인 직각삼각형 ABC의 내심이다. $\overline{AB}=6\,cm$, $\overline{BC}=8\,cm$, $\overline{CA}=10\,cm$일 때, 색칠한 부분의 넓이를 구하여라.

풀이 쓰기

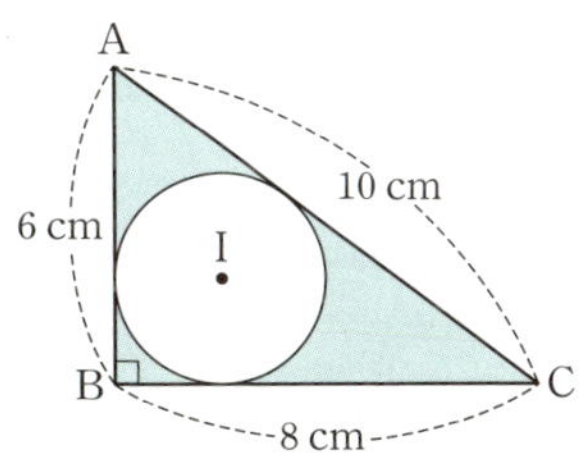

Hint 그림의 원은 내접원이므로 원의 반지름을 구하면 되겠죠?

알아두면 좋아요

내심으로 삼각형의 넓이를 구하는 공식

$\triangle ABC$의 내접원의 반지름의 길이를 r라고 하면,

$$\triangle ABC=\frac{1}{2}r(\overline{AB}+\overline{BC}+\overline{CA})$$

$$=\frac{1}{2}\times(\text{내접원의 반지름})\times(\triangle ABC\text{의 둘레의 길이})$$

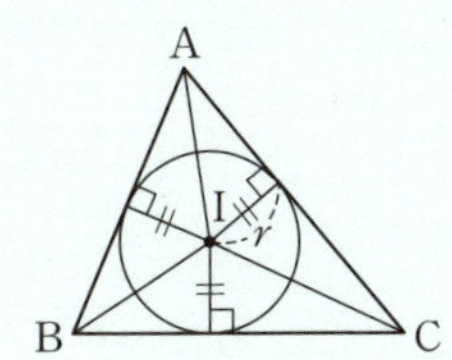

Ⅳ 도형의 성질

088 삼각형의 외심과 내심

다음 그림에서 점 I는 △ABC의 내심, 점O는 △ABC의 외심이다. △ABC는 이등변 삼각형이고, ∠A=54° 일 때, ∠x의 크기를 구하여라.

☆ 밑각의 크기 같음!

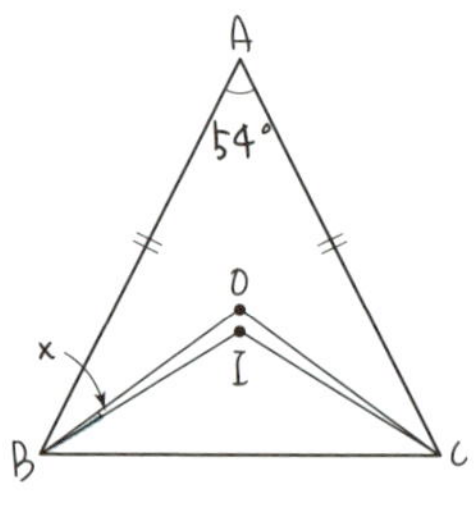

Tip

• 이등변삼각형의 내심과 외심은 항상 이등변삼각형의 꼭지각을 이등분한 선 위에 있어요.

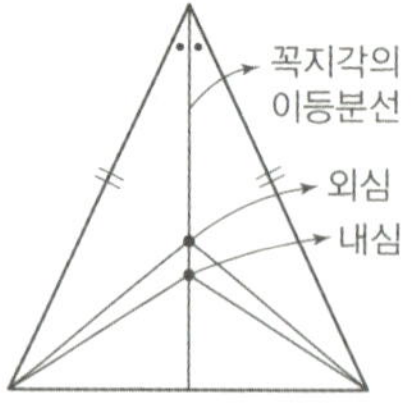

풀·이·쓰·기

① △ABC는 이등변△이므로

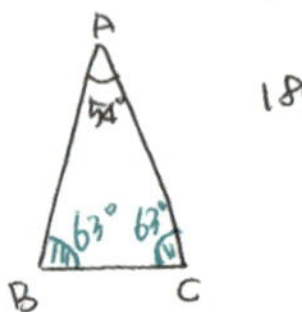

180°−54°=126°

63° 씩

② 내심은 각의 이등분선의 교점

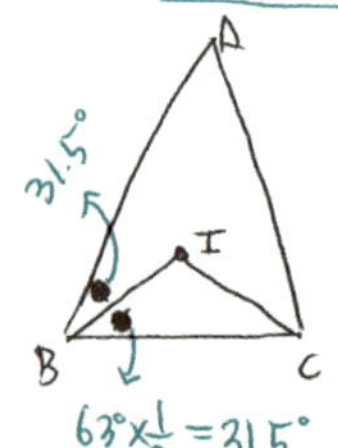

③ 외심은

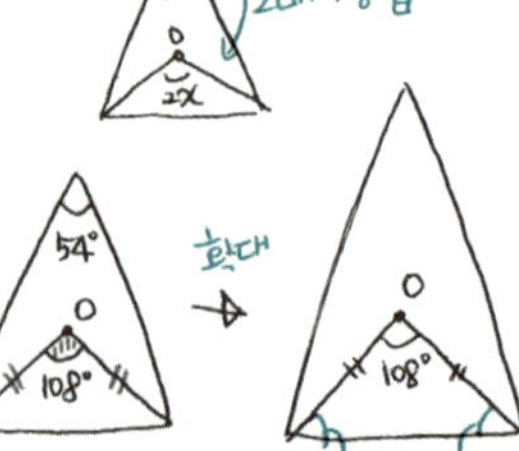

②와 ③을 합쳐보자.

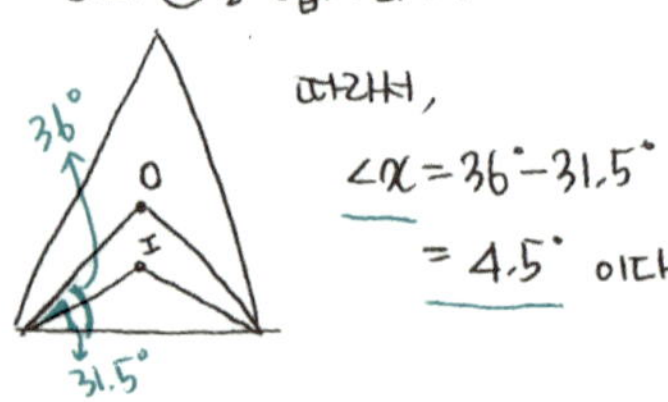

따라서,

∠x = 36°−31.5°

= 4.5° 이다.

답 4.5°

난이도 ★★★★☆

1

다음 그림에서 점 O와 점 I는 △ABC의 외심과 내심이다. △ABC는 이등변삼각형이고, ∠A $=50°$일 때, ∠x의 크기를 구하여라.

풀이 쓰기

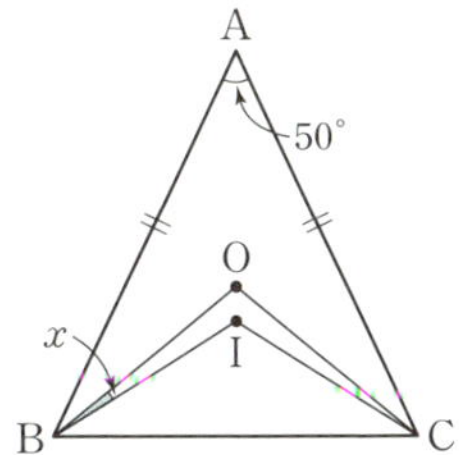

2

다음 그림에서 점 O와 점 I는 각각 $\overline{AB}=\overline{AC}$인 이등변삼각형 ABC의 외심과 내심이다. ∠BOC $=80°$일 때, ∠OBI의 크기를 구하여라.

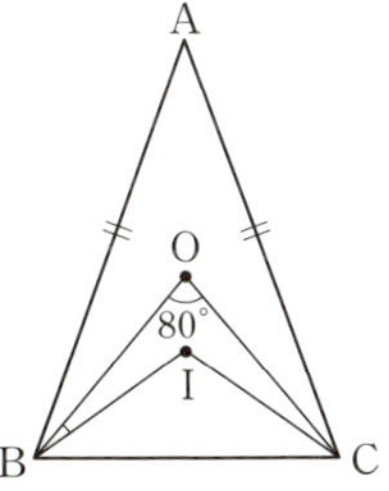

수학 읽기

외심과 내심의 위치가 같은 삼각형은?

내심과 외심의 위치가 같은 삼각형이 딱 한 가지 있어요. 어떤 삼각형일까요? 맞아요. 바로 정삼각형이에요.

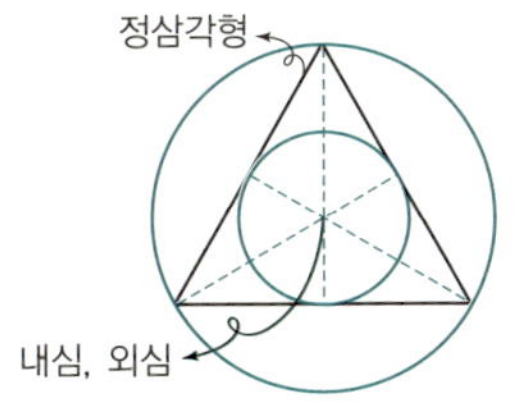

IV 도형의 성질

089 평행사변형의 성질

다음 그림에서 □ABCD는 평행사변형일 때, x의 값을 구하여라.

(1)

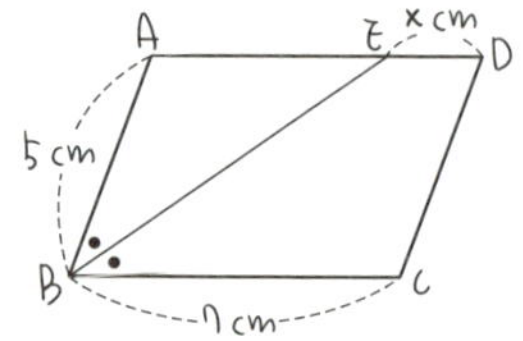

(2)

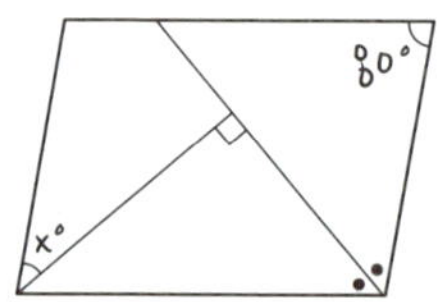

Tip

• 평행사변형의 성질

① 두 쌍의 대변이 각각 평행해요.

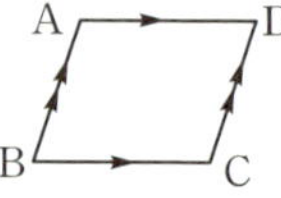

② 두 쌍의 대변의 길이가 각각 같아요.

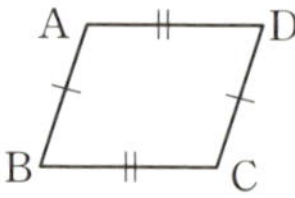

③ 두 쌍의 대각의 크기가 각각 같아요.

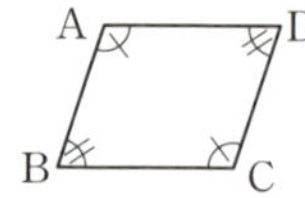

④ 두 대각선이 서로를 이등분해요.

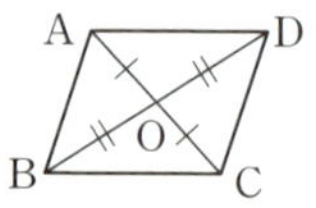

풀·이·쓰·기

(1)

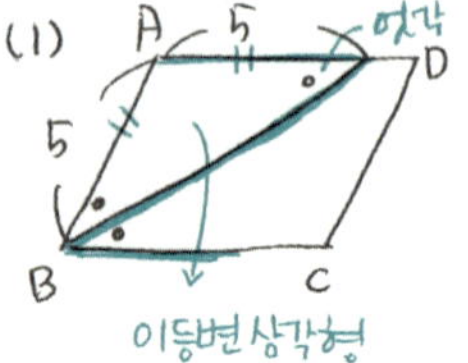

⇒

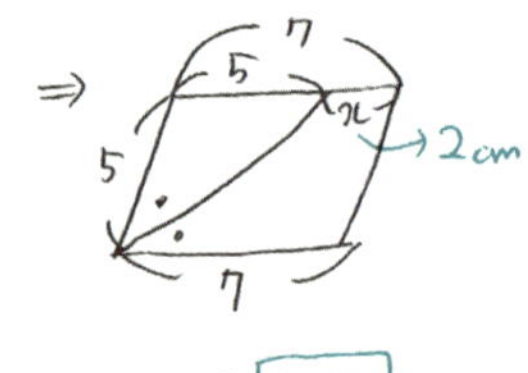

따라서, $x=2$

(2)

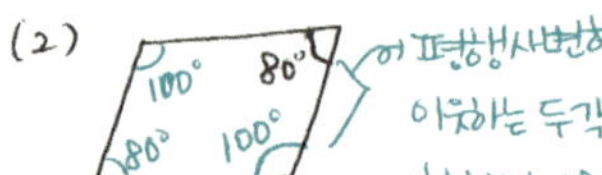

⇒

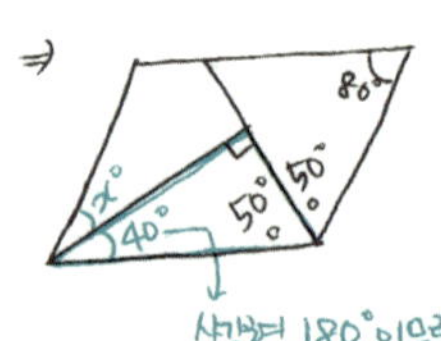

⇒ $\angle x + 40° = 80°$

$\angle x = 40°$

따라서, $x=40$

답 (1) 2, (2) 40

난이도 ★★★☆☆

1

다음 그림에서 □ABCD가 평행사변형일 때, x의 값을 구하여라.

풀이 쓰기

(1)

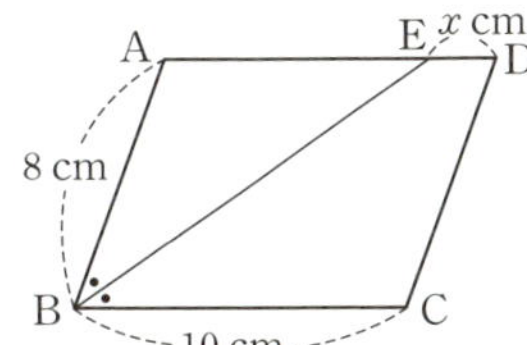

(2)

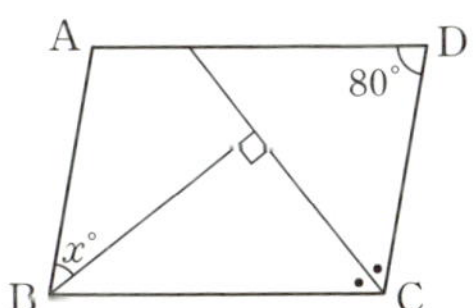

2

다음 그림에서 □ABCD가 평행사변형일 때, $\overline{AB}$의 길이를 구하여라.

풀이 쓰기

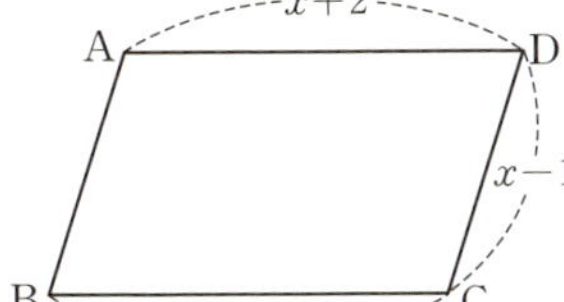

Hint 평행사변형은 두 쌍의 대변의 길이가 각각 같아요.

090 평행사변형의 내부에 한 점 P가 주어질 때

아래 그림과 같이 넓이가 100cm^2 인 평행사변형 ABCD의 내부의 한 점 P에 대하여 색칠한 부분의 넓이를 구하면?

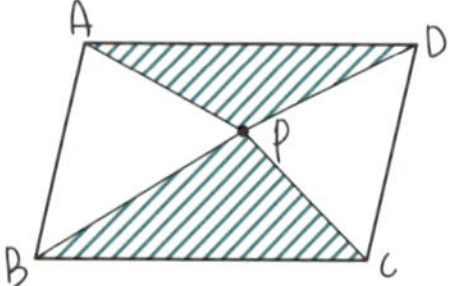

Tip

- 평행사변형을 대각선으로 나눴을 때 생기는 두 삼각형의 넓이는 서로 같아요.

풀·이·쓰·기

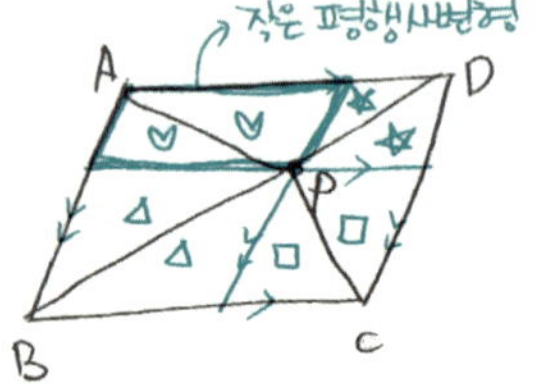

⇒ 전체 □ABCD 넓이

$= 2♡ + 2△ + 2☆ + 2□$

$= 2(♡ + △ + ☆ + □) = 100$

$♡ + △ + ☆ + □ = 50$

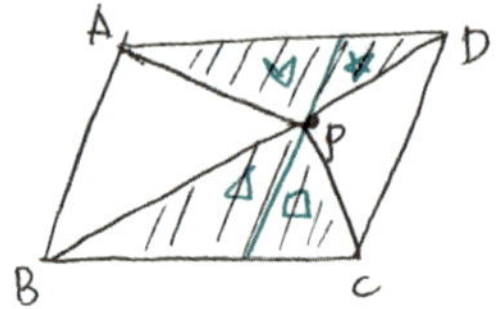

색칠한 부분의 넓이

$= ♡ + ☆ + △ + □ = 50\text{cm}^2$

㈜ 전체 평행사변형 넓이의 $\frac{1}{2}$

답 50 cm^2

지연쌤의 SNS

☑ 평행사변형의 넓이는 어떤 성질이 있나요?

평행사변형 ABCD의 내부의 한 점 P에 대하여

① $\triangle ABP + \triangle DCP = \triangle ADP + \triangle BCP$

② (색칠한 부분의 넓이) $= \frac{1}{2} \times$ (평행사변형의 넓이)

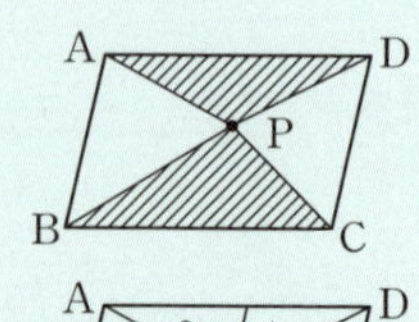

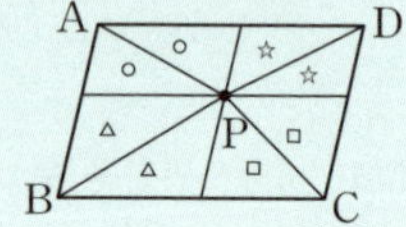

난이도 ★★★☆☆

1

다음 그림과 같이 넓이가 120 cm^2인 평행사변형 ABCD의 내부의 한 점 P에 대하여 색칠한 부분의 넓이를 구하여라.

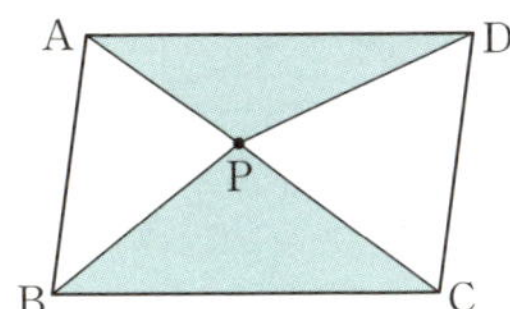

2

다음 그림에서 평행사변형 ABCD의 넓이는 78 cm^2이고 △CDP의 넓이는 14 cm^2일 때, △ABP의 넓이를 구하여라.

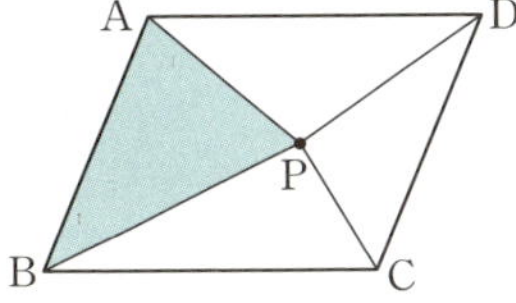

Hint

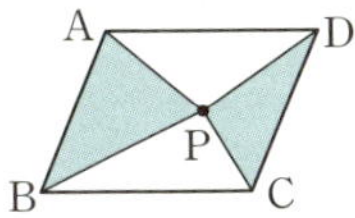

색칠된 두 삼각형의 넓이의 합은 평행사변형 ABCD의 넓이의 $\frac{1}{2}$이에요.

IV 도형의 성질

091 직사각형과 마름모

다음 그림과 같은 직사각형 ABCD에 대하여 물음에 답하여라.

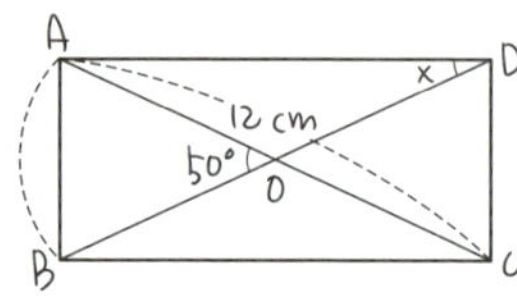

(1) ∠x의 크기는?

(2) △ODC의 둘레의 길이는?

(1)

이등변삼각형

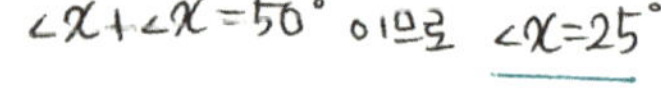

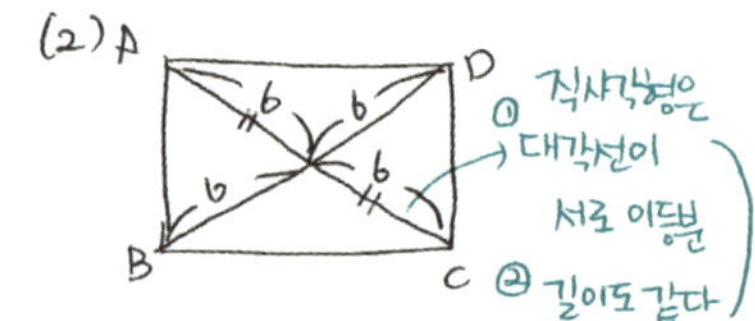

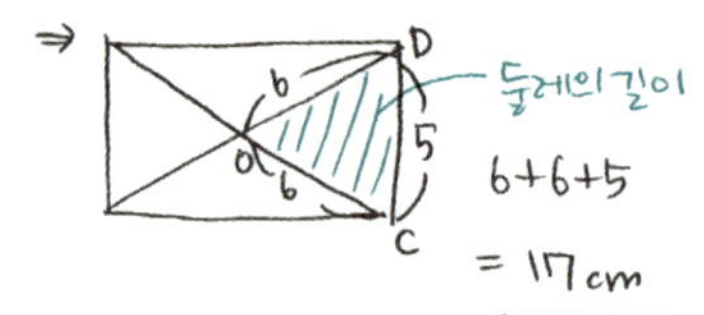

답 (1) 25°, (2) 17 cm

지연쌤의 SNS

☑ 직사각형과 마름모의 대각선은 어떤 차이가 있나요?

직사각형과 마름모의 대각선은 비슷한 성질을 가지고 있지만 약간의 차이가 있어요.

직사각형의 대각선

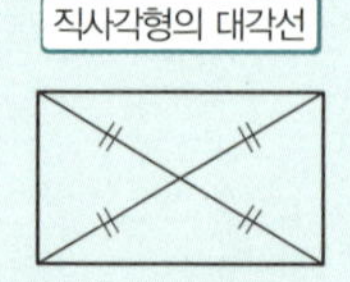

대각선이 서로를 이등분하고, 대각선의 길이가 같아요.

마름모의 대각선

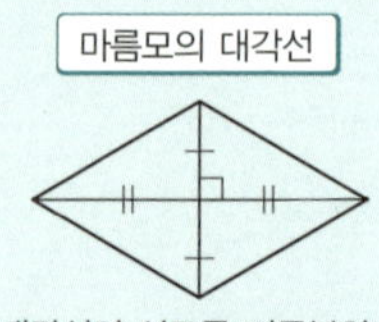

대각선이 서로를 이등분하고, 대각선이 서로 직교해요.

난이도 ★★★☆☆

1

다음 그림에서 □ABCD가 마름모이고 ∠ABC=50°일 때, ∠DAC의 크기를 구하여라.

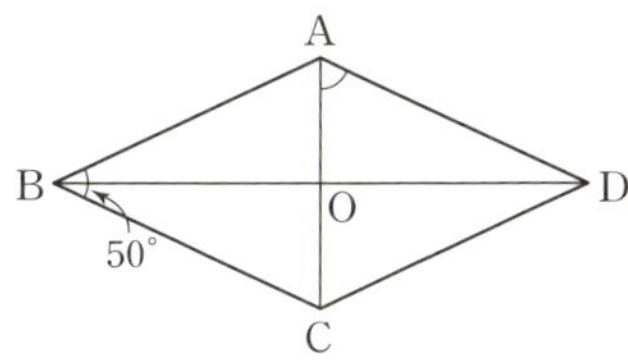

Hint 마름모의 두 대각선은 서로 직교해요.

2

다음 그림과 같은 마름모 ABCD에서 두 대각선의 교점이 O이고, △AOB=5 cm^2일 때, 마름모 ABCD의 넓이를 구하여라.

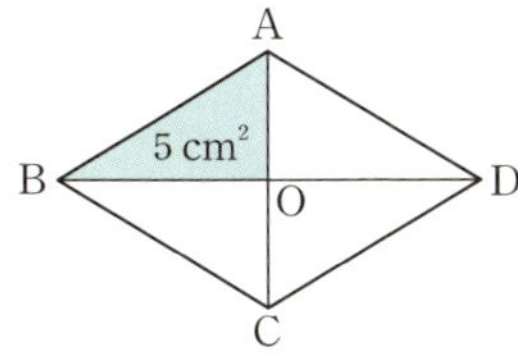

Hint 마름모의 대각선으로 나뉜 네 삼각형은 모두 합동이에요.

Ⅳ 도형의 성질

092 직사각형 또는 마름모가 되는 조건

다음 그림과 같은 평행사변형 ABCD가 마름모가 되기 위해 필요한 조건이 아닌 것은?

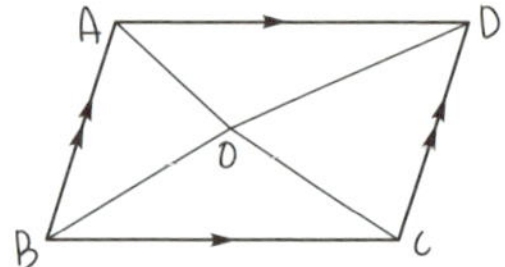

① $\overline{AB}=\overline{AD}$

② $\overline{AO}=\overline{DO}$

③ $\angle AOB=90°$

④ $\angle BAO=\angle DAO$

⑤ $\angle CBO=\angle CDO$

Tip

• 세 가지 종류의 사각형의 관계
세 사각형 평행사변형, 직사각형, 마름모의 관계는 다음과 같아요.

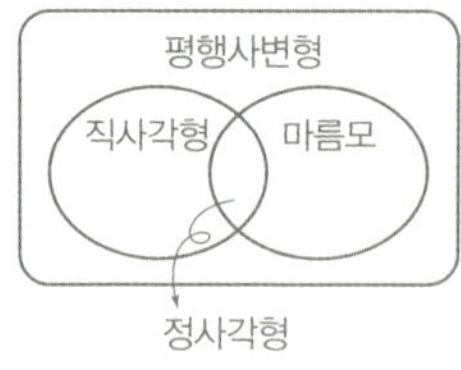

풀·이·쓰·기

① $\overline{AB}=\overline{AD}$

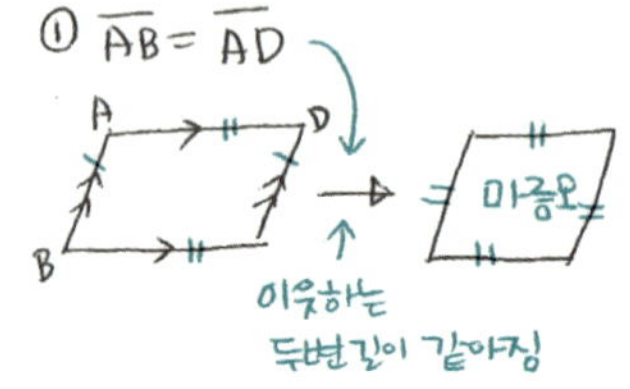

② $\overline{AO}=\overline{DO}$

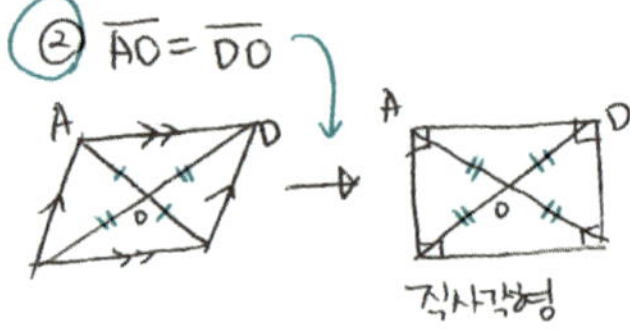

③ $\angle AOB=90°$

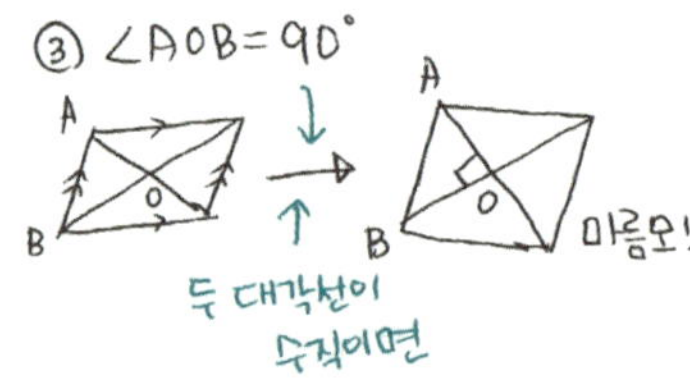

④ $\angle BAO=\angle DAO$

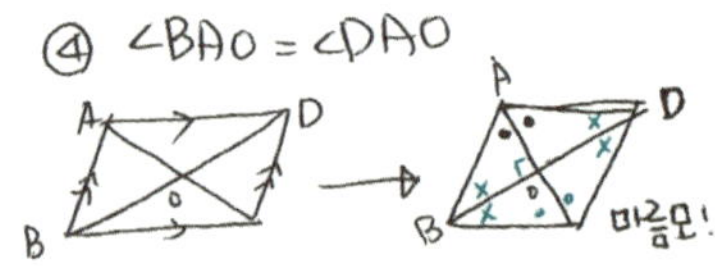

⑤ $\angle CBO=\angle CDO$

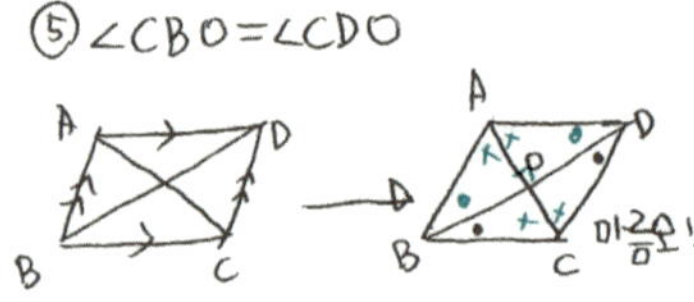

답 ②

난이도 ★★★☆☆

1

다음 중 그림과 같은 평행사변형 ABCD가 직사각형이 되기 위한 조건이 아닌 것은?

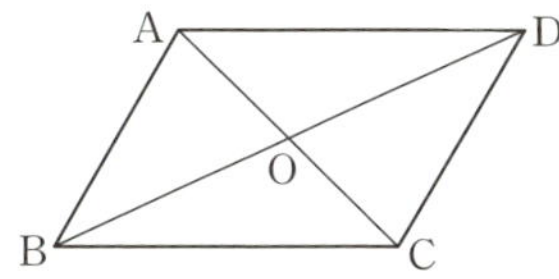

① $\angle A=90^{\circ}$ ② $\angle A=\angle B$
③ $\angle A=\angle C$ ④ $\overline{AC}=\overline{BD}$
⑤ $\overline{OA}=\overline{OD}$

Hint 평행사변형과 직사각형의 차이를 생각하면서 문제를 풀어 보아요.

2

다음 그림의 직사각형 ABCD에서 각 변의 중점을 각각 E, F, G, H라고 할 때, □EFDH의 성질을 모두 가지고 있는 사각형은 어떤 사각형인가?

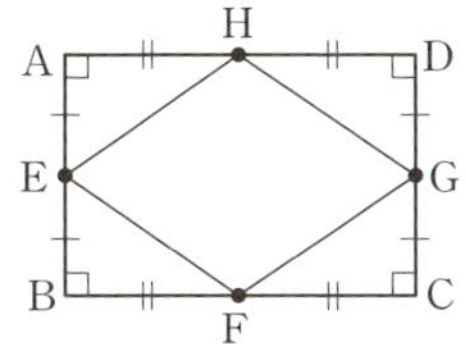

① 평행사변형 ② 마름모
③ 직사각형 ④ 정사각형
⑤ 사다리꼴

Hint 사실 이 문제의 정답은 누가 봐도 쉽게 고를 수 있어요. 하지만 왜 이 답을 골랐는지 정확하게 설명할 수 있는 것이 가장 중요해요.

IV 도형의 성질

093 정사각형의 성질

다음 그림과 같은 정사각형ABCD에서 대각선 BD위에 점 P가 있다. ∠BAP=22° 일 때, ∠x의 크기를 구하여라.

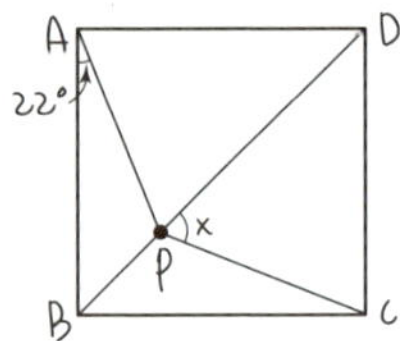

Tip

- 정사각형이란?
  네 변의 길이가 같고 네 내각의 크기가 같은 사각형을 말해요.

 **풀·이·쓰·기**

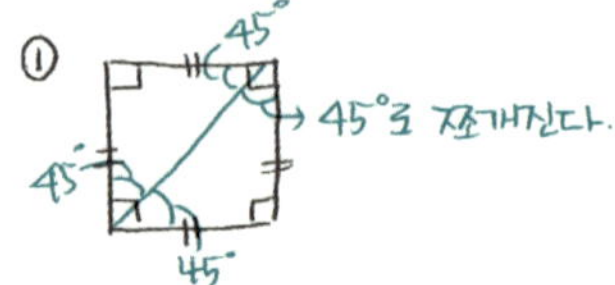

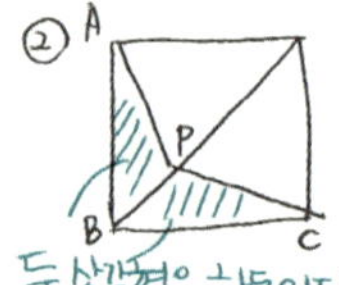

$\overline{AB}=\overline{CB}$ Ⓢ

∠ABP=∠CBP Ⓐ

$\overline{PB}$ 공통 Ⓢ

두 삼각형은 합동이다. (SAS합동)

①과②를 종합하면

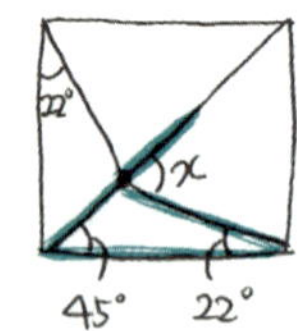

⇒ ∠x=45°+22°

∠x=67°

답 67°

지연쌤의 SNS

☑ 정사각형은 어떤 성질을 가지고 있나요?

정사각형의 두 대각선은 길이가 같고 서로를 수직이등분해요.
즉, 정사각형은 직사각형의 성질과 마름모의 성질을 동시에 가지고 있는 사각형이죠.
그렇다면 직사각형이 정사각형이 되려면 마름모의 성질을 더하고,
마름모가 정사각형이 되려면 직사각형의 성질을 더해야겠죠?

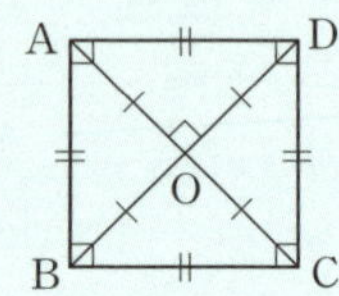

난이도 ★★★★☆

1

다음 그림과 같은 정사각형 ABCD에서 대각선 BD 위에 점 P가 있다. $\angle BAP=20°$일 때, $\angle x$의 크기를 구하여라.

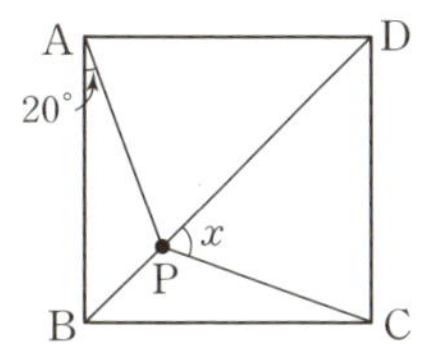

사각형의 포함 관계

정사각형은 사각형이기도 하고, 사다리꼴이기도 하고, 평행사변형이기도 하고, 직사각형이기도 하고, 마름모이기도 한 이름이 많은 사각형이에요.

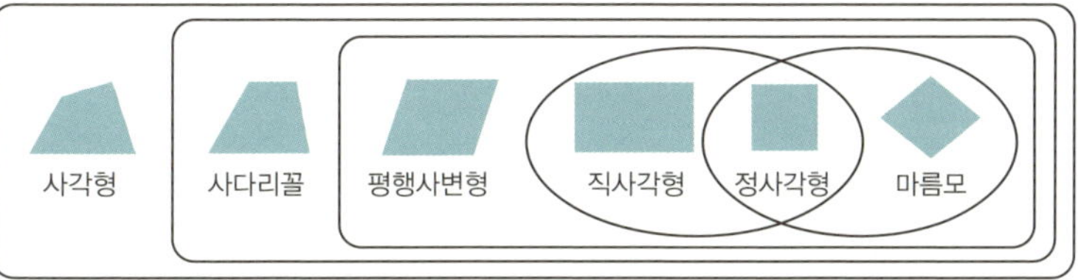

094 등변사다리꼴의 성질

다음 그림과 같이 $\overline{AD} /\!/ \overline{BC}$인 등변사다리꼴 ABCD에서 $\overline{AD}=8\text{cm}$, $\overline{AB}=12\text{cm}$, $\angle D=120°$ 일때, 이 등변사다리꼴의 둘레의 길이를 구하여라.

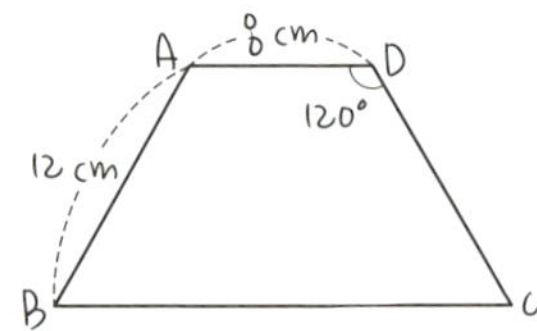

Tip

- 사다리꼴이란?

  한 쌍의 대변이 평행한 사각형이에요.

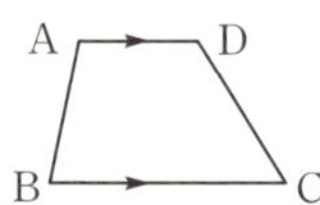

- 등변사다리꼴이란?

  밑변의 양 끝 각의 크기가 같은 사다리꼴이에요.

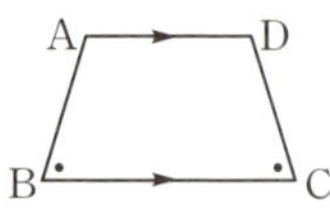

- 등변사다리꼴의 성질

  ① 평행하지 않은 한 쌍의 대변의 길이가 같다.

  ② 두 대각선의 길이가 같다.

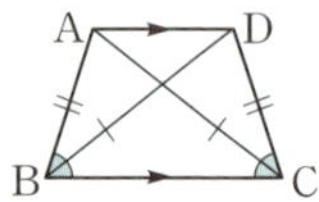

 풀·이·쓰·기

등변 사다리꼴 특징!

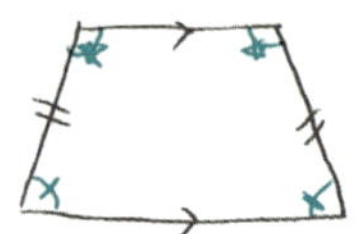

⇒

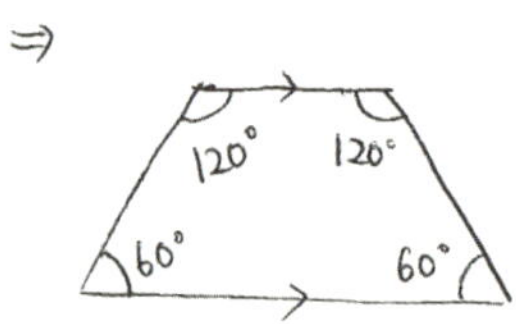

⇒ 보조선을 그어보자.

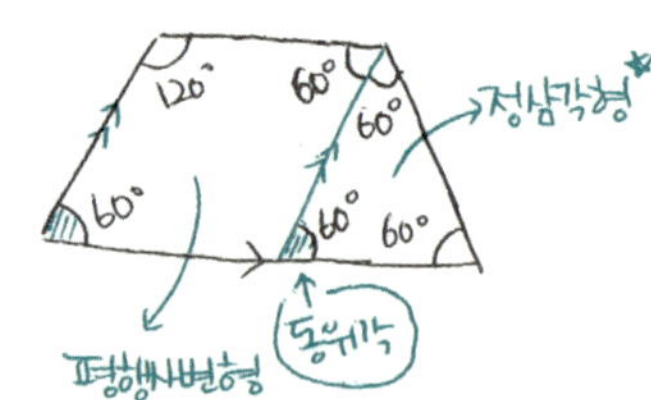

⇒

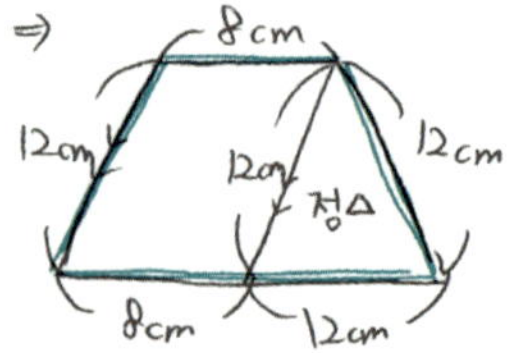

→ 이 등변사다리꼴의 둘레의 길이

$= 12+8+12+20 = 52\text{cm}$

답 52 cm

난이도 ★★★★☆

1

다음 그림과 같이 $\overline{AD}/\!/\overline{BC}$, $\overline{AB}=\overline{DC}=8$ cm인 등변사다리꼴 ABCD에 대하여 $\angle C=60°$, $\overline{BC}=17$ cm일 때, $\overline{AD}$의 길이를 구하여라.

풀이 쓰기

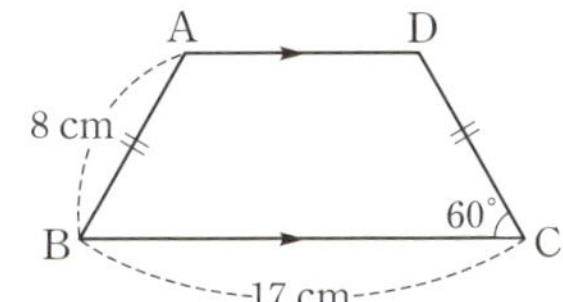

2

다음 그림과 같이 $\overline{AD}/\!/\overline{BC}$인 등변사다리꼴 ABCD의 꼭짓점 A에서 $\overline{BC}$에 내린 수선의 발을 E라고 할 때, $\overline{BE}$의 길이를 구하여라.

풀이 쓰기

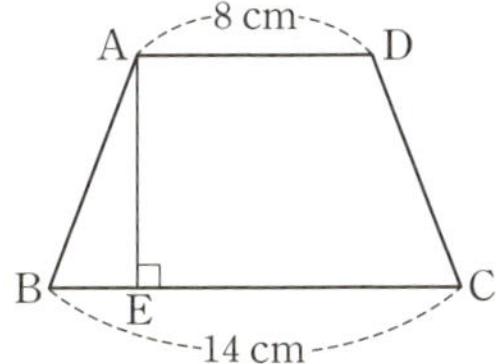

Hint 꼭짓점 D에서 $\overline{BC}$에 수선의 발을 내리면 △ABE와 합동인 삼각형이 나타날 거예요.

095 평행선과 삼각형의 넓이

다음 그림과 같이 □ABCD의 꼭짓점 A를 지나고 $\overline{DB}$에 평행한 직선이 $\overline{BC}$의 연장선과 만나는 점을 E라 하자.
△DEC, △ABD의 넓이가 각각 20cm², 13cm² 일 때,
△DBC의 넓이는?

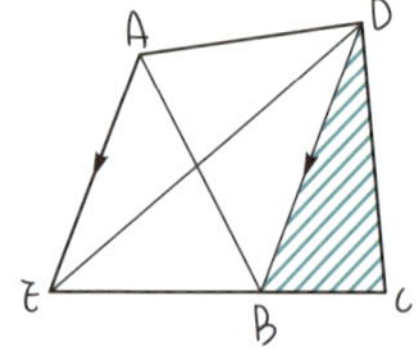

① Tip

• 밑변의 길이가 같고, 높이가 같은 삼각형은 모두 넓이가 같아요.

 풀·이·쓰·기

① 그림에서 △DBC의 넓이는
△DEC − △DEB 와 같다.

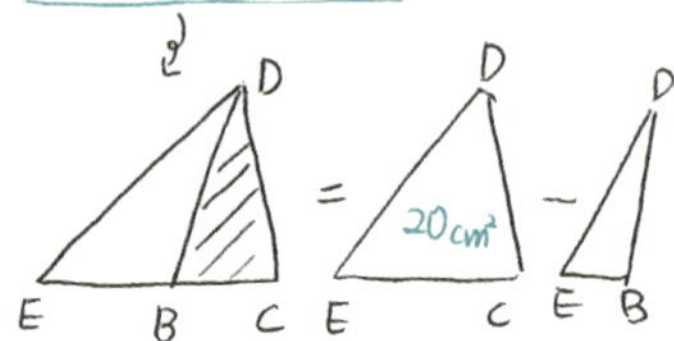

② 그런데 △DEB의 넓이는
△ABD의 넓이와 같다.

왜?

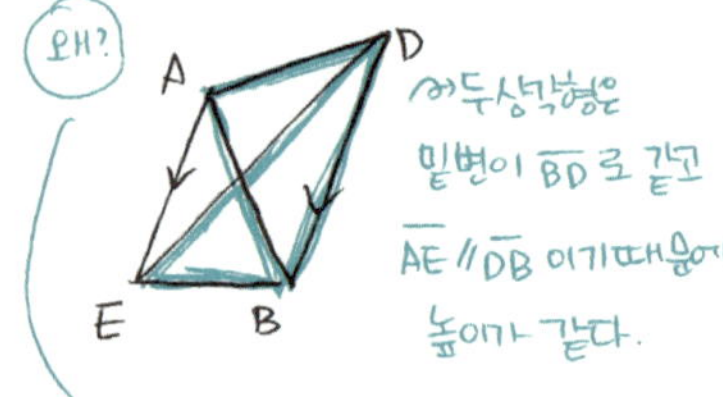

따라서, △DEB = △ABD = 13cm²

다시 ① 로 가보자!

△DBC = △DEC − △DEB

20cm² 13cm²

= 7cm²

답 7 cm²

난이도 ★★★★☆

1

다음 그림과 같이 □ABCD의 꼭짓점 D에서 대각선 AC에 평행한 직선을 그어 $\overline{BC}$의 연장선과의 교점을 E라고 할 때, △ABC=28 cm^2, △ACE=12 cm^2이다. 이때, □ABCD의 넓이를 구하여라.

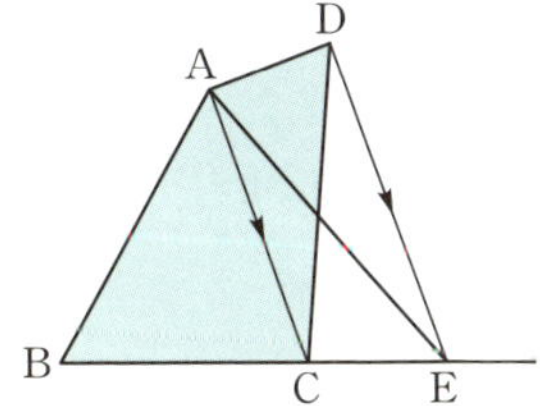

2

다음 그림에서 $l // m$이고, 점 M은 $\overline{BC}$의 중점이다. △DBC=18 cm^2일 때, △AMC의 넓이를 구하여라.

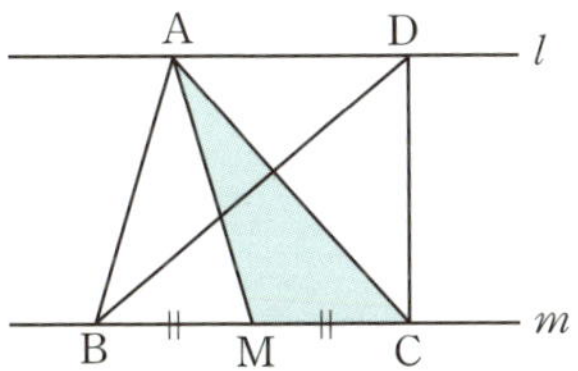

알아두면 좋아요

평행선과 삼각형

① $l // m$일 때,
△ABC=△DBC이고,
△ABO=△DCO이다.

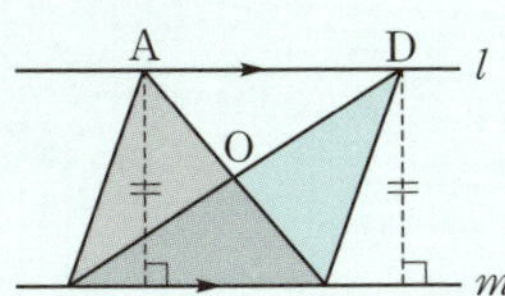

② $\overline{AC} // \overline{DE}$이면,
△ACD=△ACE이므로,
□ABCD와 △ABE이다.

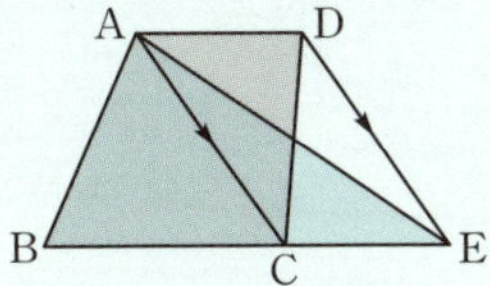

096 높이가 같은 삼각형의 넓이

다음 그림과 같은 △ABC에서 점 M은 $\overline{BC}$의 중점이고 $\overline{AM}$ 위의 점 P는 $\overline{AM}$을 2 : 3으로 나눈다. (즉, $\overline{AP}:\overline{PM}=2:3$)

△ABC = 120 cm² 일 때, △PBM의 넓이는?

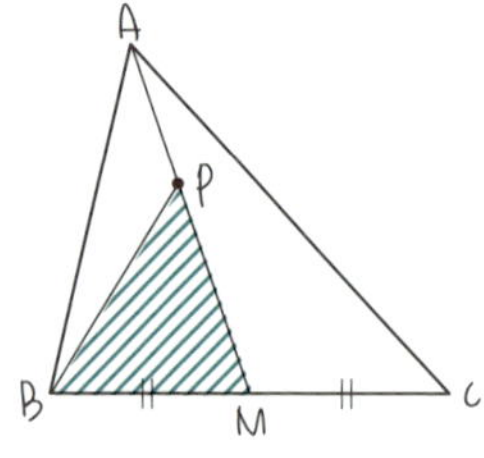

Tip

- $\overline{AP}$와 $\overline{PM}$의 비율이 2 : 3이라는 것은 $\overline{AP}$가 전체 $\overline{AM}$의 $\frac{2}{5}$ 만큼이고, $\overline{PM}$이 전체 $\overline{AM}$의 $\frac{3}{5}$ 만큼이라는 것을 말해요.

 풀·이·쓰·기

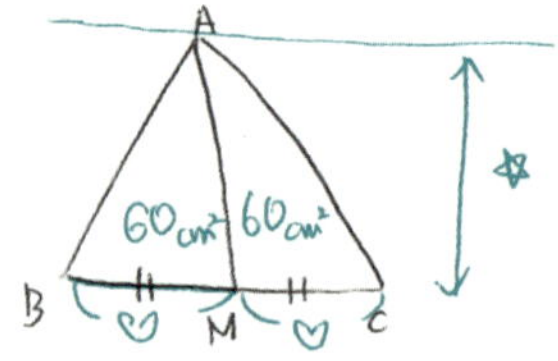

△ABM과 △ACM은 넓이가 같다

(밑변♡, 높이☆)

△ABC = 120 cm² 이므로

△ABM = 60 cm²

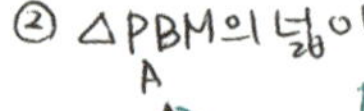

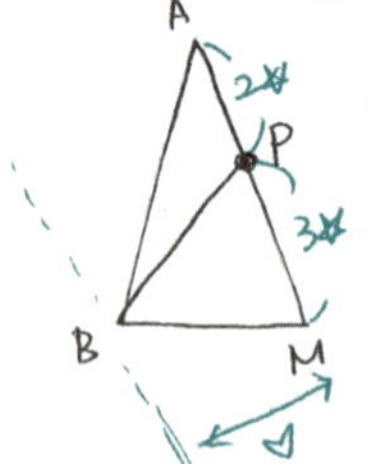

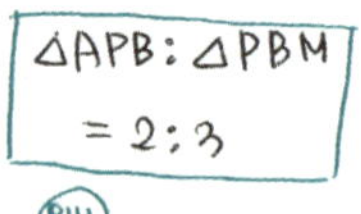

왜? 어차피 높이는♡, 밑변의 길이가 2 : 3 이니까 넓이도 2 : 3

△ABM 전체가 60 cm² 이므로

그중 $\frac{3}{5}$ 만큼이 △PBM

따라서, △PBM = $\overset{12}{\cancel{60}} \times \frac{3}{\cancel{5}}$

= 36 cm²

답 36 cm²

난이도 ★★★★☆

1

다음 그림과 같은 △ABC의 넓이가 60 cm^2이고, $\overline{\mathrm{BP}}:\overline{\mathrm{CP}}=2:3$일 때, △ABP의 넓이를 구하여라.

풀이 쓰기

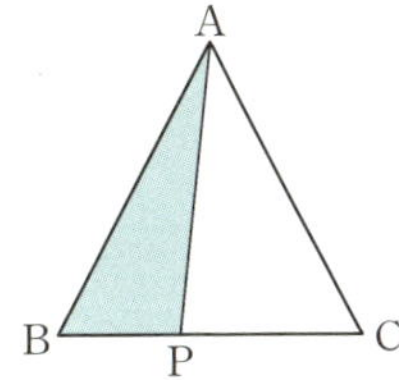

Hint 밑변의 길이만 다르고 높이가 같으므로, (밑변의 길이의 비)=(넓이의 비)예요.

2

다음 그림과 같은 △ABC에서 점 M은 $\overline{\mathrm{BC}}$의 중점이고, $\overline{\mathrm{AM}}$ 위의 점 P는 $\overline{\mathrm{AM}}$을 3 : 4로 나눈다. (즉, $\overline{\mathrm{AP}}:\overline{\mathrm{PM}}=3:4$) △ABC=280 cm^2일 때, △PBM의 넓이를 구하여라.

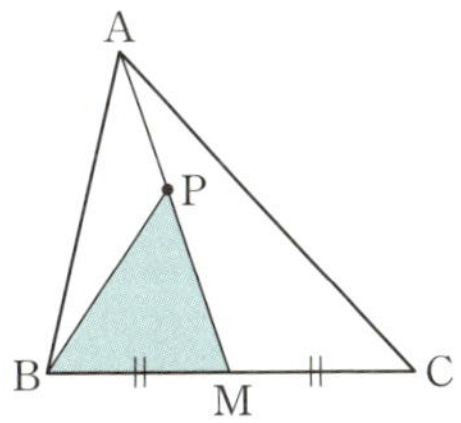

알아두면 좋아요

(높이가 같은 두 삼각형의 넓이의 비)=(밑변의 길이의 비)

➡ $\overline{\mathrm{BC}}:\overline{\mathrm{CD}}=m:n$이면, $\triangle\mathrm{ABC}:\triangle\mathrm{ACD}=m:n$이에요.
즉, 어차피 높이가 같으므로 밑변의 길이의 비율이 넓이의 비율을 결정하게 되는 것이죠.

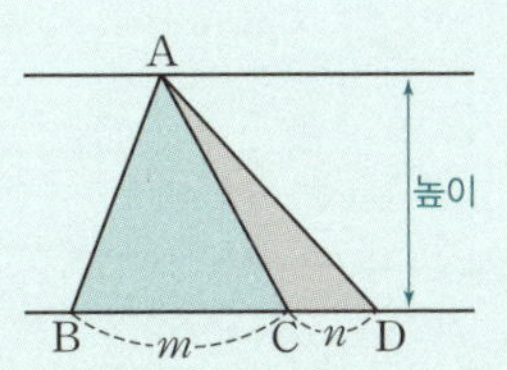

쌤의 수학 읽을거리

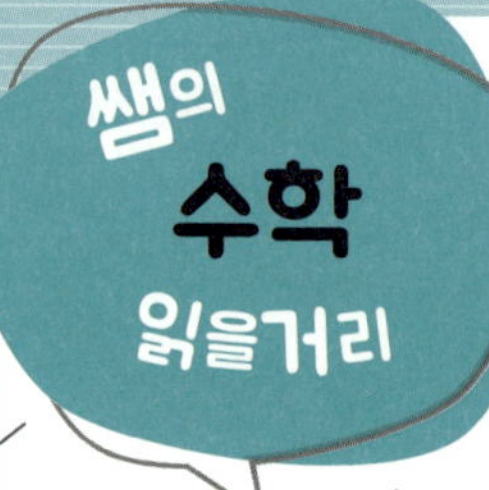

삼각형의 외심과 내심 그리기

눈금자, 각도기, 컴퍼스를 이용하여 다음 두 삼각형의 외심과 외접원, 내심과 내접원을 그려 보아요.

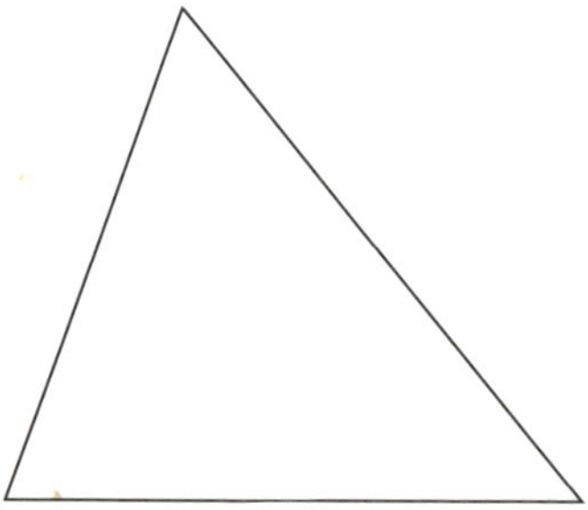

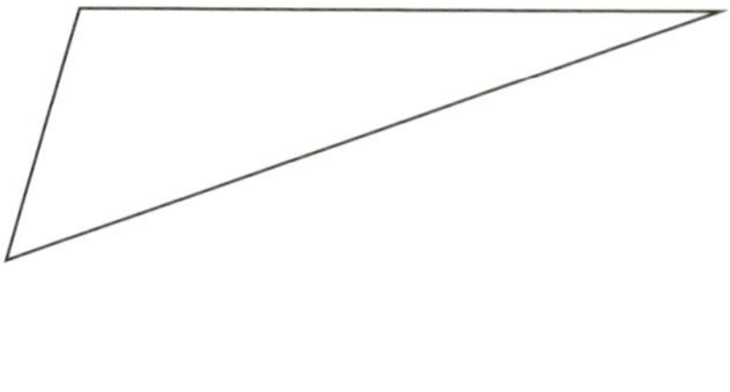

V. 도형의 닮음과 피타고라스의 정리

#도형의 닮음 #닮음기호(∽) #닮음비

#삼각형의 닮음 조건

#SSS 닮음 #SAS 닮음 #AA닮음

#삼각형과 평행선 #중선 #무게중심

#넓이의 비 #부피의 비

097 도형의 닮음의 성질

다음 물음에 답하여라.

(1) $\triangle ABC \backsim \triangle DEF$일 때, $x+y$의 값은?

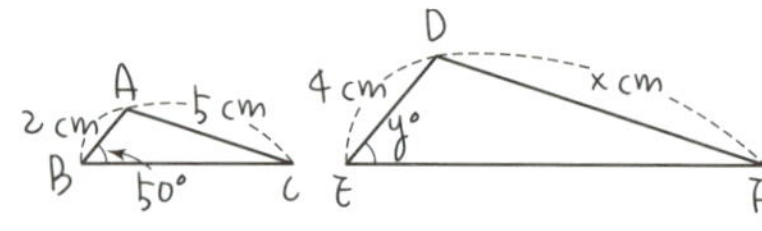

(2) 다음 두 정사각형의 닮음비가 3:5일 때, DEFGH의 둘레의 길이는?

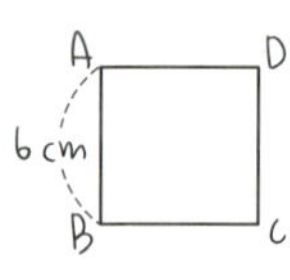

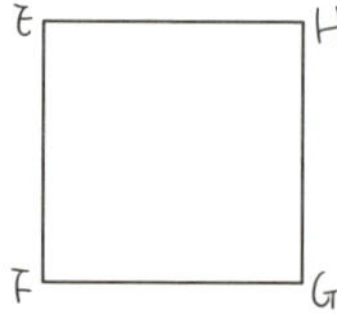

풀·이·쓰·기

(1) $\overline{AB} : \overline{DE} = 2 : 4 = \boxed{1:2}$

⇒ 따라서 두 삼각형의 닮음비는 1:2 이다.

① $\overline{AC} : \overline{DF} = 5 : x = 1 : 2$

$\boxed{x = 10}$

② $\angle B = \angle E$ 이므로 $50° = y°$

(닮은 도형은 각이 같다.)

⇒ $\boxed{y = 50}$

(2) 둘레의 길이의 비 = 닮음 비

$\overline{AB} : \overline{EF} = 6 : \overline{EF} = 3 : 5$

$\overline{EF} = 10\text{cm}$

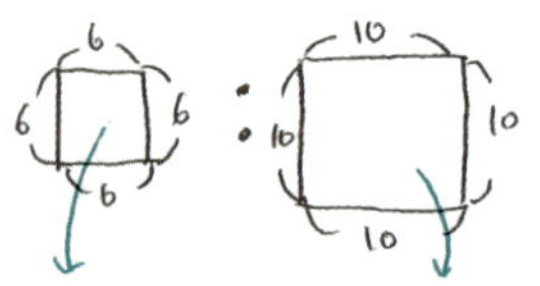

둘레 24 cm   둘레 40 cm

⇒ $24 : 40 = \boxed{3:5}$

어차피 닮음비랑 똑같...

답 (1) 60, (2) 40 cm

난이도 ★★☆☆☆

1

다음 그림에서 □ABCD∽□EFGH일 때, 물음에 답하여라.

✎ 풀이 쓰기

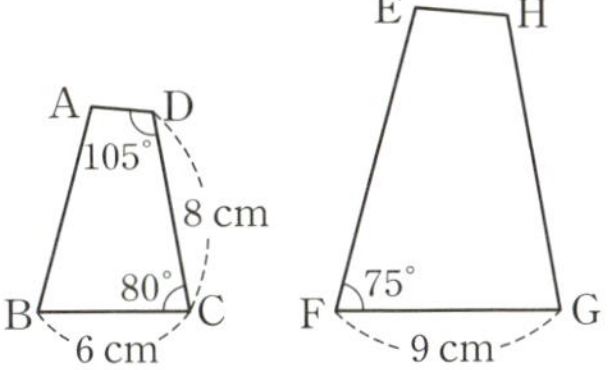

(1) □ABCD와 □EFGH의 닮음비

(2) $\overline{HG}$의 길이

(3) ∠E의 크기

2

다음 그림에서 □GBEF는 □ABCD와 닮은 도형이다. □ABCD의 둘레의 길이가 36 cm일 때, □GBEF의 둘레의 길이를 구하여라.

✎ 풀이 쓰기

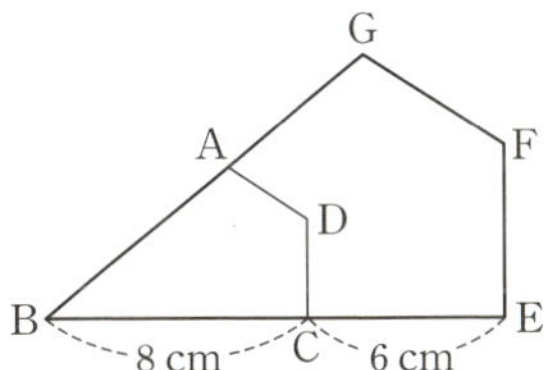

Hint 두 사각형의 닮음비는 8 : 6이 아니에요.

알아두면 좋아요

도형의 닮음

도형을 일정한 비율로 확대하거나 축소하여 다른 한 도형과 합동일 때, 두 도형은 닮음인 관계 또는 닮은 도형이라고 하고, 닮음 기호(∽)를 이용해서 나타내요.

예 △ABC와 △DEF가 닮음인 관계이면,
△ABC∽△DEF이다.

↳ 물결(∼)처럼 보이지만 물결 기호가 아니에요! 닮음 기호는 알파벳 'S'를 옆으로 눕혀 놓은 모양(∽)이죠.

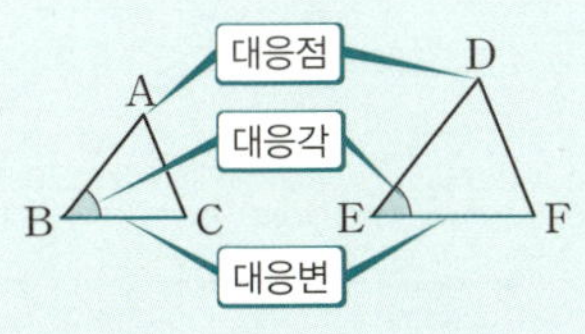

V

도형의 닮음과 피타고라스의 정리

098 닮은 도형의 넓이와 부피의 비

다음 물음에 답하여라.

(1) 그림과 같이 중심이 같은 두 원의 반지름의 길이의 비가 1:2 이고, 큰 원의 넓이가 $64\pi\ cm^2$일 때, 색칠한 부분의 넓이를 구하여라.

↳ 큰원 − 작은원

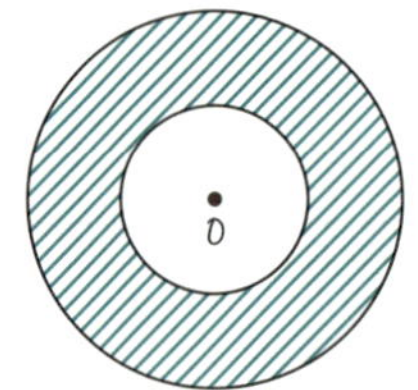

(2) 그림과 같이 닮은 두 원기둥에서 작은 원기둥의 부피를 구하여라.

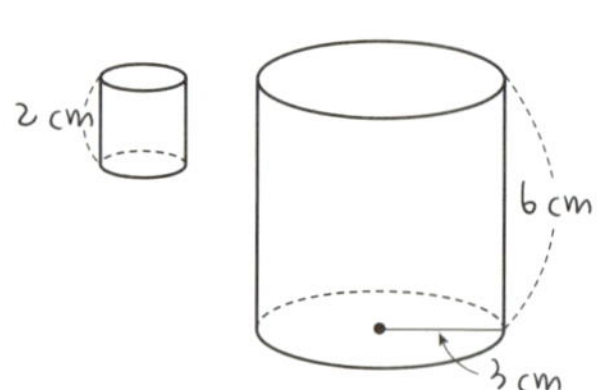

풀·이·쓰·기

(1) 길이의 비가 1:2 이면

넓이의 비는 $1^2:2^2$

⇓

1:4 이다.

작은 원 넓이 : 큰 원 넓이 = 1:4

→ 작은원 : 64π = 1:4

↳ 작은 원의 넓이 = $16\pi\ cm^2$

• 색칠한 부분의 넓이

 = ○ − ○

$64\pi\ cm^2$ $16\pi\ cm^2$

= $48\pi\ cm^2$

(2) 닮음비가 2:6 = 1:3 이므로

부피비는 $1^3:3^3$ = 1:27이다.

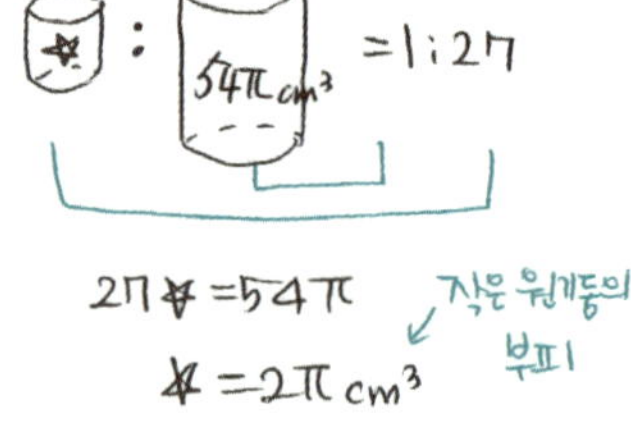

27★ = 54π

★ = $2\pi\ cm^3$ ↙ 작은 원기둥의 부피

답 (1) $48\pi\ cm^2$, (2) $2\pi\ cm^3$

난이도 ★★★☆☆

1

다음 물음에 답하여라.

(1) 다음 그림과 같이 중심이 같은 두 원의 반지름의 길이의 비가 2 : 5이고, 큰 원의 넓이가 50π cm^{2}일 때, 색칠한 부분의 넓이를 구하여라.

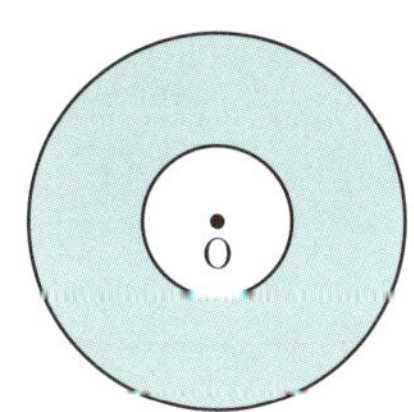

(2) 다음 그림의 두 원기둥이 닮은 도형일 때, 작은 원기둥의 부피를 구하여라.

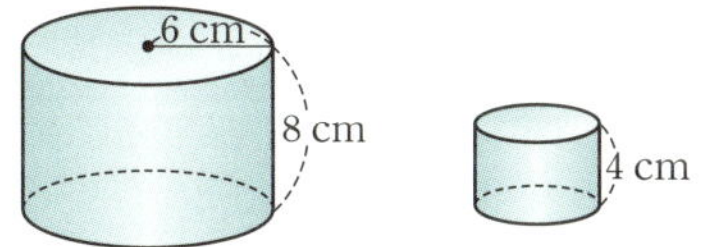

알아두면 좋아요

넓이의 비는 제곱! 부피의 비는 세제곱!

두 도형의 닮음비가 $m:n$일 때, 길이, 넓이, 부피의 비율은 다음과 같아요.

길이의 비 $= m:n$ 　 예 $2:3$

넓이의 비 $= m^2:n^2$ 　 예 $2^2:3^2 = 4:9$

부피의 비 $= m^3:n^3$ 　 예 $2^3:3^3 = 8:27$

마치 길이의 단위가 cm일 때, 넓이는 cm^2, 부피는 cm^{3}인 것과 같아요.

V 도형의 닮음과 피타고라스의 정리

099 삼각형의 닮음 조건

주어진 두 삼각형의 닮음 조건을 찾고
닮음 기호로 나타내어라.

(1)

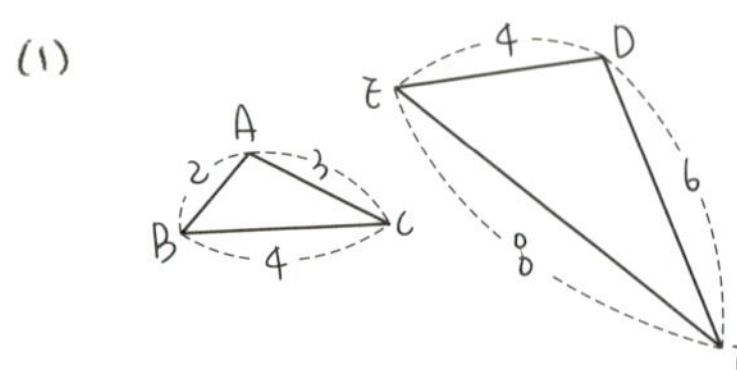

(2)

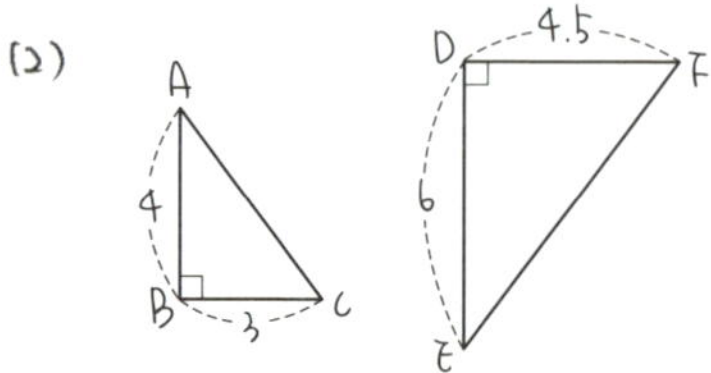

(3)

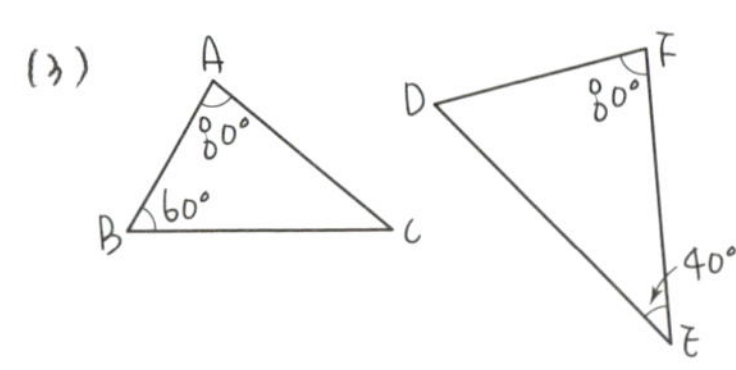

Tip

- 닮음 기호로 나타낼 때는 대응점을 맞추는 것이 중요해요.

(1)

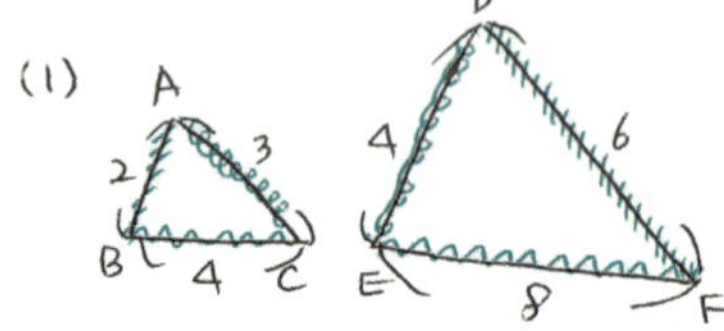

대응하는 세 변의 길이의 비가
모두 1:2이므로 SSS 닮음!

△ABC ∽ △DFE

(2)

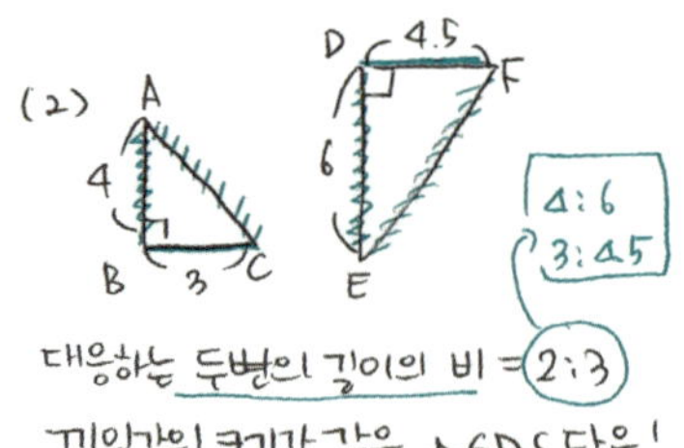

대응하는 두 변의 길이의 비 = 2:3
끼인각의 크기가 같음 → SAS 닮음!

△ABC ∽ △EDF

(3)

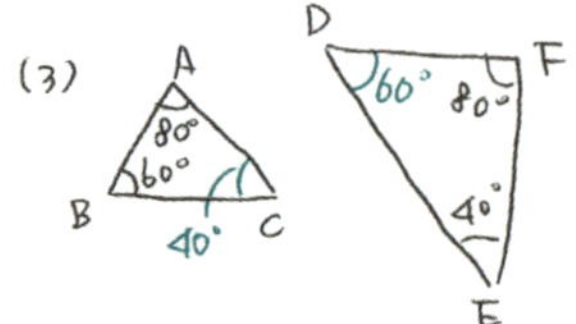

대응하는 두 각의 크기가 같으므로
AA닮음!

△ABC ∽ △FDE

답 (1) $\triangle ABC \backsim \triangle DFE$,
(2) $\triangle ABC \backsim \triangle EDF$,
(3) $\triangle ABC \backsim \triangle FDE$

난이도 ★★☆☆☆

1

다음 |보기|의 삼각형 중 서로 닮음인 삼각형을 찾고, 닮음 조건을 말하여라.

풀이 쓰기

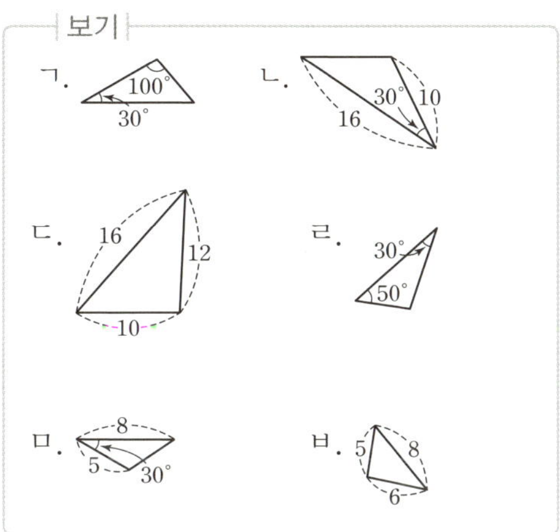

V

도형의 닮음과 피타고라스의 정리

알아두면 좋아요

삼각형의 닮음 조건

다음 세 조건 중 하나 이상의 조건을 만족하면 두 삼각형은 닮음 도형이에요.

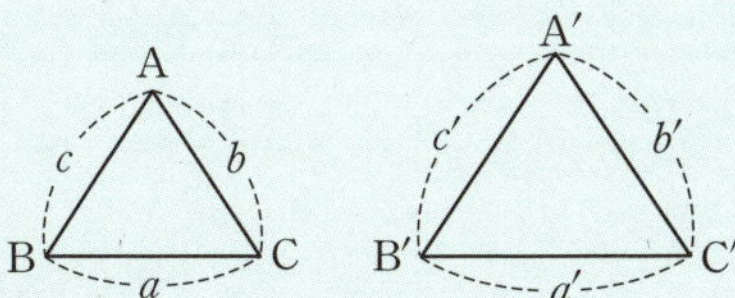

① $a:a'=b:b'=c:c'$ (SSS 닮음)
➡ 대응하는 세 변의 길이의 비가 일정함

② $a:a'=c:c'$, $\angle B=\angle B'$ (SAS 닮음)
➡ 대응하는 두 변의 길이의 비가 일정하고, 끼인각이 같음

③ $\angle B=\angle B'$, $\angle C=\angle C'$ (AA 닮음)
➡ 대응하는 두 각의 크기가 같음

100 닮음 조건 이용하여 변의 길이 구하기

다음 그림에서 x의 값을 구하여라.

(1)

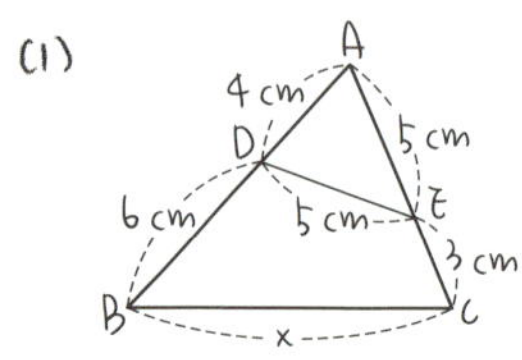

(2)

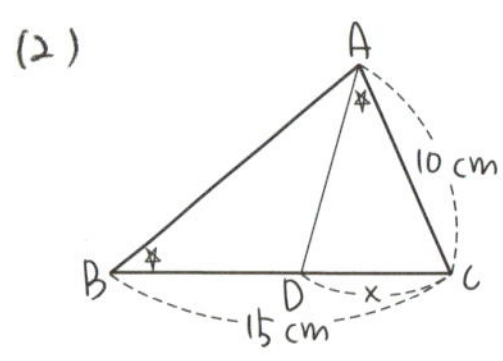

Tip

- 먼저 SSS · SAS · AA 닮음 중 어떤 닮음인지 파악한 뒤, 닮음비를 구해요.

풀·이·쓰·기

(1)

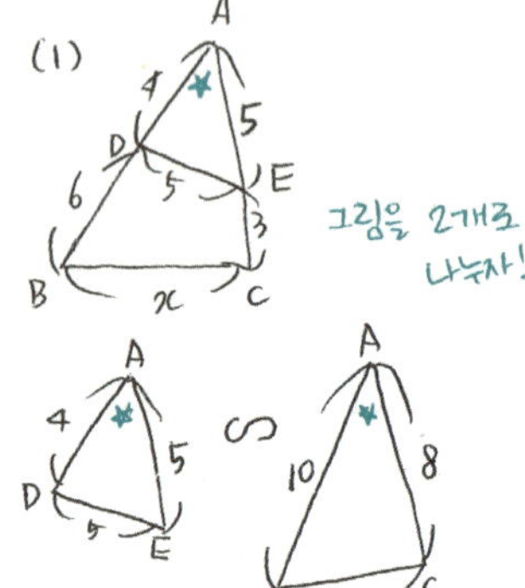

$\Rightarrow \overline{AD} : \overline{AC} = \overline{AE} : \overline{AB} = 1 : 2$

4 : 8　　5 : 10

끼인각 $\angle A$ 공통

SAS 닮음.

$\Rightarrow \overline{DE} : x = 5 : x = 1 : 2$

$\Rightarrow x = 10$ cm

(2) 그림을 두개로 나누면

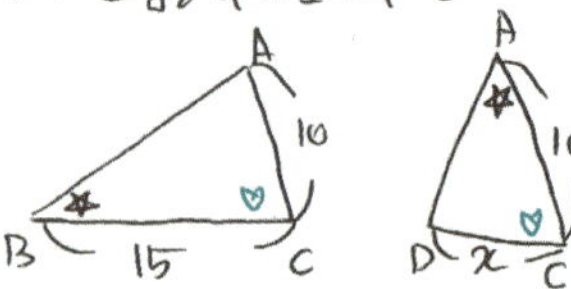

⇒ 두 각의 크기 같음 : AA닮음

$\overline{BC} : \overline{AC} = 15 : 10 = 3 : 2$ (닮음비)

$\overline{AC} : x = 10 : x = 3 : 2$

$3x = 20 \rightarrow x = \frac{20}{3}$ cm

답 (1) **10 cm**, (2) $\mathbf{\frac{20}{3}}$ **cm**

난이도 ★★★★☆

1

다음 그림에서 x의 값을 구하여라.

풀이 쓰기

(1)

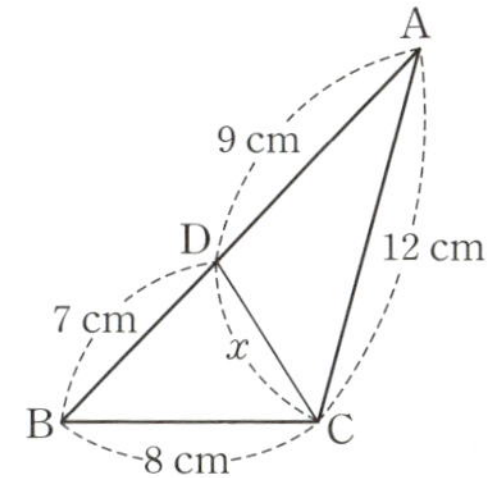

Hint △ABC와 △ACD로 나눠서 그려 보세요.

(2)

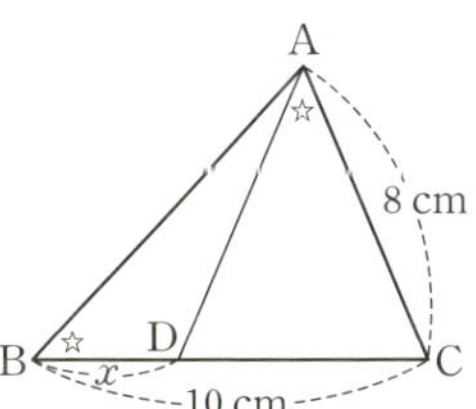

Hint △ABC와 △ADC로 나눠서 그려 보세요.

V

도형의 닮음과 피타고라스의 정리

알아두면 좋아요

삼각형을 분리해서 그리는 것이 핵심!

삼각형이 겹쳐 있을 때는 하나로 두고 계속 생각하기보다는 둘로 나누어 생각하는 것이 문제를 더 쉽게 푸는 방법이에요.
게다가 삼각형을 둘로 나눌 때 변이나 각을 하나 이상 공유하고 있다면, 둘로 나누었을 때 꼭 표시하세요. 그러면 두 도형이 어떤 닮음인지 더 쉽게 알아볼 수 있을 거예요.

101 직각삼각형의 닮음

다음 그림에서 $x+y$의 값을 구하여라.

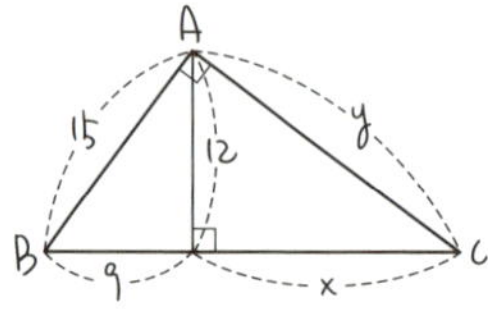

풀·이·쓰·기

공식으로 풀기

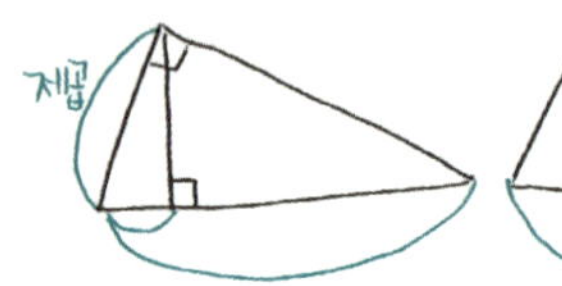

①

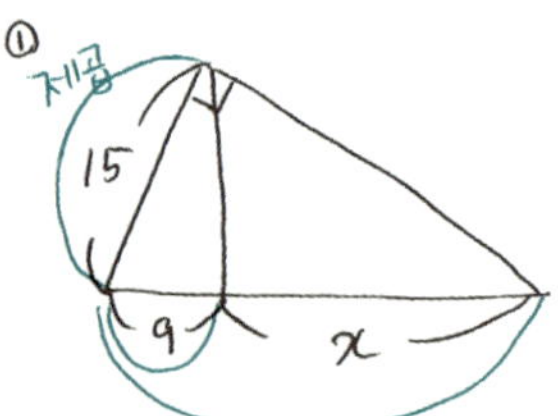

$\Rightarrow 15^2 = 9 \times (9+x)$

$225 = 81 + 9x$

$9x = 144$

$\boxed{x = 16}$

②

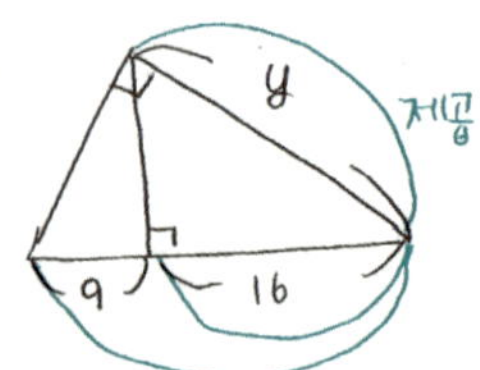

$\Rightarrow y^2 = 16 \times 25$

$y^2 = 400$

$\boxed{y = 20}$

답 36

Tip

- 문제의 직각삼각형에는 3개의 서로 닮은 직각삼각형이 있어요.

난이도 ★★★☆☆

1

다음 그림에서 x의 값을 구하여라.

✎ 풀이 쓰기

(1) 

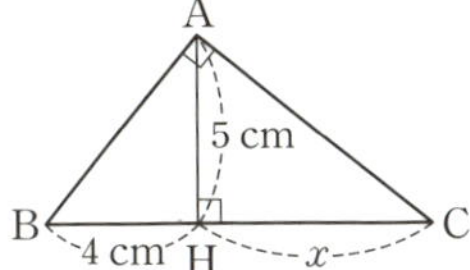

(2)

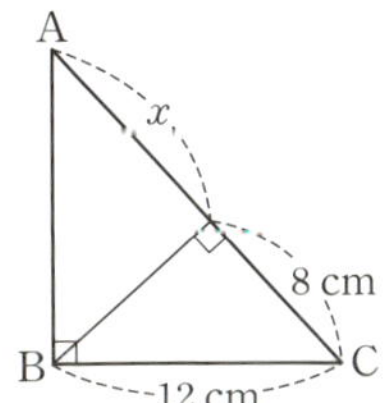

Hint (1) (2)

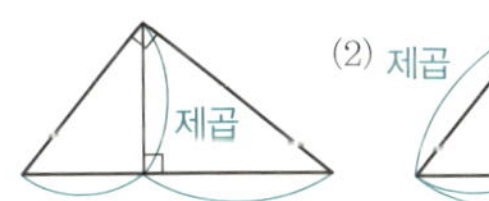

알아두면 좋아요

직각삼각형의 닮음 공식

다음의 직각삼각형은 3개의 닮은 관계인 직각삼각형으로 이루어져 있어요.

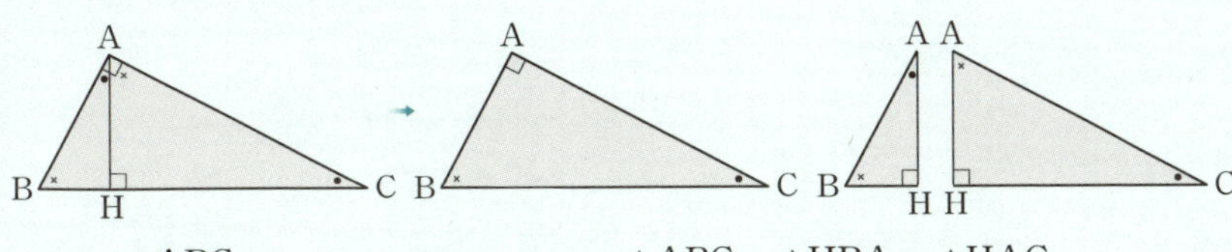

$\triangle ABC$ $\qquad$ $\triangle ABC \backsim \triangle HBA \backsim \triangle HAC$

여기서 비례식을 세우면 다음과 같은 공식이 나와요.

① $\overline{AH} : \overline{CH} = \overline{BH} : \overline{AH}$ ➡ $\overline{AH}^2 = \overline{CH} \times \overline{BH}$

② $\overline{AC} : \overline{HC} = \overline{BC} : \overline{AC}$ ➡ $\overline{AC}^2 = \overline{BC} \times \overline{HC}$

③ $\overline{AB} : \overline{HB} = \overline{CB} : \overline{AB}$ ➡ $\overline{AB}^2 = \overline{CB} \times \overline{HB}$

102 사다리꼴에서 닮음의 활용

다음 그림과 같은 사다리꼴 ABCD에서

△AOD=30 cm² 일 때,

△DOC의 넓이를 구하여라.

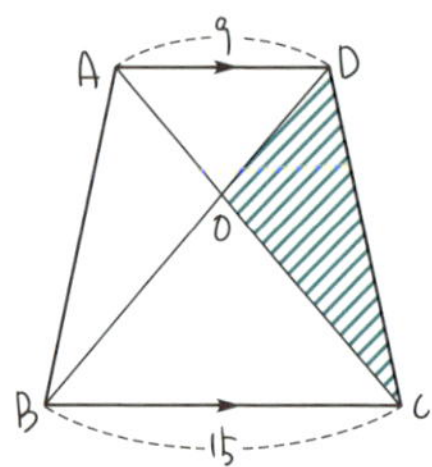

Tip

• 사다리꼴은 윗변과 아랫변이 평행하므로 엇각을 이용하면 닮음 조건을 찾을 수 있어요.

풀·이·쓰·기

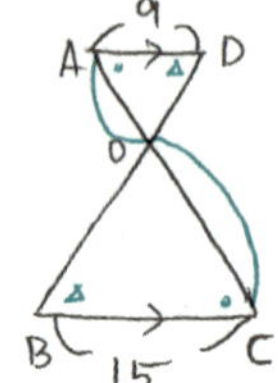

→엇각의 크기가 같아서
두 삼각형은 닮음! → AA 닮음
닮음비? 9 : 15
↓
3 : 5

⇒ $\overline{AO} : \overline{CO} = 3 : 5$
얘네도 닮음비 성립

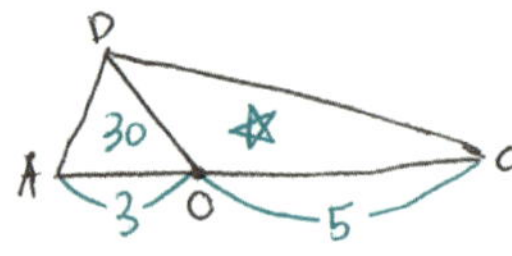

△AOD와 △DOC는 높이가 같기 때문에
밑변길이비 3:5
→ 넓이의 비도 3:5

3:5 = 30:☆

3☆ = 150
☆ = 50

따라서, △DOC = 50 cm²

답 50 cm²

난이도 ★★★★☆

1

다음 그림과 같이 $\overline{AD} /\!/ \overline{BC}$인 사다리꼴 ABCD가 있다. 다음 물음에 답하여라.

✎ 풀이 쓰기

(1) △COB의 넓이를 구하여라.

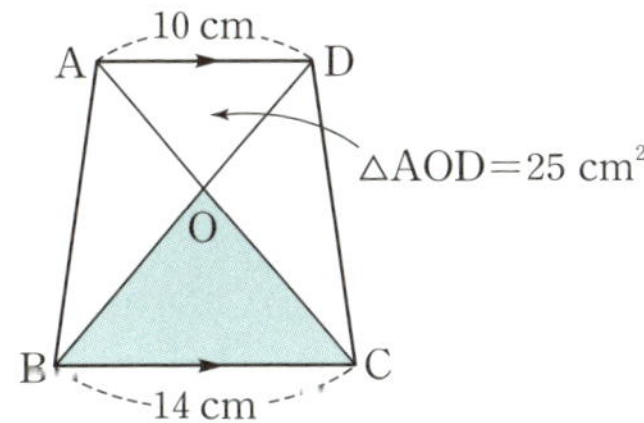

(2) △DOC의 넓이를 구하여라.

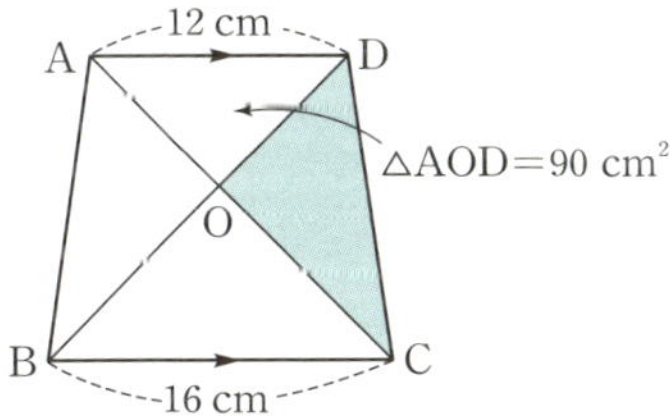

알아두면 좋아요

사다리꼴에서의 닮음

사다리꼴 ABCD에서 두 대각선이 교차하는 점을 O라고 할 때,

① △AOD∽△COB (AA 닮음)이에요.
➡ 닮음비는 $m:n$
➡ 넓이의 비는 $m^2:n^2$

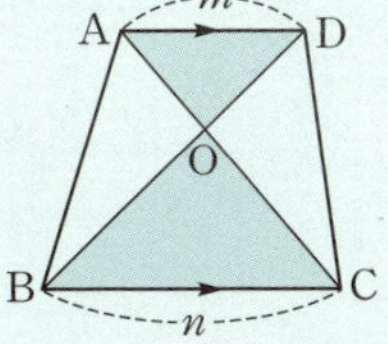

② △AOD와 △AOB의 밑변의 길이의 비가 $m:n$이고 높이는 같아요.
➡ 넓이의 비는 $m:n$

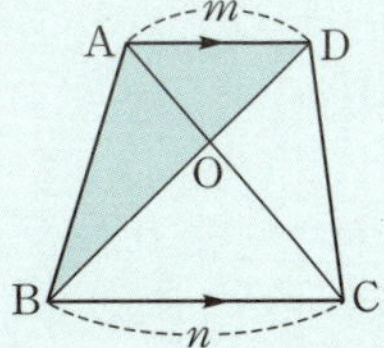

103 정삼각형을 접었을 때

다음 그림과 같이 한 변의 길이가 14cm인 정삼각형 모양의 종이를

$\overline{DF}$를 접는선으로 하여 점 A가 $\overline{BC}$ 위에 오도록 접었다. 이때, $\overline{CF}$의 길이는? ↳ x

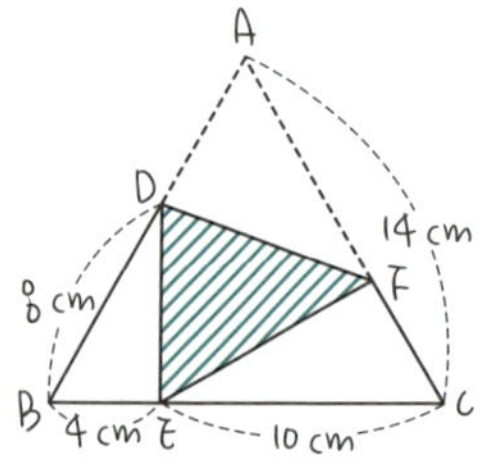

풀·이·쓰·기

정삼각형이므로 세 변의 길이 모두 14cm. 세 각 모두 60°

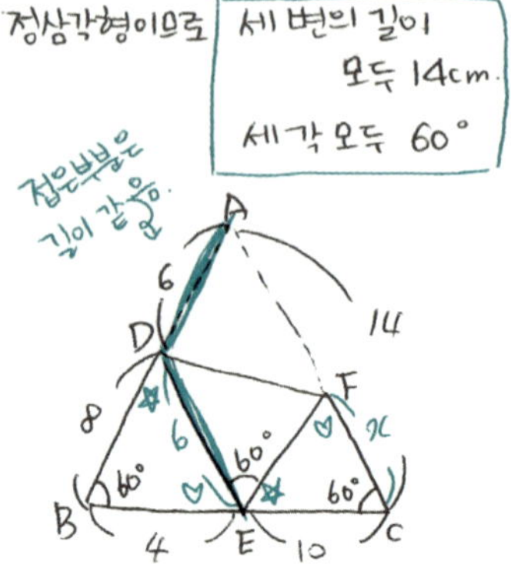

△DBE와 △ECF는 AA 닮음!

→ $8 : 10 = 4 : x$

$8x = 40$

$x = 5$ cm

답 5 cm

지연쌤의 SNS

☑ 항상 닮음 관계인 도형이 있나요?

다음의 도형들은 항상 닮음 관계인 도형이에요.

① 두 정다각형 예 정삼각형, 정사각형 등

② 두 직각이등변삼각형

③ 두 원

④ 중심각이 같은 두 부채꼴

⑤ 두 정다면체 예 정육면체, 정팔면체 등

난이도 ★★★★☆

1

다음 그림과 같이 정삼각형 ABC에서 $\overline{DF}$를 접는 선으로 하여 꼭짓점 A가 $\overline{BC}$ 위의 점 E에 오도록 접었을 때, $\overline{AF}$의 길이를 구하여라.

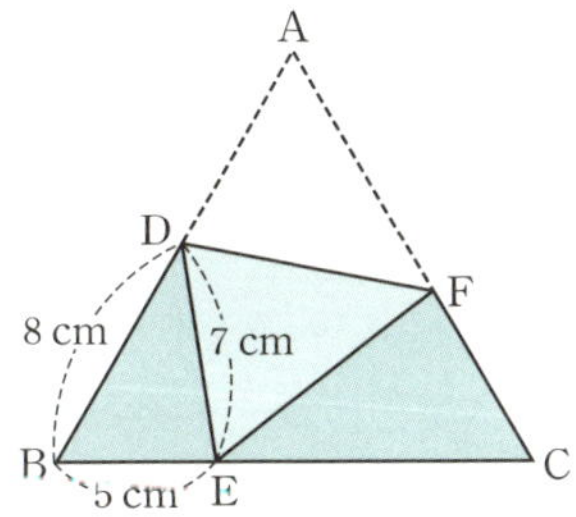

풀이 쓰기

Hint 서로 같은 각을 표시하면서 닮음인 관계의 삼각형을 찾아요.

알아두면 좋아요

정삼각형을 접으면 왜 닮음인 두 도형이 나올까?

다음 그림과 같이 점 A가 $\overline{BC}$ 위의 점 E에 오도록 접었을 때,
$\angle A=\angle B=\angle C=60^\circ$에요. 따라서 $\angle DEF$도 60°가 되죠.

① $\triangle BDE$에서 $\angle BDE=x$, $\angle BED=y$라면,
➡ $x+y+60^\circ=180^\circ$

② $\overline{BC}$에서 $\angle BED=y$, $\angle DEF=60^\circ$이고, $\angle FEC=☆$이라면,
➡ $y+60^\circ+☆=180^\circ$

따라서 $x=☆$이고, $\triangle DBE \sim \triangle ECF$ (AA 닮음)이에요.

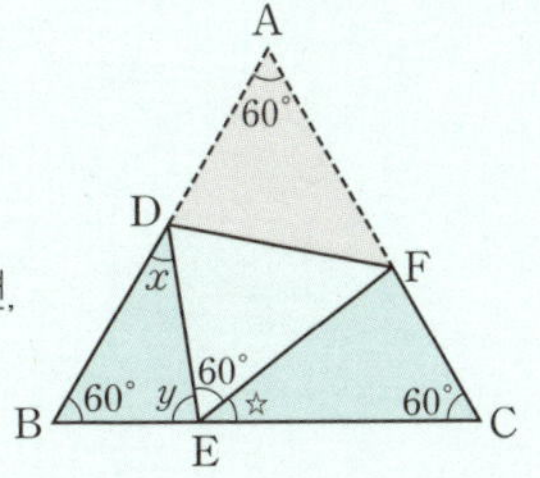

104 삼각형과 평행선

다음 그림에서 x, y의 값을 각각 구하여라.

(1)

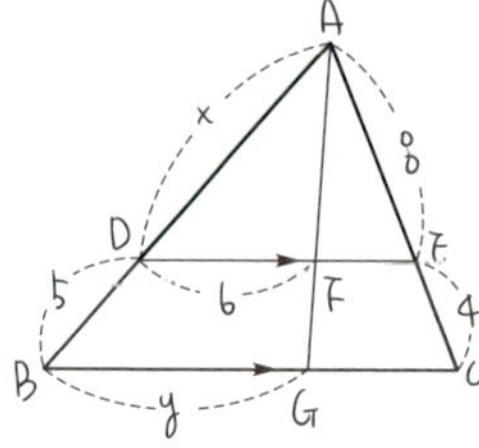

(2)

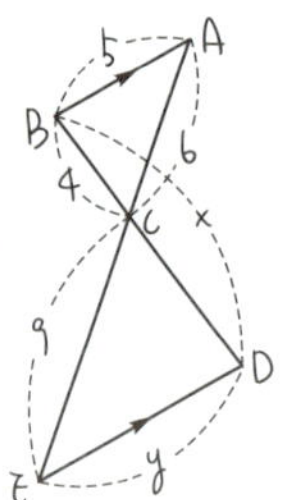

Tip

- 평행선의 성질을 이용하여 동위각 또는 엇각이 같다는 것을 알 수 있어요.

풀·이·쓰·기

(1) ①

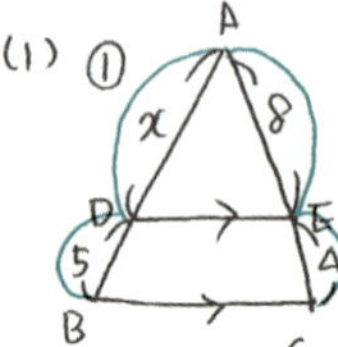

$x:5=8:4$

$4x=40$

$x=10$

②

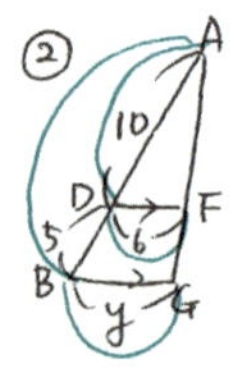

$10:15=6:y$

$10y=90$

$y=9$

(2) ①

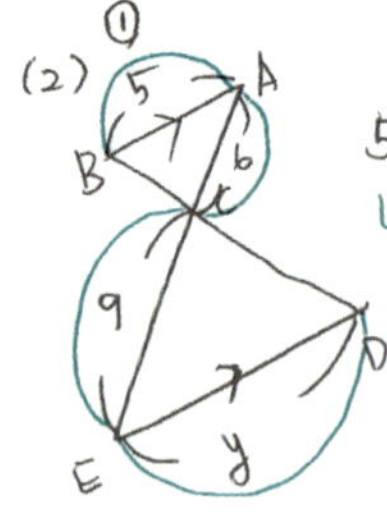

$5:y=6:9$

$6y=45$

$y=\frac{45}{6}=\frac{15}{2}$

②

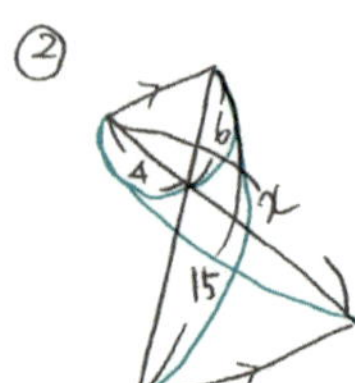

$4:6=x:15$

$6x=60$

$x=10$

답 (1) $x=10$, $y=9$, (2) $x=10$, $y=\frac{15}{2}$

난이도 ★★★☆☆

1

다음 그림에서 x, y의 값을 각각 구하여라.

풀이 쓰기

(1)

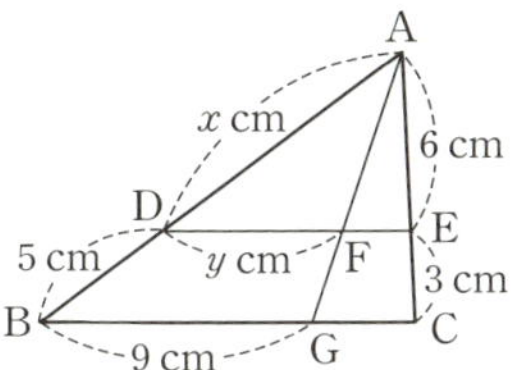

(2)

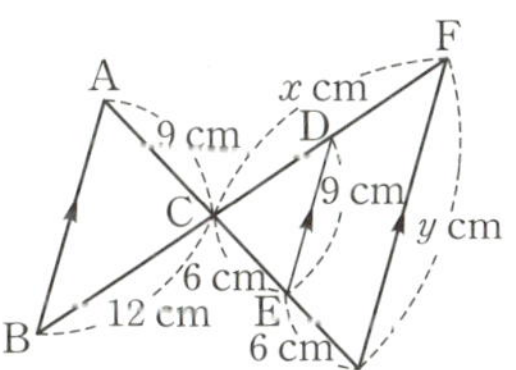

V

도형의 닮음과 피타고라스의 정리

알아두면 좋아요

평행선 사이의 선분의 길이의 비

① $\overline{AB}:\overline{AD}=\overline{AC}:\overline{AE}=\overline{BC}:\overline{DE}$

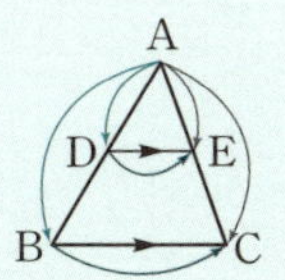

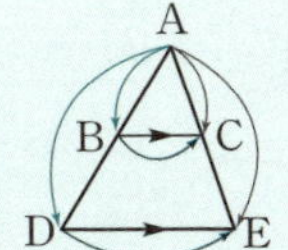

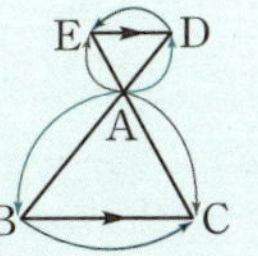

② $\overline{AD}:\overline{DB}=\overline{AE}:\overline{EC}$

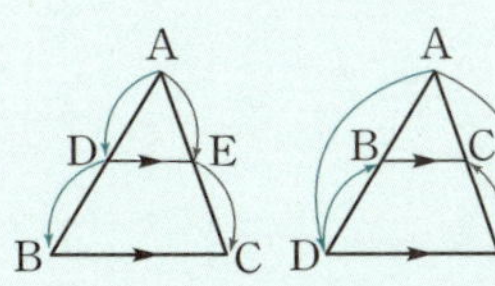

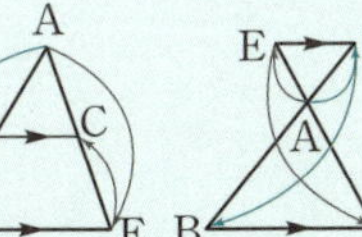

105 삼각형의 각의 이등분선

다음 그림과 같은 △ABC에서
∠A의 이등분선이 $\overline{BC}$와 만나는 점을
D라고 하자. 그림에서 x의 값을
구하여라.

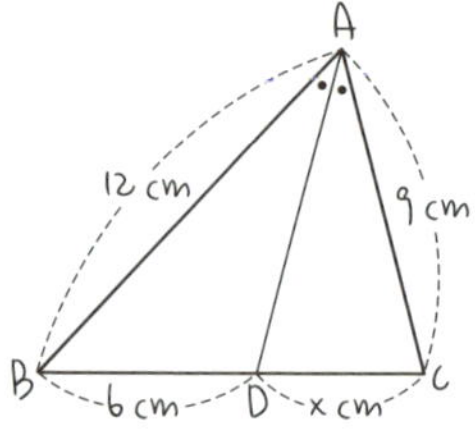

Tip

- 삼각형의 각의 이등분선이 있으면 보조선을 그어 닮음인 관계의 두 삼각형을 만들 수 있어요.

풀·이·쓰·기

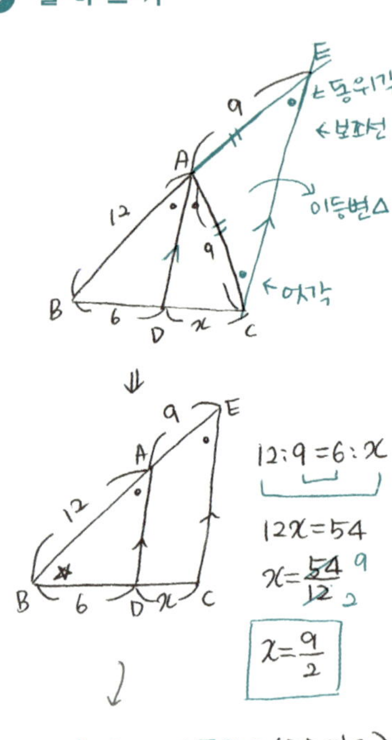

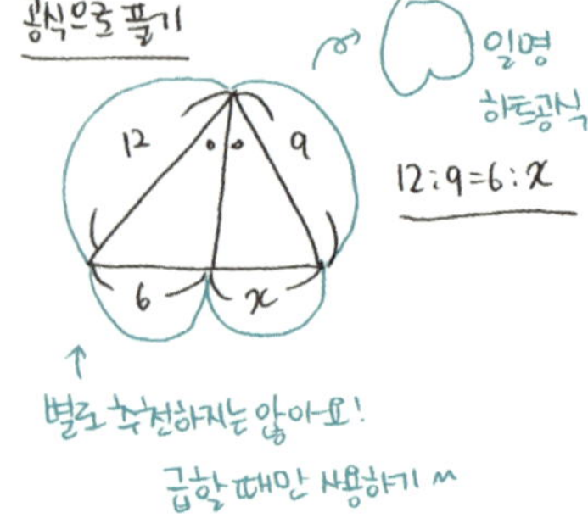

답 $\frac{9}{2}$ cm

난이도 ★★★★☆

1

다음 그림과 같은 $\triangle$ABC에서 $\angle$A의 이등분선이 $\overline{\mathrm{BC}}$와 만나는 점을 D라고 하자. $\overline{\mathrm{AC}}=14$ cm, $\overline{\mathrm{BD}}=4$ cm, $\overline{\mathrm{CD}}=7$ cm일 때, $\overline{\mathrm{AB}}$의 길이를 구하여라.

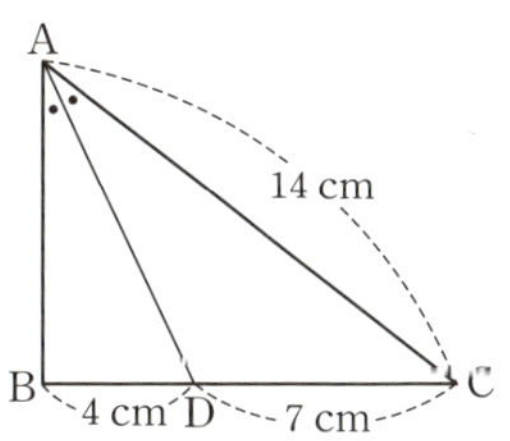

Hint 보조선을 그어서 닮음인 두 삼각형을 만들어요.

알아두면 좋아요

삼각형의 각의 이등분선과 평행한 보조선 그리기

다음 그림과 같이 삼각형과 삼각형의 한 내각을 이등분하는 선이 있을 때, 이등분선에 평행한 보조선을 그리면 다음과 같이 이등변삼각형이 만들어져요. 이등변삼각형의 변의 길이는 같으므로 다음과 같이 ♡ 모양의 관계가 나와요.

동위각
엇각
$a:b=c:d$
뒤집어진 ♡모양

106 삼각형의 두 변의 중점을 연결한 선분

다음 그림에서 x의 값을 구하여라.

(1)

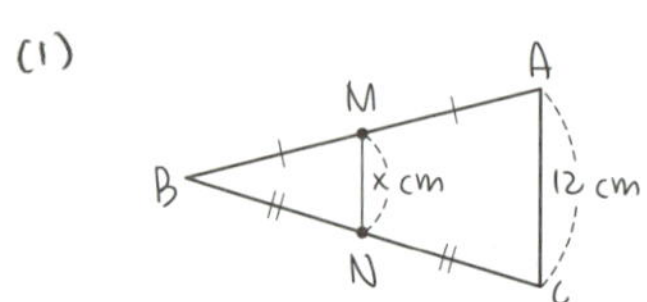

(2)

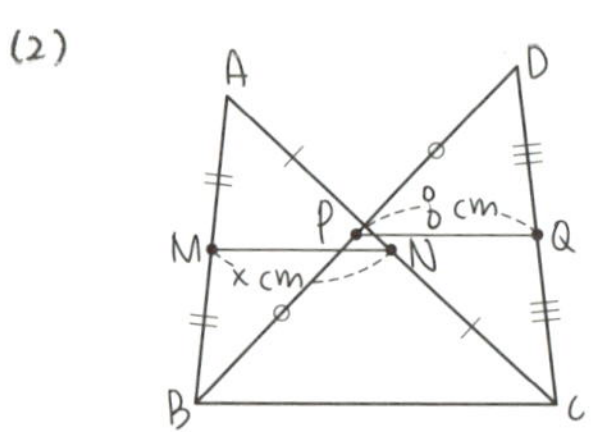

(3)

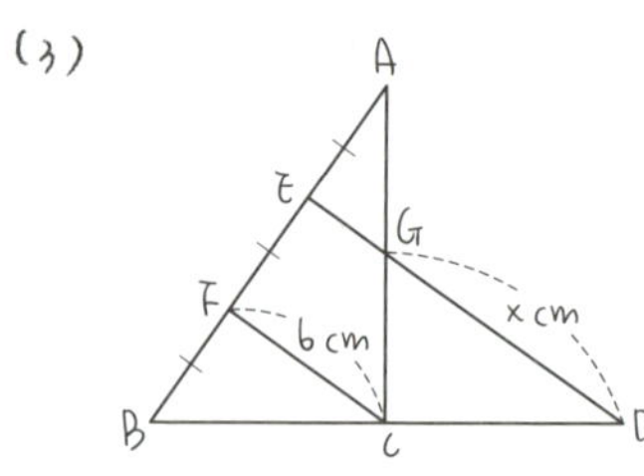

Tip

- 삼각형의 두 변의 중점을 연결한 선분은 남은 한 변과 서로 평행해요.

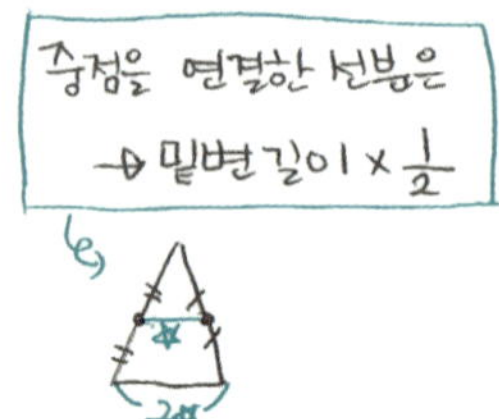

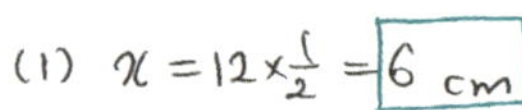

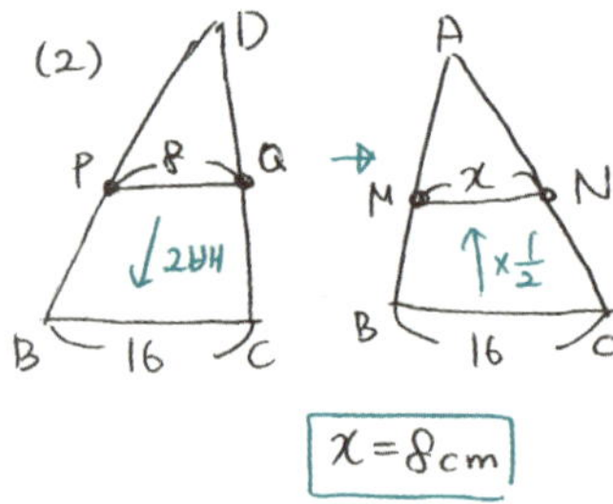

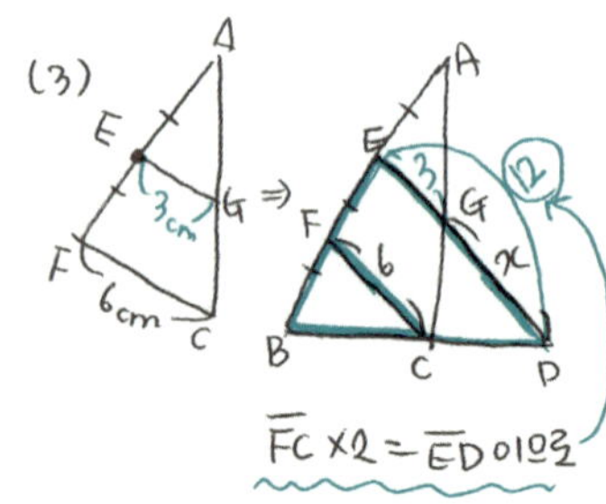

→ $3+x=12$

$x=9$ cm

답 (1) 6 cm, (2) 8 cm, (3) 9 cm

난이도 ★★★☆☆

1

다음 그림에서 x의 값을 구하여라.

 풀이 쓰기

(1)

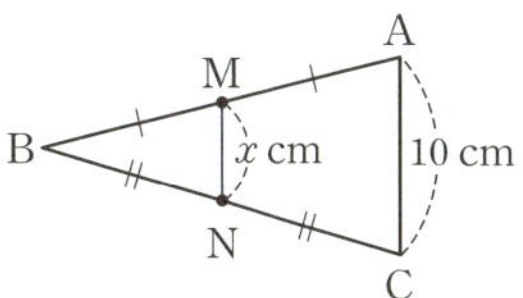

(2)

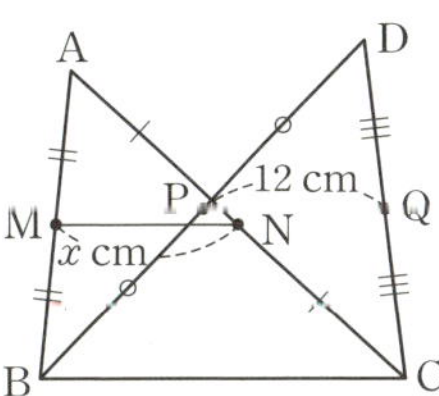

(3)

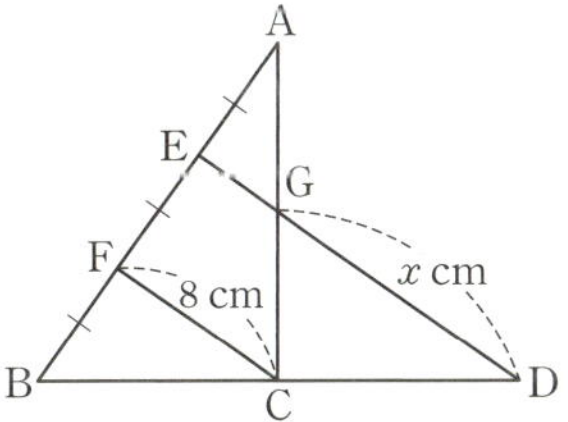

알아두면 좋아요

삼각형의 두 변의 중점을 연결한 선분의 성질

△ABC에서 $\overline{AB}$, $\overline{AC}$의 중점을 각각 M, N이라고 할 때,

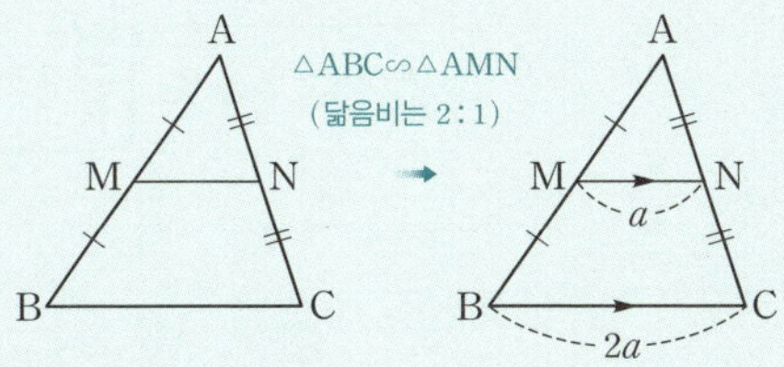

① $\overline{MN} /\!/ \overline{BC}$

② $\overline{MN} = \frac{1}{2}\overline{BC}$

V 도형의 닮음과 피타고라스의 정리

107 평행선 사이의 선분의 길이의 비

다음 물음에 답하여라.

(1) $l /\!/ m /\!/ n$ 일때, $x+y$의 값은?

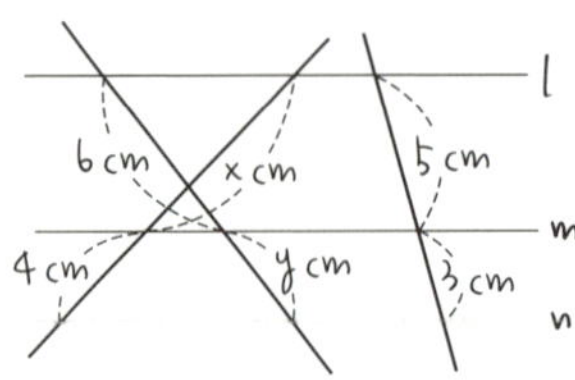

(2) $\overline{AB} /\!/ \overline{EF} /\!/ \overline{DC}$ 일때,

$\overline{EF}$의 길이는?

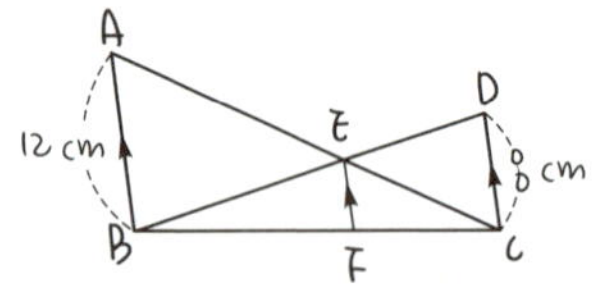

Tip

- 평행선의 성질을 이용하여 닮음인 두 도형을 찾은 뒤, 닮음비를 찾아요.

 풀·이·쓰·기

(1)

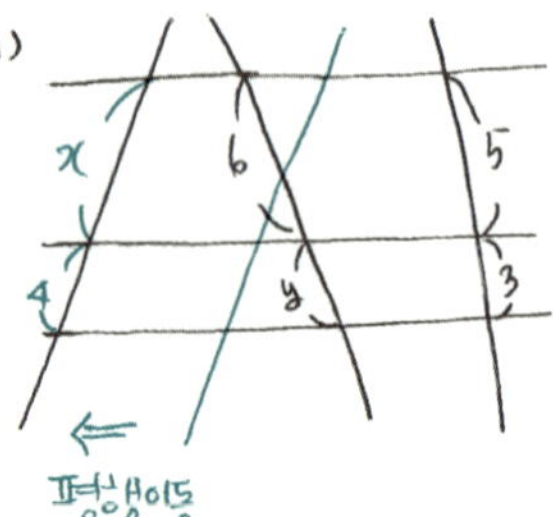

→ $6 : y = 5 : 3$

$5y = 18$

$y = \frac{18}{5}$ cm

$x : 4 = 5 : 3$

$3x = 20$

$x = \frac{20}{3}$ cm

(2)

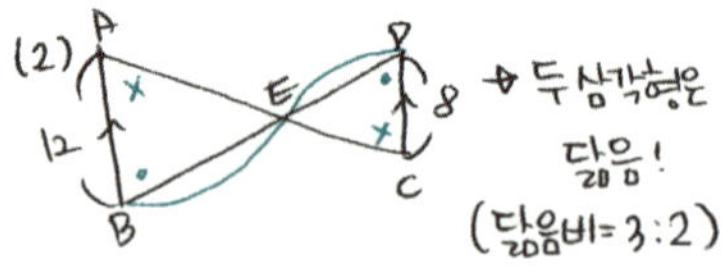

⇒ $\overline{BE} : \overline{ED} = 3 : 2$

5, 3, E, 2, D, x, 8, B, F, C

→ $\overline{BE} : \overline{BD} = \overline{EF} : \overline{DC}$

$3 : 5 = x : 8$

$5x = 24$ → $x = \frac{24}{5}$ cm

답 (1) $\frac{154}{15}$ cm, (2) $\frac{24}{5}$ cm

난이도 ★★★☆☆

1

다음 그림에서 $l /\!/ m /\!/ n$일 때, x, y의 값을 각각 구하여라.

✎ 풀이 쓰기

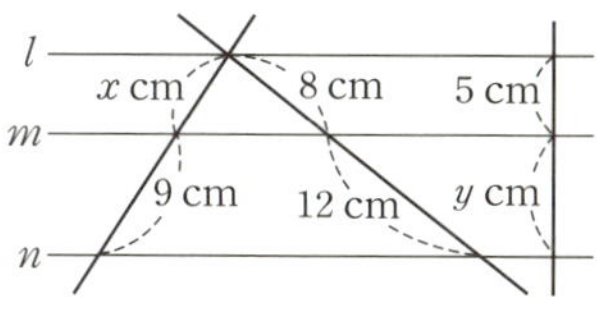

2

다음 그림에서 $\overline{AB} /\!/ \overline{EF} /\!/ \overline{DC}$일 때, $\overline{EF}$의 길이를 구하여라.

✎ 풀이 쓰기

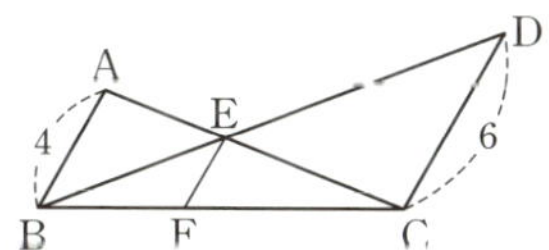

V

도형의 닮음과 피타고라스의 정리

알아두면 좋아요

선을 평행 이동하여 삼각형을 만들자!

세 개의 평행선이 다른 두 직선과 만나서 생긴 선분의 길이의 비는 다음과 같아요.

$l /\!/ m /\!/ n$이면, $a : b = a' : b'$이고 $a : a' = b : b'$이다.

선을 평행 이동하여 삼각형을 만들어 주면 쉽게 닮음인 관계의 도형을 찾을 수 있어요.

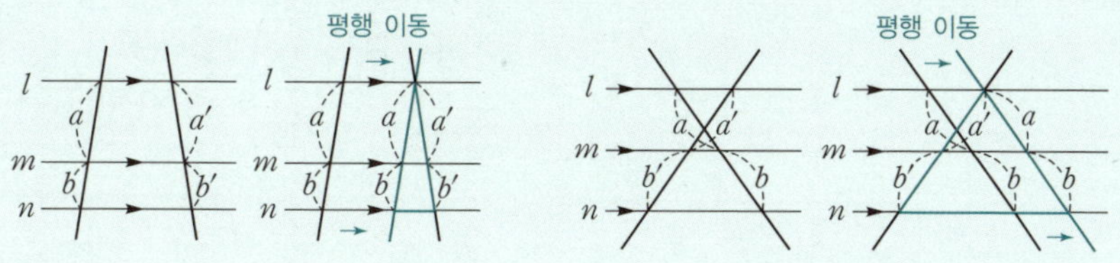

108 사다리꼴의 대각선 이용하기

다음 그림과 같은 사다리꼴 ABCD에서 $\overline{AD} /\!/ \overline{EF} /\!/ \overline{BC}$ 일 때, $\overline{EF}$의 길이를 구하여라.

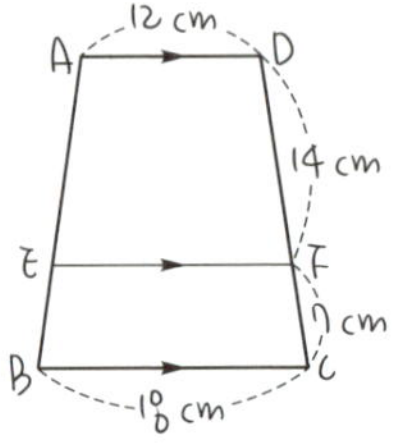

Tip

- 사다리꼴은 윗변과 아랫변이 서로 평행해요. 따라서 대각선을 그어 주면 닮음인 관계의 두 도형을 쉽게 만들 수 있어요.

 풀·이·쓰·기

사다리꼴에 대각선을 하나 그리자.

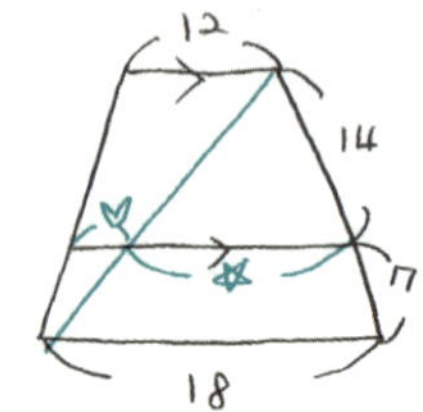

①

14 : 21 = ☆ : 18

2 : 3 = ☆ : 18

3☆ = 36

☆ = 12 cm

②

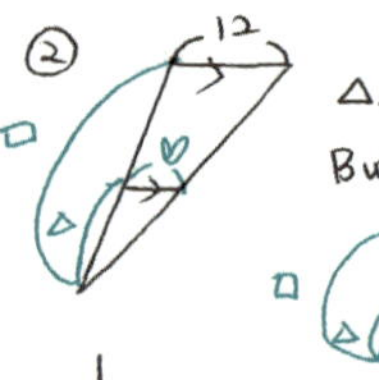

△와 □는 길이는 몰라
But! 비율은 알지

△ : □ = 7 : 21 = 1 : 3

△ : □ = ♡ : 12

1 : 3 = ♡ : 12

3♡ = 12

♡ = 4 cm

따라서, $\overline{EF}$의 길이 = ☆ + ♡
= 12 + 4 = 16 cm

 답 16 cm

난이도 ★★★★☆

1

다음 그림과 같은 사다리꼴 ABCD에서 $\overline{AD} /\!/ \overline{EF} /\!/ \overline{BC}$이고, $\overline{AD}=14$ cm, $\overline{DF}=12$ cm, $\overline{FC}=9$ cm일 때, $\overline{EG}$의 길이를 구하여라.

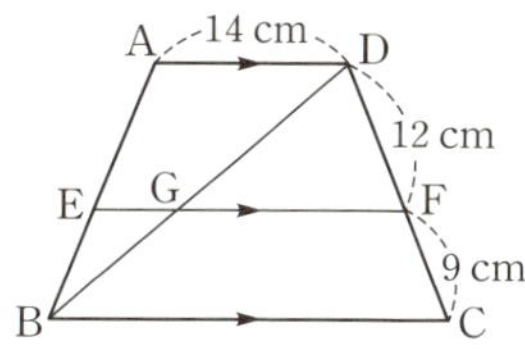

Hint 대각선이 그어져 있으니 비율을 더 쉽게 찾을 수 있어요.

2

다음 그림과 같은 사다리꼴 ABCD에서 $\overline{AD} /\!/ \overline{EF} /\!/ \overline{BC}$일 때, $\overline{EF}$의 길이를 구하여라.

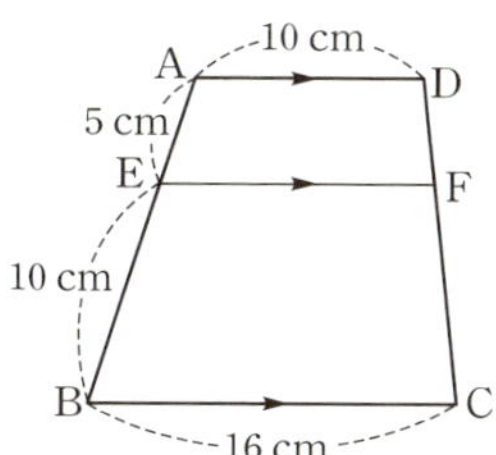

Hint 사다리꼴에 대각선을 그으면 다음과 같은 도형이 나와요.

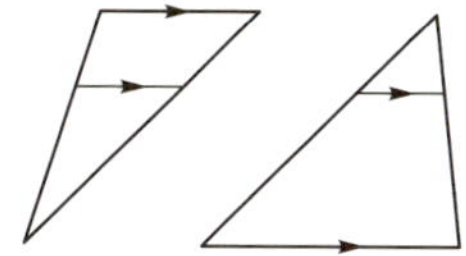

109 사다리꼴에서 두 변의 중점을 연결한 선분

다음 물음에 답하여라.

(1) $\overline{MN}$의 길이는?

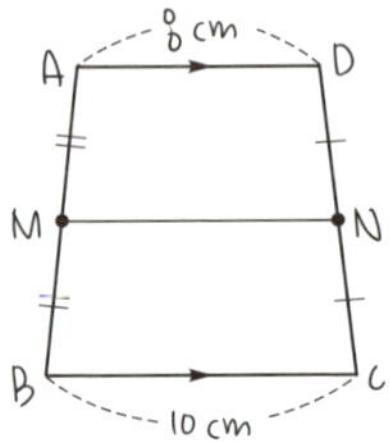

(2) $\overline{EF}$의 길이는?

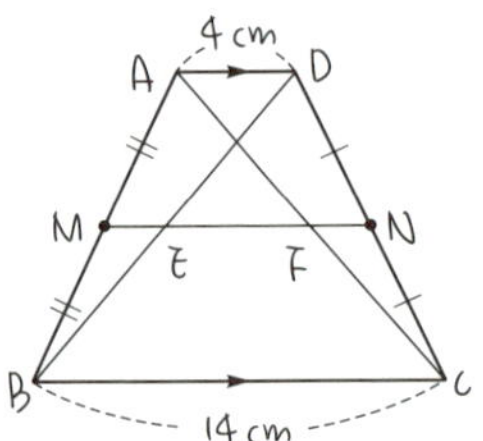

Tip

- 사다리꼴에서 평행하지 않은 두 변의 중점을 연결했을 때, 사다리꼴에 대각선을 그어 만들어지는 두 닮음 도형의 닮음비는 2 : 1 이에요.

풀·이·쓰·기

(1) 대각선을 그리자!

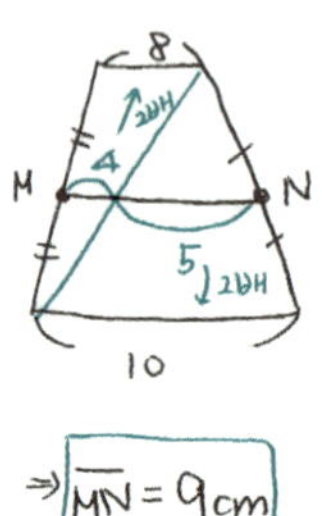

⇒ $\overline{MN}$ = 9cm

(2)

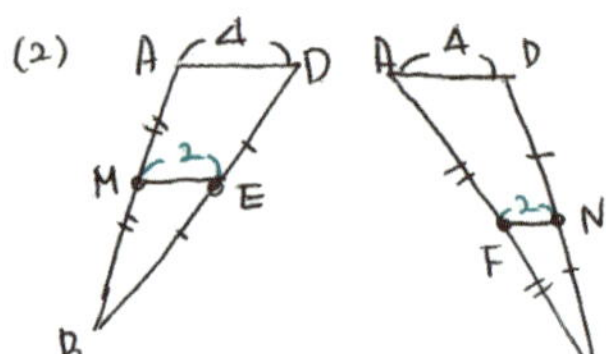

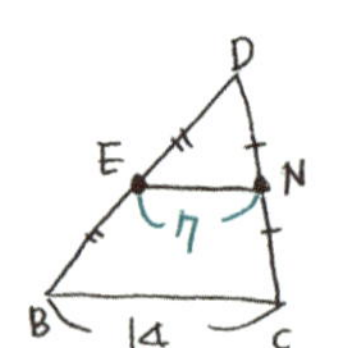

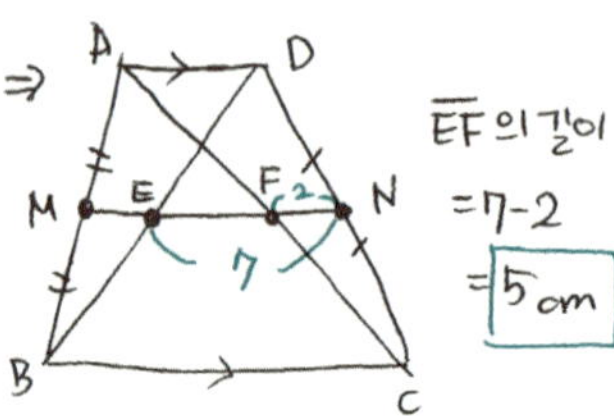

$\overline{EF}$의 길이
= 7 − 2
= 5 cm

답 (1) **9 cm**, (2) **5 cm**

난이도 ★★★★☆

1

다음 그림과 같이 $\overline{AD}/\!/\overline{BC}$인 사다리꼴 ABCD에서 $\overline{AM}=\overline{MB}$, $\overline{DN}=\overline{NC}$이고, $\overline{AD}=12$ cm, $\overline{BC}=18$ cm일 때, $\overline{MN}$의 길이를 구하여라.

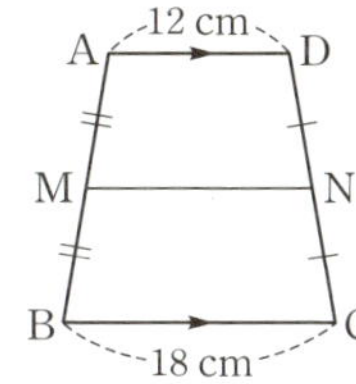

Hint 대각선을 그어 문제를 풀어 보아요.

2

다음 그림과 같이 $\overline{AD}/\!/\overline{BC}$인 사다리꼴 ABCD에서 $\overline{AM}=\overline{MB}$, $\overline{DN}=\overline{NC}$이고, $\overline{AC}$, $\overline{DB}$가 $\overline{MN}$과 만나는 점을 각각 E, F라고 하자. $\overline{AD}=6$ cm, $\overline{BC}=10$ cm일 때, $\overline{EF}$의 길이를 구하여라.

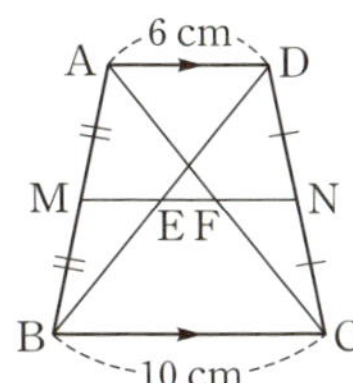

110 삼각형의 중선과 무게중심

다음 그림에서 △ABC의 무게중심을 점 G라고 할 때, x, y의 값을 각각 구하여라.

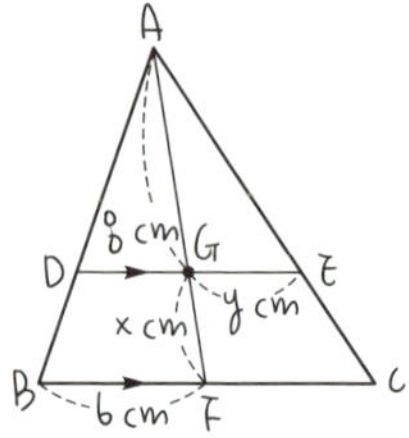

Tip

- 무게중심이란?
  무게중심은 삼각형의 세 중선이 만나는 교점을 말해요.

 풀·이·쓰·기

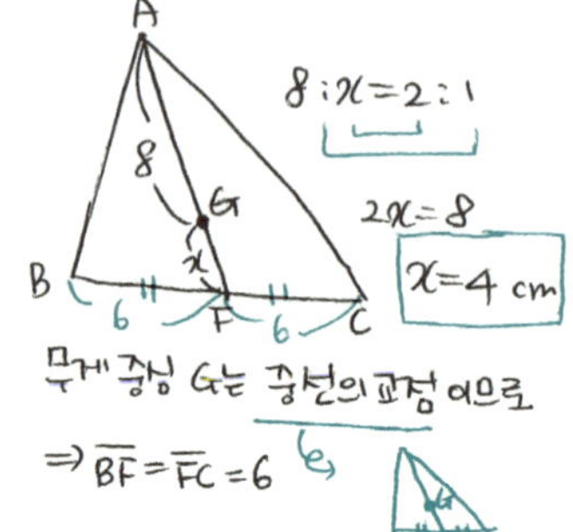

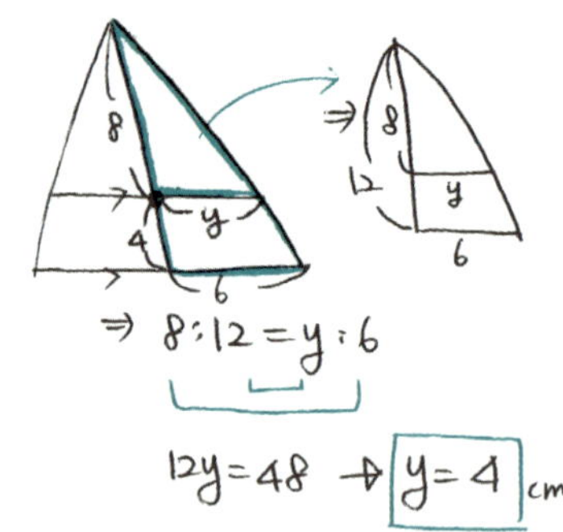

답 $x=4$ cm, $y=4$ cm

지연쌤의 SNS

☑ 무게중심이 무엇인가요?

무게중심은 삼각형의 세 중선이 만나는 교점을 말해요.
이 무게중심은 **삼각형의 세 중선을 2 : 1로 나누는** 중요한 성질이 있어요. 꼭 기억하세요!

$\overline{BG} : \overline{GE} = 2 : 1$

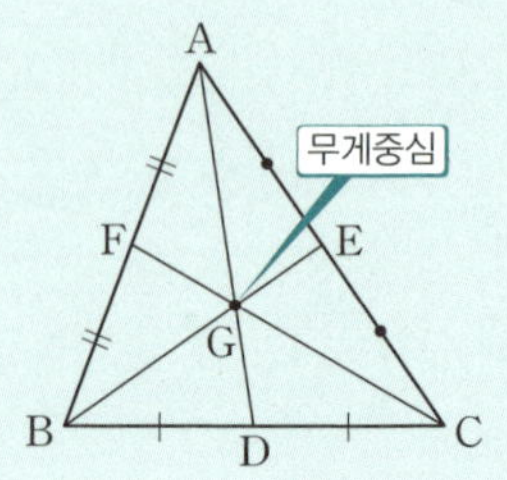

난이도 ★★★☆☆

1

다음 그림에서 △ABC의 무게중심을 점 G라고 할 때, x, y의 값을 각각 구하여라.

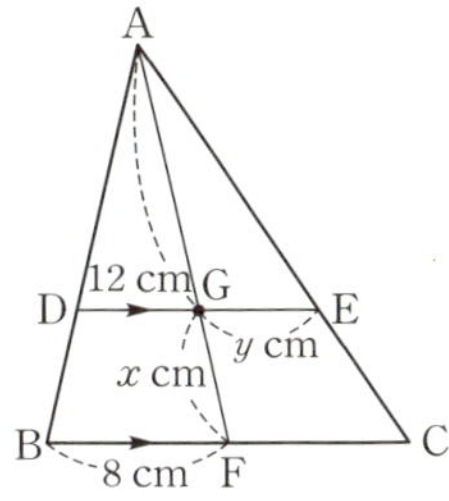

2

다음 그림에서 점 G, G′가 각각 △ABC, △GBC의 무게중심이고, $\overline{AD}=27$ cm일 때, $\overline{GG'}$의 길이를 구하여라.

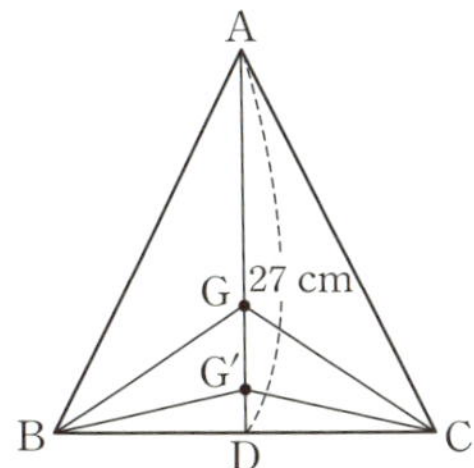

Hint 점 G는 $\overline{AD}$를 2:1로 나누는 점이에요. 이것을 이용해서 먼저 $\overline{GD}$의 길이를 구해요.

V 도형의 닮음과 피타고라스의 정리

111 직각삼각형의 무게중심

다음 그림에서 점 G가
직각삼각형 ABC의
무게중심일 때, $\overline{GD}$의 길이는?
중선을 2:1로

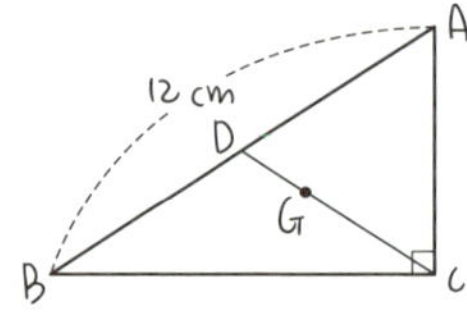

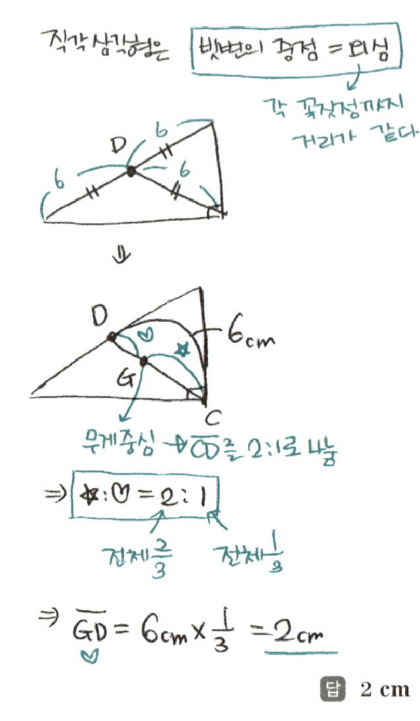

답 2 cm

지연쌤의 SNS

☑ 외심, 내심, 무게중심의 차이는 무엇인가요?

① 외심: 삼각형의 세 변의 수직이등분선을 그었을 때 생기는 교점

② 내심: 삼각형의 세 각의 이등분선을 그었을 때 생기는 교점

③ 무게중심: 삼각형의 세 중선의 교점

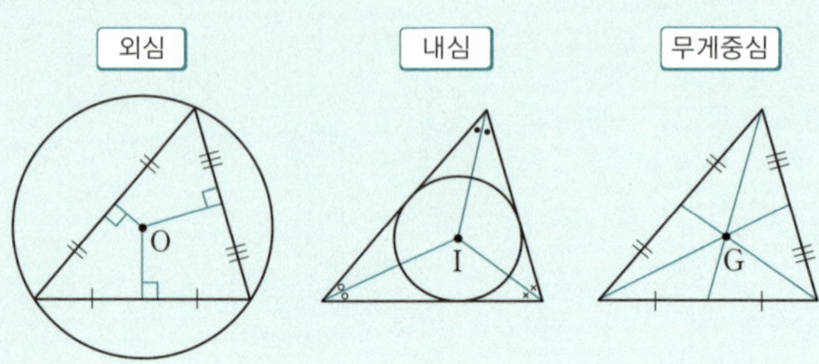

난이도 ★★★☆☆

1

다음 그림에서 점 G가 직각삼각형 ABC의 무게중심일 때, $\overline{GD}$의 길이를 구하여라.

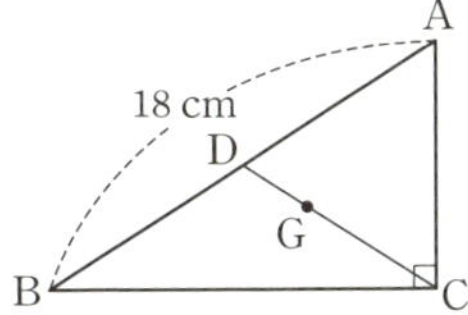

풀이 쓰기

2

다음 그림에서 점 G가 직각삼각형 ABC의 무게중심일 때, 직각삼각형의 빗변의 길이를 구하여라.

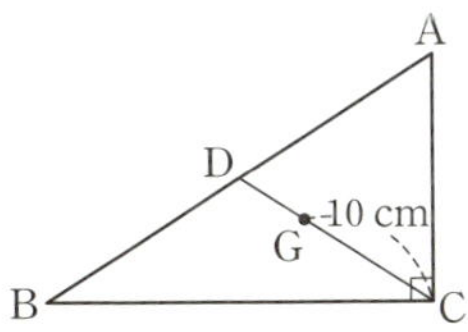

풀이 쓰기

Hint 빗변의 중점인 점 D는 직각삼각형의 외심이기도 해요.

알아두면 좋아요

직각삼각형의 무게중심

① $\triangle ABC$의 무게중심 G는 $\overline{CM}$ 위에 있고, $\overline{CG}:\overline{GM}=2:1$

② 직각삼각형의 외심은 빗변의 중점이므로 $\overline{AM}=\overline{BM}=\overline{CM}$

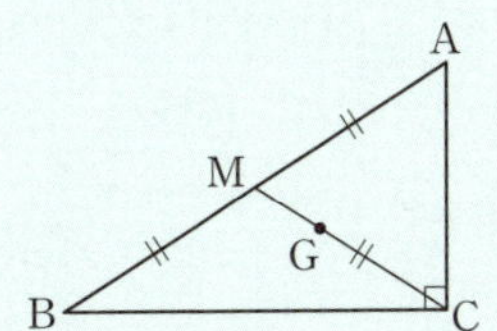

V 도형의 닮음과 피타고라스의 정리

112 삼각형의 무게중심과 넓이

다음 그림에서 점 G가 △ABC의 무게중심이고, □GDCE의 넓이가 20 cm^2일 때, △ABC의 넓이는?

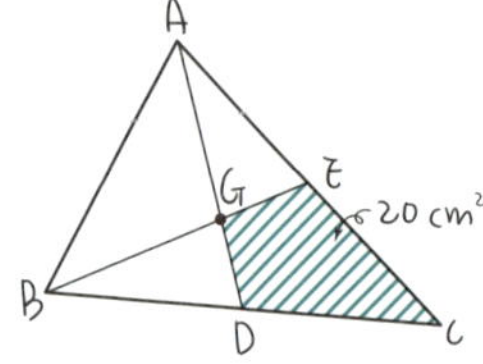

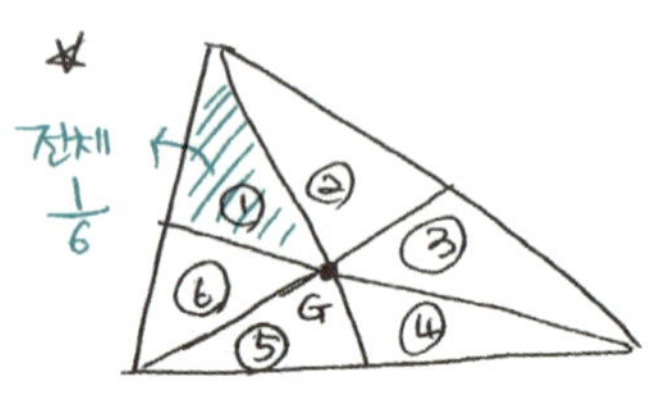

①~⑥ 까지 넓이가 같다.

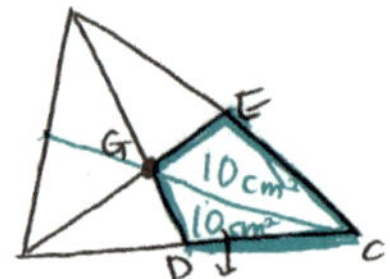

□GDCE = 20cm^2 니까

삼각형 한조각 = 10cm^2

△ABC의 넓이

= 삼각형 한조각 × 6개 (10cm^2)

= 60 cm^2

답 60 cm^2

지연쌤의 SNS

☑ 삼각형의 무게중심과 넓이는 어떤 관계가 있나요?

삼각형의 세 중선으로 나뉘는 6개의 삼각형의 넓이는 모두 같아요.
즉, 점 G가 △ABC의 무게중심일 때,
$S_1=S_2=S_3=S_4=S_5=S_6$이에요.

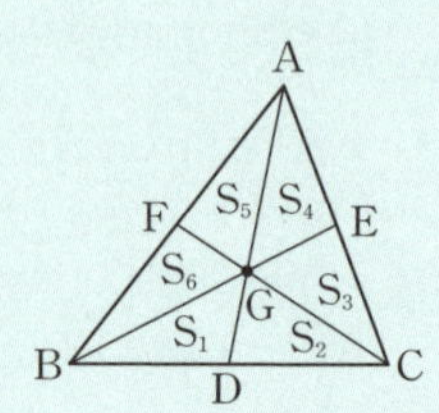

난이도 ★★★★☆

1

다음 그림에서 점 G가 △ABC의 무게중심이고, □GDCE의 넓이가 18 cm^2일 때, △ABC의 넓이를 구하여라.

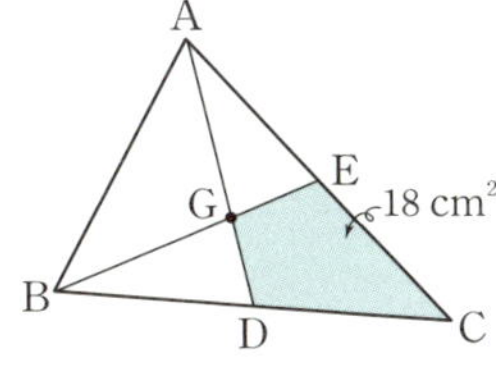

2

다음 그림에서 점 G가 직각삼각형 ABC의 무게중심이고 $\overline{BD}=4$ cm, $\overline{BF}=3$ cm일 때, △GDC의 넓이를 구하여라.

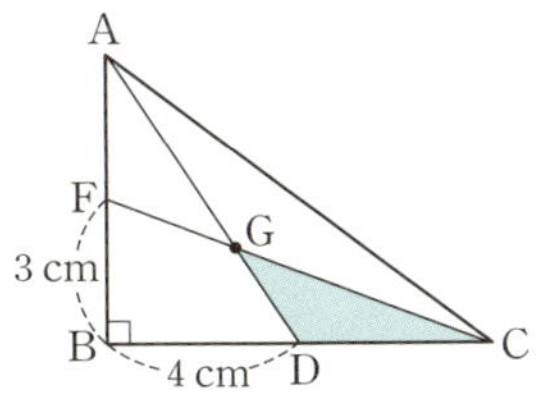

Hint 무게중심은 중선의 교점이므로

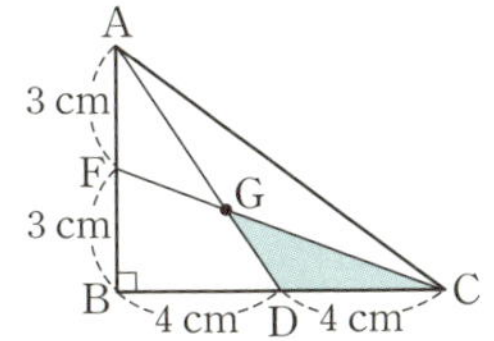

113 평행사변형에서 삼각형의 무게중심의 활용

다음 그림과 같은 평행사변형 ABCD에 대하여 평행사변형 ABCD의 넓이가 120 cm² 일 때, △APM의 넓이는?

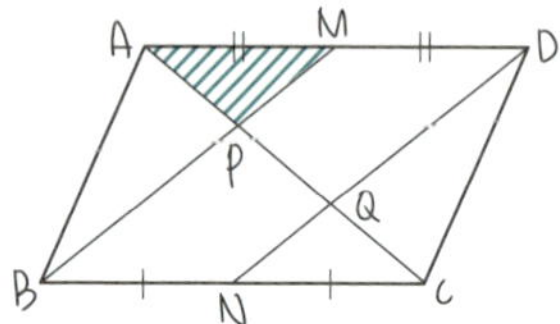

Tip

- 평행사변형의 두 대각선은 서로를 이등분해요.

 풀·이·쓰·기

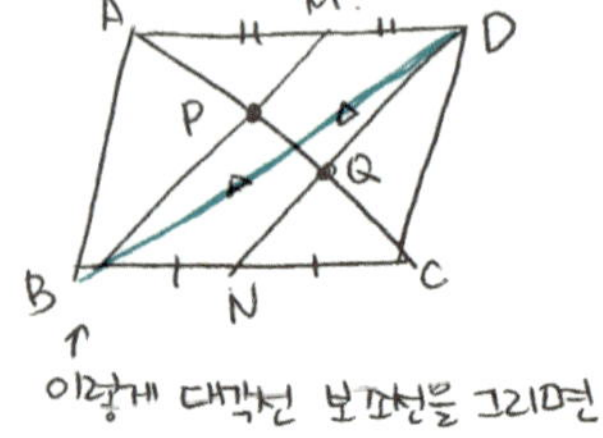

이렇게 대각선 보조선을 그리면

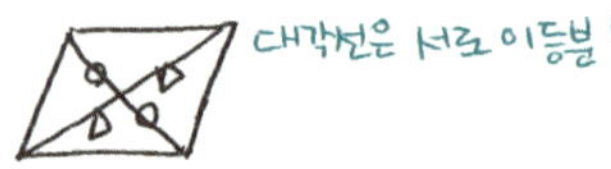

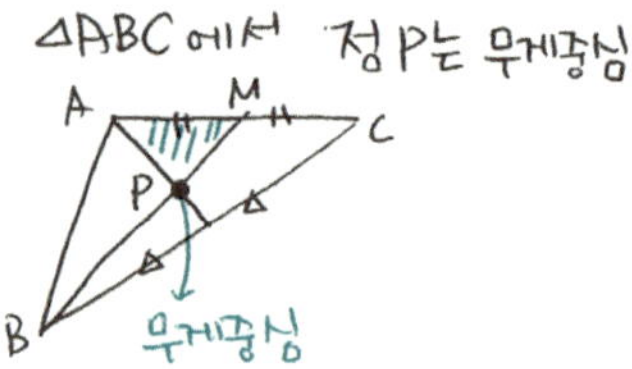

$\triangle APM = \triangle ABC \times \frac{1}{6}$

$\triangle ABC$: $\square ABCD \times \frac{1}{2}$

$\Rightarrow 120 \times \frac{1}{2} = 60\text{cm}^2$

$\triangle APM = 60\text{cm}^2 \times \frac{1}{6}$

$\therefore \triangle APM = 10\text{cm}^2$

답 10 cm²

난이도 ★★★★★

1

다음 그림과 같은 평행사변형 ABCD에 대하여 평행사변형 ABCD의 넓이가 300 cm^2일 때, △APM의 넓이를 구하여라.

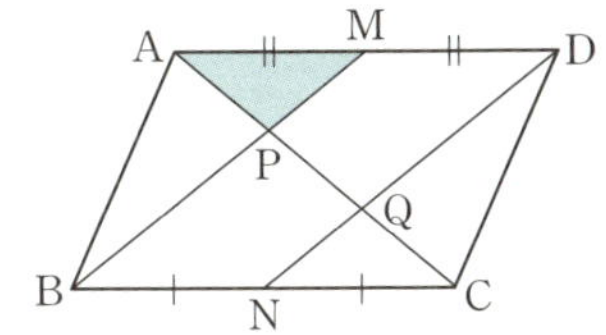

Hint 평행사변형에 대각선을 그어 문제를 풀어 보아요.

2

다음 그림과 같은 평행사변형 ABCD에서 $\overline{BC}$, $\overline{CD}$의 중점을 각각 M, N이라 하고, $\overline{AM}$, $\overline{AN}$이 $\overline{BD}$와 만나는 점을 각각 E, F라고 하자. $\overline{DF}=6$ cm일 때, $\overline{EF}$의 길이를 구하여라.

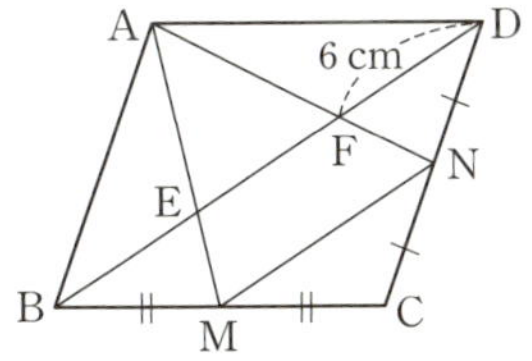

Hint 대각선을 그으면 다음과 같이 두 개의 무게중심이 나와요.

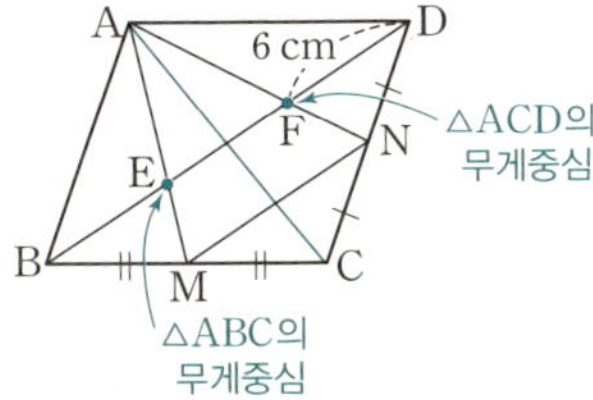

V 도형의 닮음과 피타고라스의 정리

114 피타고라스의 정리

다음 그림에서 $\overline{AB}$의 길이를 구하여라.

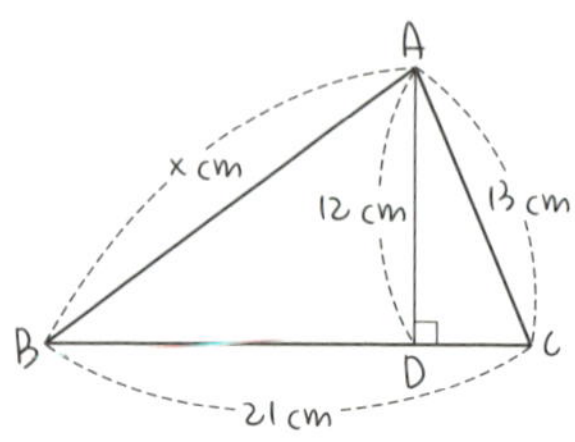

Tip

- 피타고라스의 정리
  직각삼각형의 세 변의 길이를 a, b, c라 할 때, $c^2=a^2+b^2$이에요.

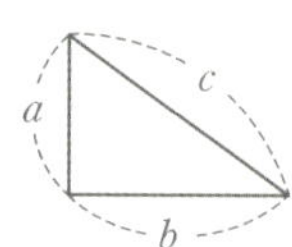

풀·이·쓰·기

① $\overline{DC}$의 길이를 구하자

$\overline{DC}^2+12^2=13^2$

$\overline{DC}^2+144=169$

$\overline{DC}^2=25$

↑ 뭘 제곱해야 25? 5×5

$\therefore \overline{DC}=5$ cm

②

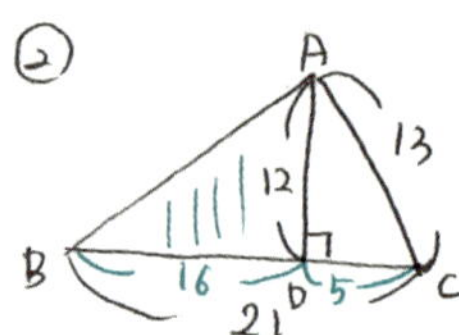

$\overline{DC}=5$cm 이므로 $\overline{DB}=16$cm

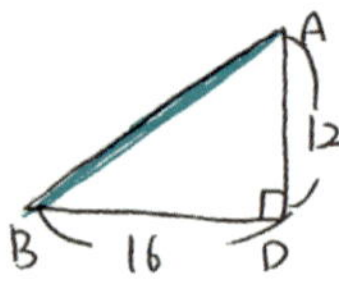

$\overline{AB}^2=16^2+12^2$

$\overline{AB}^2=256+144$

$\overline{AB}^2=400$

↑ 뭘 제곱해야 400? 20×20=400

$\therefore \overline{AB}=20$cm

답 20 cm

난이도 ★★★★☆

1

다음 그림에서 $\overline{AB}$의 길이를 구하여라.

✎ 풀이 쓰기

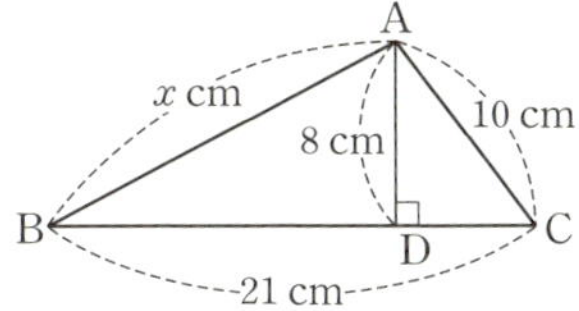

Hint 피타고라스의 정리를 이용하여 $\overline{DC}$의 길이를 구해요.

2

다음 그림과 같은 직각삼각형 ABC에서 $\overline{AC}$의 길이를 구하여라.

✎ 풀이 쓰기

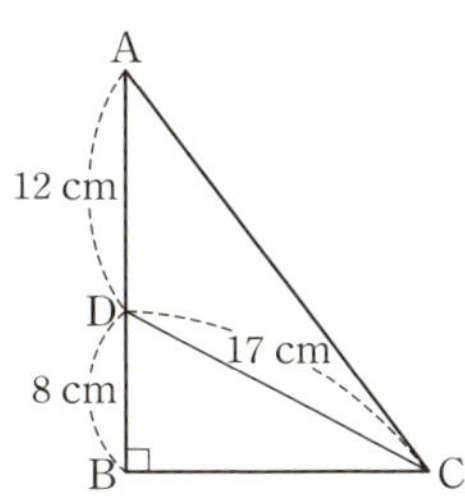

Hint 피타고라스의 정리를 이용하여 직각삼각형 DBC에서 $\overline{BC}$의 길이를 구해요.

V

도형의 닮음과 피타고라스의 정리

115 피타고라스의 정리 활용 1

다음 그림과 같은 원뿔의 부피를 구하여라.

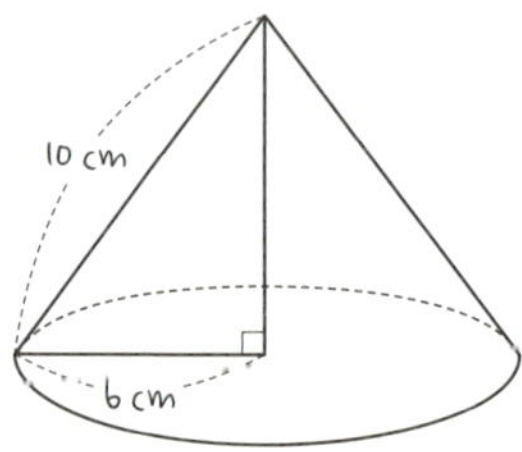

풀·이·쓰·기

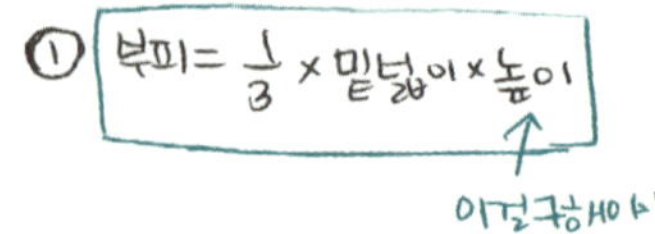

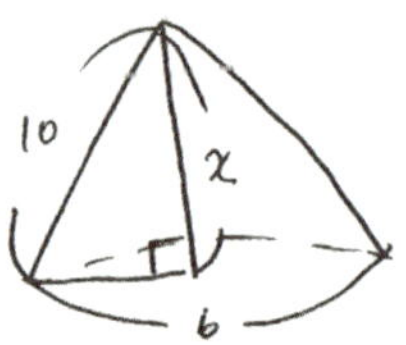

⇒ 피타고라스 정리에 의해

$x^2+6^2=10^2$

$x^2=100-36$

$x^2=64 \rightarrow x=8\text{ cm}$

높이가 8 cm

② 원뿔의 부피

$= \frac{1}{3} \times$ (원, 반지름 6) $\times 8$

밑넓이

$= \frac{1}{3} \times 36\pi \times 8$ (약분: 36 → 12)

$= 96\pi\text{ cm}^3$

Tip

- 피타고라스의 정리를 이용하여 원뿔의 높이를 구해요.
- 원뿔의 부피를 구하는 공식 $= \frac{1}{3} \times$ (밑넓이) $\times$ (높이)

답 96π cm^2

난이도 ★★★★☆

1

다음 그림과 같이 모선의 길이가 5 cm이고, 밑면인 원의 반지름의 길이가 4 cm인 원뿔의 부피를 구하여라.

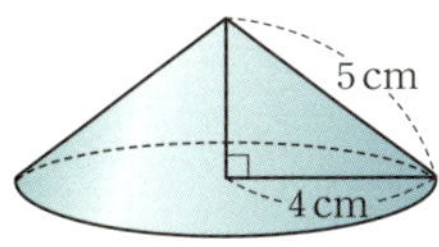

Hint 피타고라스의 정리를 이용하여 원뿔의 높이를 구해요.

2

다음 그림의 마름모 ABCD의 한 변의 길이를 구하여라.

풀이 쓰기

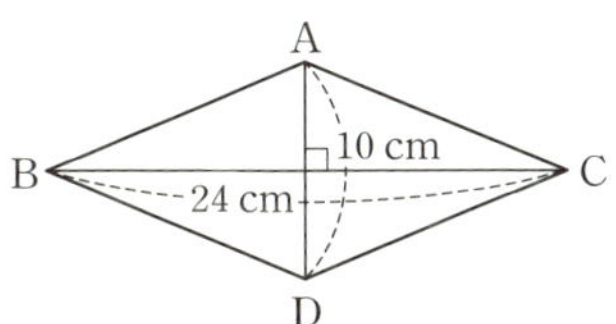

Hint 마름모의 두 대각선은 서로 수직이등분해요.

알아두면 좋아요

피타고라스의 정리 문제에 자주 나오는 삼각형

다음 그림의 세 직각삼각형은 피타고라스의 정리 문제에서 자주 나오는 숫자예요.

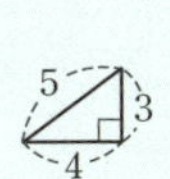

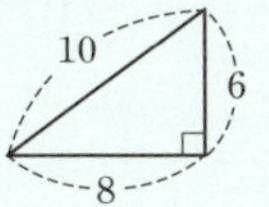

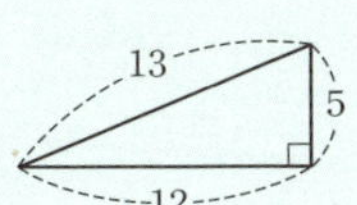

116 피타고라스의 정리 활용 2

다음 □ABCD에 대하여
$\overline{BC}^2+\overline{AD}^2$의 값은?

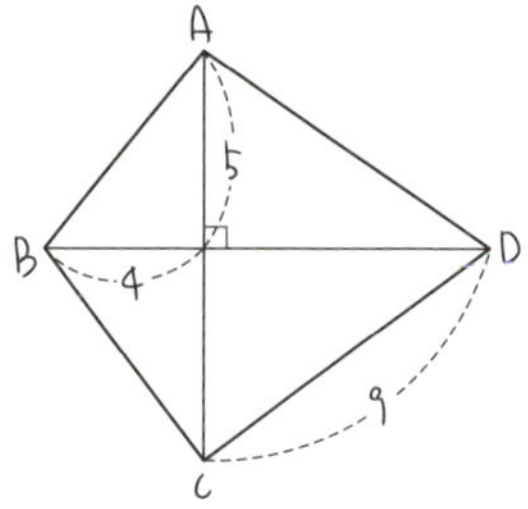

Tip

• □ABCD에서 두 대각선이 서로 직교할 때,

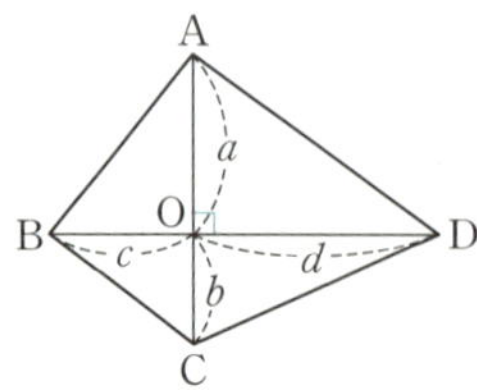

① $\overline{AB}^2=a^2+c^2$
② $\overline{BC}^2=b^2+c^2$
③ $\overline{CD}^2=b^2+d^2$
④ $\overline{DA}^2=d^2+a^2$
즉, $\overline{AB}^2+\overline{DC}^2=\overline{BC}^2+\overline{AD}^2$이에요.

풀·이·쓰·기

☆공식!

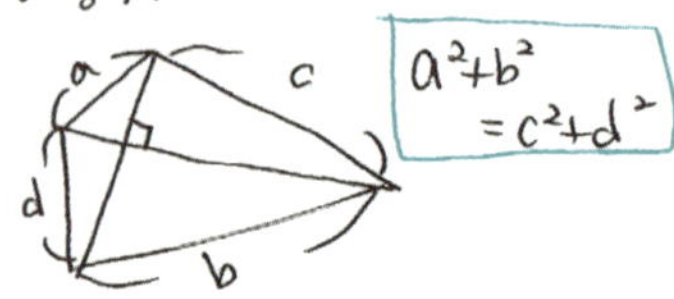

$a^2+b^2=c^2+d^2$

→두 대각선이 수직인 사각형에서 성립!
90°

① $\overline{AB}$의 길이를 구하자. → x라고 하자

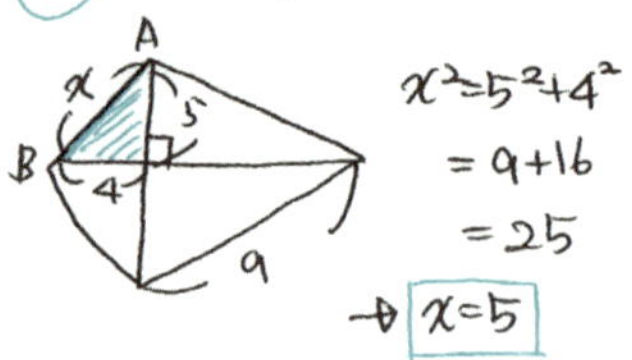

$x^2=5^2+4^2$
$=9+16$
$=25$
→ $x=5$

②

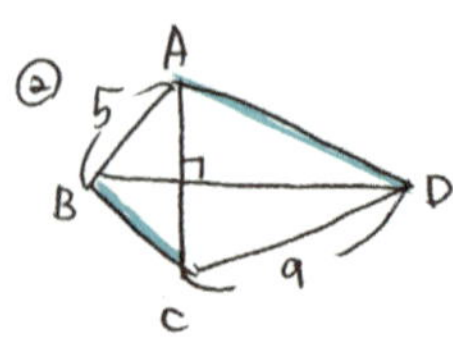

$\overline{BC}^2+\overline{AD}^2=5^2+9^2$
$=25+81$
$=106$

답 106

난이도 ★★★★☆

1

다음 □ABCD에 대하여 $\overline{BC}^2+\overline{AD}^2$의 값을 구하여라.

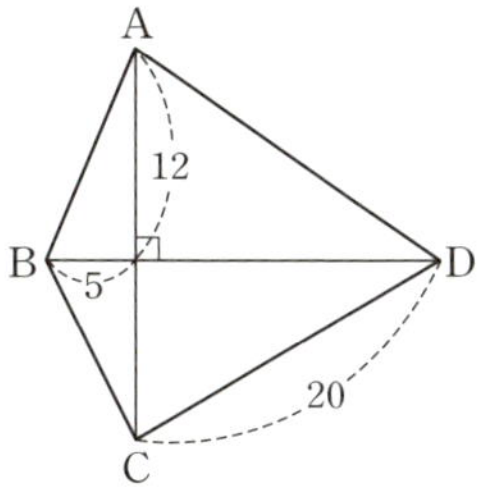

풀이 쓰기

2

다음 그림과 같이 직사각형 ABCD의 내부에 있는 임의의 점 P에 대하여 $\overline{AP}=5$, $\overline{CP}=7$, $\overline{BP}=6$일 때, $\overline{DP}^2$의 값을 구하여라.

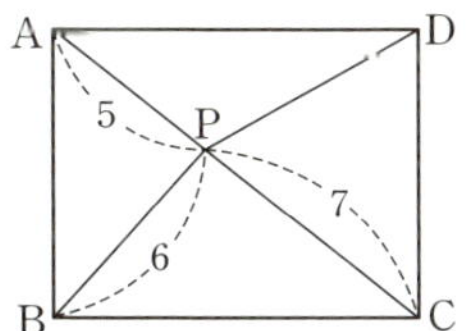

Hint 다음과 같이 보조선을 그어 문제를 풀어요.

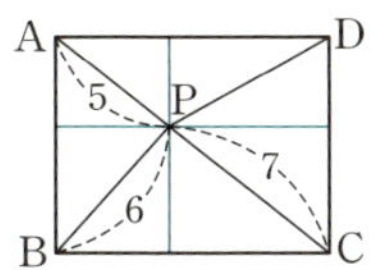

풀이 쓰기

알아두면 좋아요

피타고라스의 정리를 응용한 공식 ①

① □ABCD에서 두 대각선이 직교하면

➡ $\overline{AB}^2+\overline{DC}^2=\overline{BC}^2+\overline{AD}^2$

② 직사각형 ABCD의 내부의 점 P에 대하여

➡ $\overline{AP}^2+\overline{CP}^2=\overline{BP}^2+\overline{DP}^2$

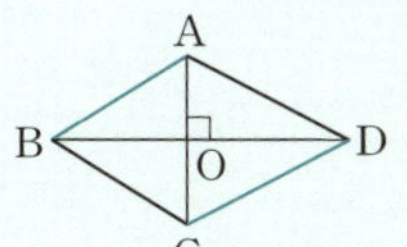

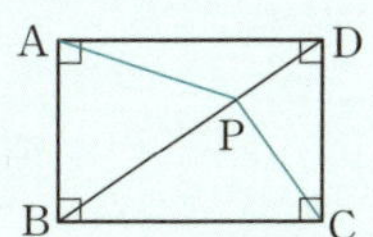

V

도형의 닮음과 피타고라스의 정리

117 피타고라스의 정리 활용 3

다음 그림과 같이 $\angle A=90°$, $\overline{BC}=14\text{cm}$인 직각삼각형 ABC의 각 변을 지름으로 하는 세 반원의 넓이의 합을 구하여라.

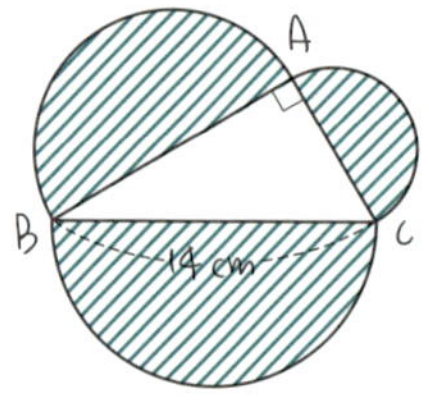

Tip

• 반원의 넓이는 $\frac{1}{2}\times(\text{반지름})^2\times\pi$예요.
  ($(\text{반지름})^2\times\pi$ → 원의 넓이)

 풀·이·쓰·기

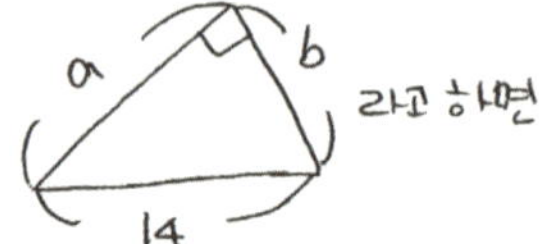

라고 하면

피타고라스 정리 → $a^2+b^2=14^2$

$a^2+b^2=196$

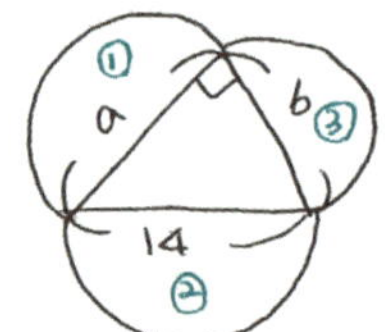

① 넓이 → $\frac{1}{2}\times\frac{a}{2}\times\frac{a}{2}\times\pi$ (반원)
$=\frac{a^2}{8}\pi$

② 넓이 → $\frac{1}{2}\times7\times7\times\pi$
$=\frac{49}{2}\pi$

③ 넓이 → $\frac{1}{2}\times\frac{b}{2}\times\frac{b}{2}\times\pi$
$=\frac{b^2}{8}\pi$

①+②+③ $=\frac{a^2}{8}\pi+\frac{49}{2}\pi+\frac{b^2}{8}\pi$

$=\frac{a^2+196+b^2}{8}=\frac{392}{8}=98\text{cm}^2$ (a^2+b^2 → 196)

답 98 cm^2

난이도 ★★★★★

1

다음 그림과 같이 $\angle A=90^\circ$, $\overline{BC}=20$ cm인 직각삼각형 ABC의 각 변을 지름으로 하는 세 반원의 넓이의 합을 구하여라.

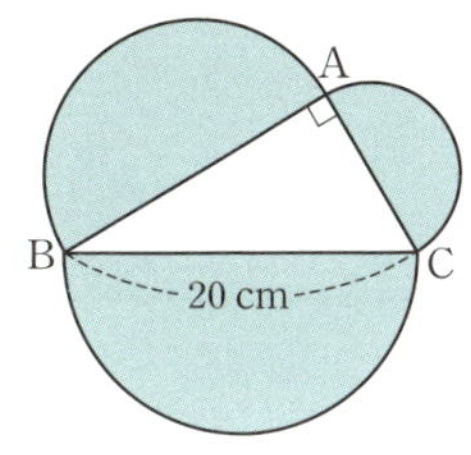

2

다음 그림은 $\angle A=90^\circ$인 직각삼각형 ABC의 각 변을 지름으로 하는 세 반원을 그린 것이다. 색칠한 부분의 넓이를 구하여라.

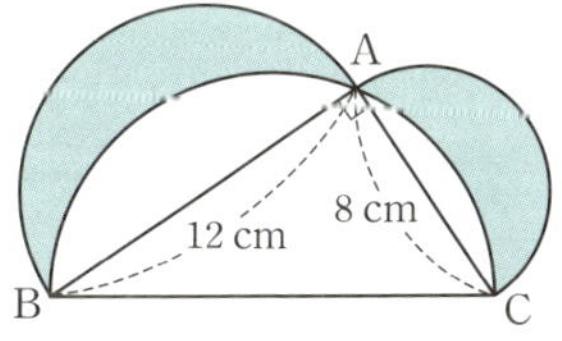

Hint 색칠한 부분의 넓이를 구하기 위해 어떤 도형에서 어떤 도형을 빼야 할지 잘 생각해야 해요.

알아두면 좋아요

피타고라스의 정리를 응용한 공식 ②

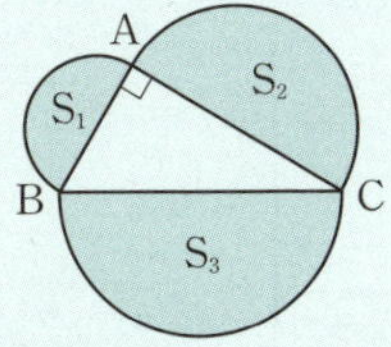

① 직각삼각형 ABC의 각 변을 지름으로 하는 세 반원의 넓이가 S_1, S_2, S_3일 때,

➡ $S_1+S_2=S_3$

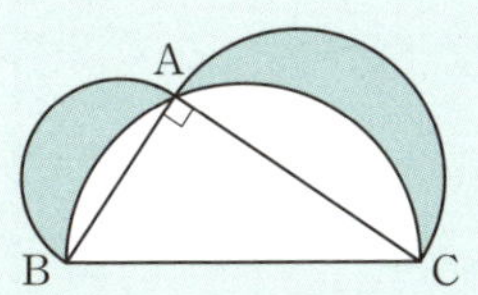

② 이때, 색칠된 부분의 넓이는

➡ (색칠된 부분의 넓이)

$=\cancel{S_1}+\cancel{S_2}+$(삼각형의 넓이)$-\cancel{S_3}$

$=$(삼각형의 넓이)

V 도형의 닮음과 피타고라스의 정리

쌤의 **수학** 읽을거리

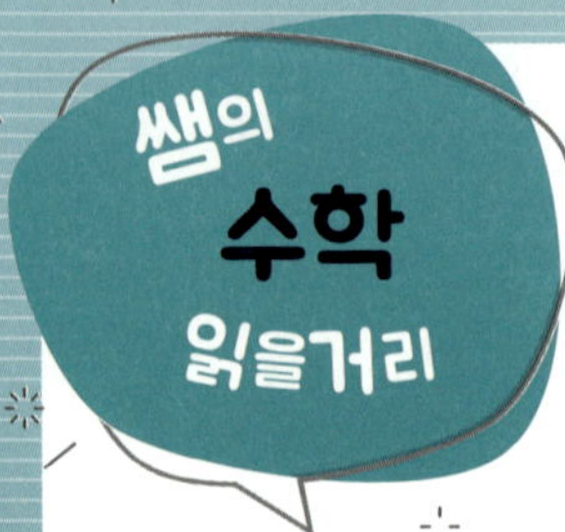

피타고라스의 정리

눈금 한 칸의 길이가 1인 모눈종이 위에 그림과 같이 직각삼각형 ABC와 세 개의 정사각형이 있어요. 가장 큰 정사각형의 넓이를 구하고, 세 정사각형의 넓이 사이에는 어떤 관계가 있는지 생각해 봐요.

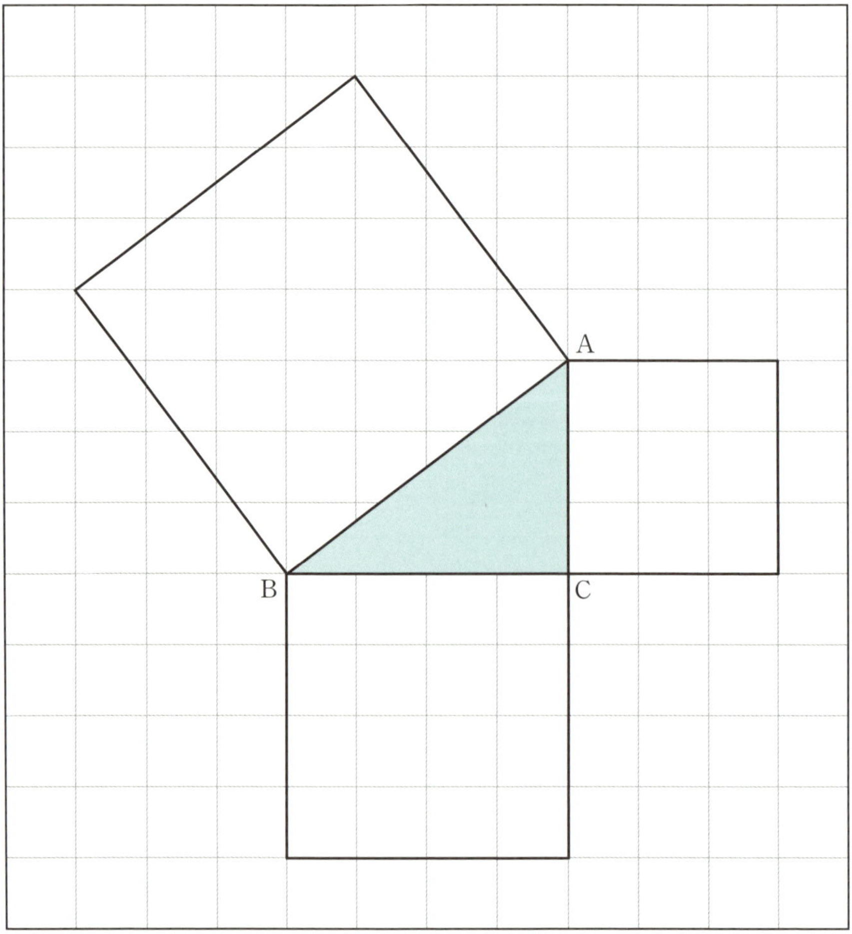

Ⅵ. 확률

#경우의 수 #일렬로 세우는 경우의 수

#대표를 뽑는 경우의 수

#확률 #확률의 기본 성질 #적어도 하나는 A일 확률

#연속하여 꺼내는 경우의 확률

118 사건 A 또는 사건 B가 일어나는 경우의 수

서로 다른 두 개의 주사위를 동시에 던질 때, 나오는 눈의 수의 합이 4 또는 7인 경우의 수는?

풀·이·쓰·기

(1)

1~6가지 1~6가지

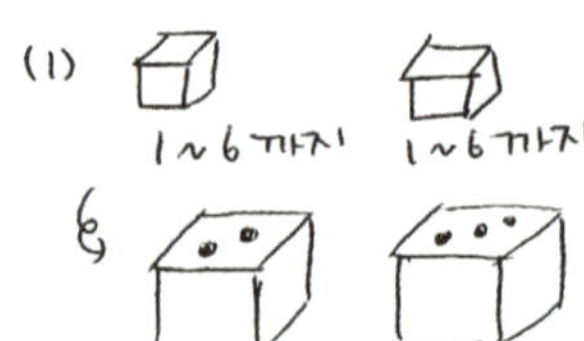

⇒ (2, 3) 이라고 하자.

① 눈의 합이 4인 경우

→ (1, 3), (2, 2), (3, 1)

3가지

② 눈의 합이 7인 경우

→ (1, 6), (2, 5), (3, 4), (4, 3), (5, 2), (6, 1)

↳ 6가지

⇒ 4 또는 7인 경우의 수

+(덧셈)

→ 3가지 + 6가지 = 9가지

답 9가지

지연쌤의 SNS

☑ 사건과 경우의 수가 무엇인가요?

사건은 주사위를 던지거나 동전을 던지는 등 동일한 조건에서 반복할 수 있는 실험이나 관찰에 의해 나타나는 결과를 말해요. 이때, 어떤 사건이 일어나는 가짓수를 **경우의 수**라고 하죠.

예 **사건:** 한 개의 주사위를 던져서 홀수의 눈이 나온다.

경우: 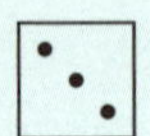 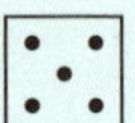

경우의 수: 3

난이도 ★★☆☆☆

1

서로 다른 두 개의 주사위를 동시에 던질 때, 나오는 눈의 수의 합이 5 또는 11인 경우의 수를 구하여라.

VI

확률

2

1부터 25까지의 자연수가 각각 하나씩 적힌 25개의 공이 들어 있는 주머니에서 1개의 공을 꺼낼 때, 5의 배수 또는 6의 배수가 적힌 공을 꺼내는 경우의 수를 구하여라.

알아두면 좋아요

사건 A 또는 사건 B가 일어날 경우의 수

사건 A가 일어나는 경우의 수가 a가지이고,
사건 B가 일어나는 경우의 수가 b가지일 때,
사건 A 또는 사건 B가 일어나는 경우의 수는 $a+b$가지예요.
'또는'은 여러 사건 중 하나만 일어나도 괜찮을 때를 말해요.

119 사건 A와 사건 B가 동시에 일어나는 경우의 수

다음 물음에 답하여라.

(1) 그림과 같이 길이 주어져 있다. 지연이네서 도서관을 거쳐 고은이네 집까지 가는 방법의 수는?

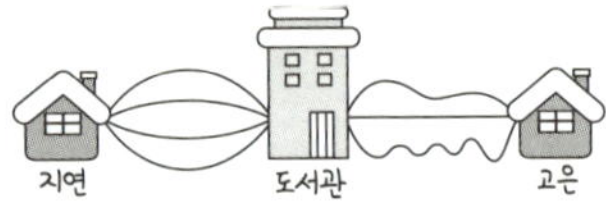

(2) 두개의 주사위 A, B를 동시에 던질 때, A에서는 홀수의 눈이 나오고, B에서는 4의 약수의 눈이 나오는 경우의 수는?

Tip

- 동시에 일어난다는 말은 '연속해서' 또는 '둘 다'라는 말과 같아요. 즉, 위의 문제 (1)에서 지연이네서 도서관에 가는 사건과 도서관에서 고은이네 가는 사건이 연속해서 일어나는 것이죠.

풀·이·쓰·기

(1)

지연 → 도서관 → 고은

방법 4가지, 방법 3가지

⇒ 총 방법 4×3 = 12가지

(2) A 홀수: 1, 3, 5 → 3가지

B 4의 약수: 1, 2, 4 → 3가지

⇒ "동시에" 던짐 → 곱셈

= 3가지 × 3가지 = 9가지

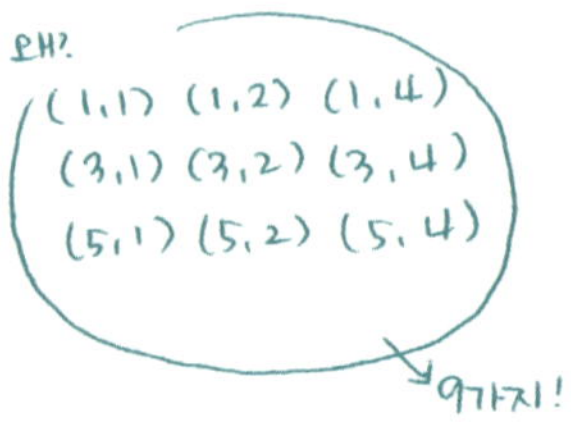

답 (1) 12가지, (2) 9가지

난이도 ★★★☆☆

1

다음 그림과 같이 A 지점에서 B 지점까지 가는 길이 2가지, B 지점에서 C 지점까지 가는 길이 4가지일 때, A 지점에서 B 지점을 거쳐 C 지점까지 가는 경우의 수를 구하여라. (단, 한 번 지나간 지점은 다시 지나가지 않는다.)

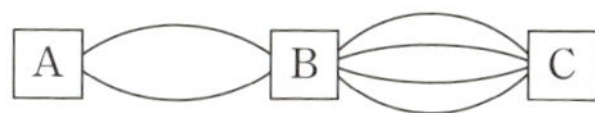

2

두 개의 주사위 A, B를 동시에 던질 때, 주사위 A는 소수의 눈이 나오고, 주사위 B는 3의 배수의 눈이 나오는 경우의 수를 구하여라.

알아두면 좋아요

사건 A와 사건 B가 동시에 일어날 경우의 수

사건 A가 일어나는 경우의 수가 a가지이고,
사건 B가 일어나는 경우의 수가 b가지일 때,
사건 A와 사건 B가 동시에 일어나는 경우의 수는 $a\times b$가지에요.
'동시에'는 여러 사건이 모두 일어나야 할 때를 말해요.

120 여러 명을 일렬로 세우는 경우의 수

소원, 승비, 만재, 민우, 서현

5명의 학생이 있다.

다음 물음에 답하여라.

(1) 5명을 모두 일렬로 세우는 경우의 수는?

(2) 이 중에서 3명을 뽑아 일렬로 세우는 경우의 수는?

(3) 소원이와 서현이를 양끝에 세우고, 그 사이에 다른 세명을 일렬로 세우는 경우의 수는?

Tip

- 일렬로 세우는 경우의 수는 항목의 개수가 몇 개인지 아는 것이 가장 중요해요.

 풀·이·쓰·기

(1)

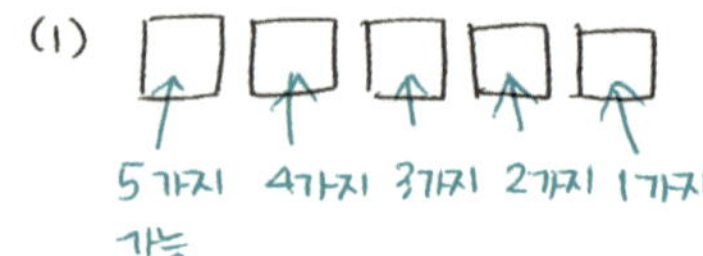

⇒ $5 \times 4 \times 3 \times 2 \times 1 = 120$가지

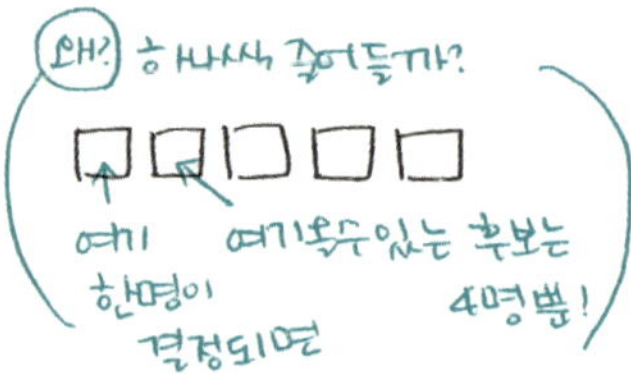

(2)

5가지 가능 4가지 가능 3가지 가능

⇒ $5 \times 4 \times 3 = 60$가지

(3)

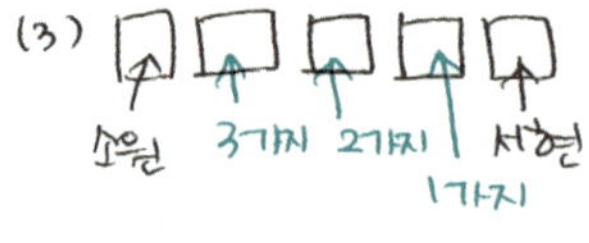

⇒ $3 \times 2 \times 1 =$ 6가지

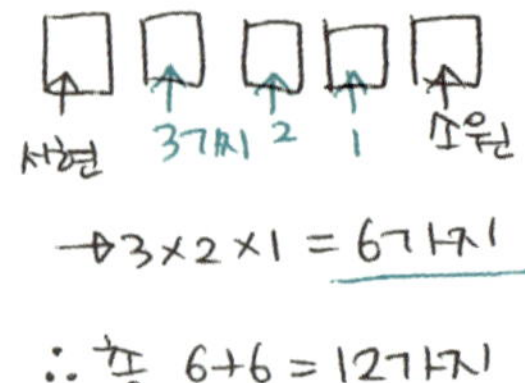

⇒ $3 \times 2 \times 1 =$ 6가지

∴ 총 $6+6=$ 12가지

답 (1) 120가지, (2) 60가지, (3) 12가지

난이도 ★★★★☆

1

A, B, C, D, E, F 6명의 학생이 있다. 다음 물음에 답하여라.

(1) 6명을 일렬로 세우는 경우의 수를 구하여라.

(2) 6명 중 3명을 뽑아 일렬로 세우는 경우의 수를 구하여라.

(3) A와 B가 양 끝에 서고, 그 사이에 다른 두 명을 일렬로 세우는 경우의 수를 구하여라.

풀이 쓰기

VI

확률

알아두면 좋아요

일렬로 세우는 경우의 수

항목의 개수가 n개일 때,

① n명을 일렬로 세우는 경우의 수

➡ $n\times(n-1)\times(n-2)\cdots2\times1$ ⟶ $\underset{n}{\square}\ \underset{n-1}{\square}\ \cdots\ \underset{2}{\square}\ \underset{1}{\square}$

② n명 중 2명을 뽑아 일렬로 세우는 경우의 수

➡ $n\times(n-1)$ ⟶ $\underset{n}{\square}\ \underset{n-1}{\square}$

③ n명 중 3명을 뽑아 일렬로 세우는 경우의 수

➡ $n\times(n-1)\times(n-2)$ ⟶ $\underset{n}{\square}\ \underset{n-1}{\square}\ \underset{n-2}{\square}$

121 조건이 있을 때의 일렬로 세우는 경우의 수

어느 중학교의 1-5반 A조에는 다음과 같은 학생들이 있다.

윤진, 민호, 선호, 재민, 다희, 혜진

(6명)

이 학생들을 일렬로 세우는데 민호와 선호는 반드시 이웃해야 한다고 한다. 가능한 경우의 수는?

이웃하는 친구는 한명으로 생각!

풀·이·쓰·기

한명처리

→ 총 5명을 일렬로 세운다고 생각하기!

5가지 4가지 3 2 1

→ $5 \times 4 \times 3 \times 2 \times 1 = 120$가지

But!!!

민호와 선호가 이웃하는 경우는

두가지 가능!

120가지 120가지

따라서, 총 240가지

답 240가지

지연쌤의 SNS

☑ 반드시 이웃해야 한다고?

문제에서 반드시 이웃해야 한다는 조건이 있으면 이웃하는 친구들을 하나로 묶어 1명으로 생각해요.

하나로 묶어서 일렬로 세워 경우의 수를 구한 뒤, 하나로 묶었던 친구들의 경우의 수를 따로 구해요.

난이도 ★★★★☆

1

어느 중학교의 동아리에 학생들이 있다.

풀이 쓰기

애라, 고은, 지연, 예진, 은진, 진아, 애숙

이 학생들을 일렬로 세울 때, 다음 물음에 답하여라.

(1) 진아와 은진이는 반드시 이웃해야 할 때, 학생들을 일렬로 세우는 경우의 수를 구하여라.

(2) 동아리 회장인 고은이는 맨 앞, 부회장인 예진이는 맨 뒤에 서야 할 때, 학생들을 일렬로 세우는 경우의 수를 구하여라.

VI

확률

알아두면 좋아요

세 명이 이웃할 때의 일렬로 세우는 경우의 수

A, B, C, D, E, F, G 7명을 일렬로 세울 때, A, B, C는 꼭 이웃해야 한다. 가능한 경우의 수를 구하여라.

① A, B, C를 1명으로 보고 5명을 일렬로 세워요.
(A, B, C), D, E, F, G ➡ $5\times4\times3\times2\times1=120$가지
② 이제 1명으로 봤던 A, B, C를 일렬로 세워요.
A, B, C ➡ $3\times2\times1=6$가지
③ ①과 ②는 연속해서 일어나는 사건이에요.
➡ 120가지 × 6가지 = 720가지

122 숫자를 뽑아 자연수를 만들자

다음과 같이 1부터 5까지의 자연수가 하나씩 적힌 카드가 있다. 다음 물음에 답하여라.

1,2,3,4,5

(1) 이 중 두장을 뽑아 만들 수 있는 자연수의 개수는?

(2) 이 중 세장을 뽑아 만들 수 있는 자연수의 개수는?

(3) 두 장을 뽑아 만들 수 있는 짝수의 개수는?

Tip

- 숫자를 뽑아서 자연수를 만드는 문제도 일렬로 줄을 세우는 문제와 비슷해요. 단, 어떤 숫자들로 몇 자리의 자연수를 만들어야 하는지 정확히 알아야 해요.

 풀·이·쓰·기

(1) 두 장 빈칸을 마련하자!

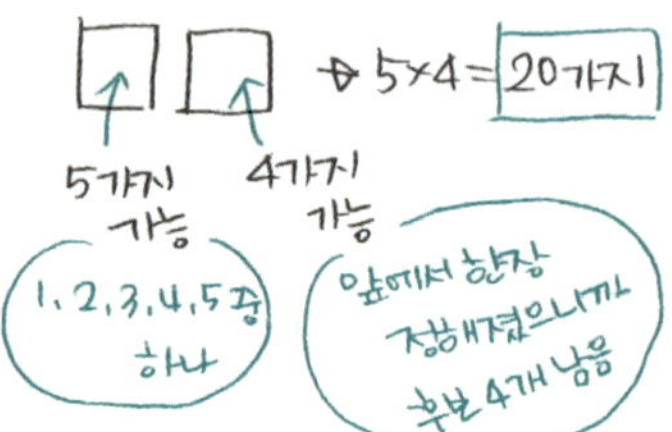

(2)

5가지 4가지 3가지

→ 5×4×3=60가지

(3) 짝수는 일의 자리가 중요!

2 또는 4

일의 자리부터 카드를 뽑는다!

→ 4×2=8가지

4가지 2가지

2,4 중 하나

일의 자리에서 하나 결정되었으므로 4가지 경우 남음

답 (1) **20가지**, (2) **60가지**, (3) **8가지**

난이도 ★★★★★

1

다음과 같이 0부터 4까지의 자연수가 하나씩 적힌 카드가 5장 있다. 다음 물음에 답하여라.

0 1 2 3 4

(1) 이 중 두 장을 뽑아 만들 수 있는 두 자리의 자연수의 개수를 구하여라.

Hint

십 일
└→ 0이 올 수 없으므로 후보는 4장

(2) 이 중 세 장을 뽑아 만들 수 있는 세 자리의 자연수의 개수를 구하여라.

Hint

백 십 일
└→ 0이 올 수 없으므로 후보는 4장

(3) 두 장을 뽑아 만들 수 있는 두 자리의 자연수 중 2의 배수의 개수를 구하여라.

Hint

십 일 └→ 0일 때 또는 십 일 └→ 2, 4일 때

VI 확률

123 대표를 뽑자

남학생이 6명, 여학생이 4명 속해있는 동아리가 있다.

다음 상황에 맞는 경우의 수를 구하여라.

(1) 회장 1명, 부회장 1명 선출

(2) 동아리 대표 2명 선출

Tip

- 대표를 뽑는 문제를 풀 때는 자격이 같은지 다른지 꼭 확인해야 해요.

풀·이·쓰·기

(1) 남녀구분 없으므로 총 10명 중

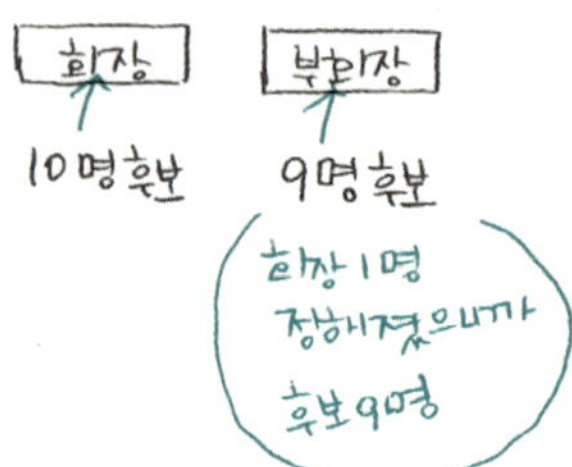

회장 ← 10명 후보, 부회장 ← 9명 후보

$\Rightarrow 10\times9=90$가지

(2) 회장, 부회장으로 나누지 않고 그냥 대표 2명

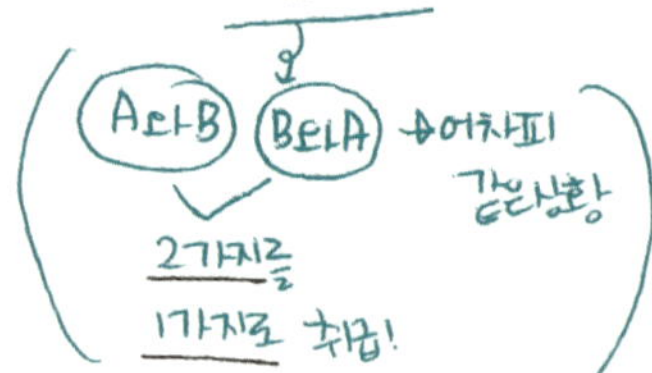

⇒ 그래서! 반드시 마지막에 $\frac{1}{2}$을 해주어야 한다!

대표1 ← 10명 후보, 대표2 ← 9명 후보

$\Rightarrow 10\times9\times\frac{1}{2}=45$가지

↑ 순서가 상관 없으니까!

답 (1) 90가지, (2) 45가지

난이도 ★★★★☆

1

1학년이 5명, 2학년이 6명 있는 동아리가 있다. 다음 물음에 답하여라.

(1) 회장 1명과 부회장 1명을 뽑을 경우의 수를 구하여라.

(2) 1학년 대표 1명, 2학년 대표 1명을 뽑는 경우의 수를 구하여라.

(3) 동아리 대표 2명을 뽑는 경우의 수를 구하여라.

Hint 단순히 대표 2명을 뽑는다는 것은 (A, B)가 뽑히던가 (B, A)가 뽑히던가 똑같이 하나의 경우라는 것을 알아야 해요.

VI

확률

알아두면 좋아요

대표 뽑기

① 자격이 다른 대표를 뽑는 경우

n명 중에서 자격이 다른 2명의 대표를 뽑는 경우의 수

➡ $n\times(n-1)$

예 회장과 부회장을 뽑는 경우

② 자격이 같은 대표를 뽑는 경우

n명 중에서 자격이 같은 2명의 대표를 뽑는 경우의 수

➡ $\dfrac{n\times(n-1)}{2}$

예 대표 2명을 뽑는 경우

124 확률의 기본 성질

두 주사위 (1~6까지 적힌)를 동시에 던질 때, 나온 눈의 수에 대한 다음 질문에 답하여라.

총 36가지 경우의 수

(1) 나온 눈의 수의 합이 5일 확률은?

(2) 두 눈이 모두 짝수일 확률은?

(3) 나온 눈의 수의 차가 0일 확률은?

(2, 2) 같이 두 눈이 같으면

풀·이·쓰·기

✲ 주사위 2개 동시에 던지면
6가지 × 6가지 ⇒ 총 36가지 경우! 분모

(1) 나온 눈의 합이 5인 경우의 수
→ (1, 4), (2, 3), (3, 2), (4, 1)
→ 4가지
→ 확률: $\frac{4가지}{36가지} = \frac{1}{9}$

(2) 두 눈이 모두 짝수
→ (2, 2), (2, 4), (2, 6),
(4, 2), (4, 4), (4, 6)
(6, 2), (6, 4), (6, 6)
→ 9가지
→ 확률: $\frac{9가지}{36가지} = \frac{1}{4}$

(3) 눈의 차가 0 → 두 눈이 같으면!
→ (1, 1), (2, 2), (3, 3),
(4, 4), (5, 5), (6, 6)
→ 6가지
→ 확률: $\frac{6가지}{36가지} = \frac{1}{6}$

답 (1) $\frac{1}{9}$, (2) $\frac{1}{4}$, (3) $\frac{1}{6}$

Tip

• 확률 p란?
어떤 실험이나 관찰에서 일어날 수 있는 모든 경우의 수를 n, 사건 A가 일어나는 경우의 수를 a라고 하면 사건 A가 일어날 확률 p는 다음과 같아요.

$$p = \frac{(\text{사건 A가 일어나는 경우의 수})}{(\text{모든 경우의 수})} = \frac{a}{n}$$

난이도 ★★★☆☆

1

1부터 6까지의 눈이 있는 두 주사위를 동시에 던질 때, 나온 눈의 수에 대하여 다음 물음에 답하여라.

(1) 나온 눈의 수의 합이 10일 확률을 구하여라.

(2) 나온 눈의 수의 차가 4일 확률을 구하여라.

(3) 처음에는 소수의 눈이 나오고, 다음에는 3의 배수의 눈이 나올 확률을 구하여라.

VI

확률

알아두면 좋아요

동전과 주사위의 확률

① (동전을 던져서 앞면이 나올 확률)

$$=\frac{(\text{앞면이 나오는 경우의 수})}{(\text{동전을 던져서 나오는 모든 경우의 수})}=\frac{1}{2}$$

② (주사위를 던져서 1이 나올 확률)

$$=\frac{(\text{주사위를 던져서 1이 나오는 경우의 수})}{(\text{주사위를 던져서 나오는 모든 경우의 수})}=\frac{1}{6}$$

125 정반대의 상황을 생각해야 하는 경우

다음 물음에 답하여라.

(1) 어떤 뽑기기계에서 뽑기에 성공할 확률이 $\frac{1}{10}$이라고 한다. 세 번 시도하여 적어도 한번은 성공할 확률은?

⟺ 반댓말 : 세번 모두 실패

(2) 서로 다른 두개의 주사위를 던질 때, 나온 눈의 수의 합이 10 이하일 확률은?

36가지

반댓말 : 10 초과

Tip

• 절대로 일어나지 않는 사건의 확률은 0이고, 반드시 일어나는 사건의 확률은 1이에요.

풀·이·쓰·기

(1) 성공확률 $\frac{1}{10}$ → 실패확률 $\frac{9}{10}$

→ 적어도 한번 성공할 확률

$= 1 -$ 세번 모두 실패할 확률

$= 1 - \frac{9}{10} \times \frac{9}{10} \times \frac{9}{10}$

실패 실패 실패

$= 1 - \frac{729}{1000} = \boxed{\frac{271}{1000}}$

(2) 나온 눈의 수의 합이 10 이하?

엄청 많은데?

반대를 생각하자!

→ $1 -$ 합이 10 초과일 확률

(5, 6), (6, 5), (6, 6)

→ 3가지

$= 1 - \frac{3가지}{36가지} = 1 - \frac{1}{12}$

$= 1 - \frac{1}{12} = \boxed{\frac{11}{12}}$

답 (1) $\frac{271}{1000}$, (2) $\frac{11}{12}$

난이도 ★★★☆☆

1

농구선수인 다운이가 자유투에 성공할 확률이 $\frac{1}{3}$이다. 다운이가 자유투를 세 번 시도하여 적어도 한 번은 성공할 확률을 구하여라.

풀이 쓰기

Hint

(적어도 한 번 성공할 확률)
$=1-$(세 번 모두 실패할 확률)

2

서로 다른 두 주사위를 동시에 던질 때, 나온 눈의 수의 곱이 짝수일 확률을 구하여라.

풀이 쓰기

Hint

(나온 눈의 수의 곱이 짝수일 확률)
$=1-$(나온 눈의 수의 곱이 홀수일 확률)

알아두면 좋아요

확률의 성질

절대로 일어나지 않는 확률 / 반드시 일어나는 확률

① 사건 A가 일어날 확률을 p라고 하면 $0 \le p \le 1$이다.
② 사건 A가 일어나지 않을 확률은 $1-p$이다.

예를 들어 일기 예보에서 내일 비가 올 확률이 30 %라고 했다면, 비가 오지 않을 확률은 70 %예요. 하지만 수학에서는 확률을 백분율로 나타내지 않고 분수로 나타내요.
따라서 내일 비가 올 확률은 $\frac{3}{10}$이고, 비가 오지 않을 확률은 $1-\frac{3}{10}=\frac{7}{10}$이에요.

Ⅵ 확률

126 두 사건이 일어나는 확률

1부터 5까지 자연수가 하나씩 적힌 5장의 카드 중 2장을 뽑아 두 자리의 자연수를 만들 때, 그 자연수가 짝수 또는 5의 배수가 될 확률을 구하여라.

(분모 ← 여기까지) (분자)

풀·이·쓰·기

★ 2장을 뽑아 두자리자연수만듦

→ □ □ = 5 × 4 = 20가지
5가지 4가지

① 짝수인 경우 — 일의자리가 2 or 4

십 일 = 4×2 = 8가지
4가지 2가지

② 5의 배수인 경우
↳ 일의 자리가 5 or 0으로 끝나야
But! 카드에 "0"이 없음
→ 일의자리 무조건 5

십 일 = 4×1 = 4가지
4가지 1가지
(무조건 5만가능)

⇒ 짝수 또는 5의배수인 경우의수
8가지 + 4가지 = 12가지

→ 따라서, 확률은 $\frac{12가지}{20가지} = \frac{3}{5}$

답 $\frac{3}{5}$

Tip

- 사건 A가 일어날 확률을 p, 사건 B가 일어날 확률을 q라고 하면
  ➡ (사건 A 또는 사건 B가 일어날 확률) $=p+q$
- 사건 A가 일어날 확률을 p, 사건 B가 일어날 확률을 q하고 하면
  ➡ (사건 A와 사건 B가 동시에 일어날 확률) $=p\times q$

난이도 ★★★★☆

1

1부터 5까지 자연수가 하나씩 적힌 5장의 카드 중 2장을 뽑아 두 자리의 자연수를 만들 때, 그 자연수가 20보다 작거나 40보다 클 확률을 구하여라.

Hint

(20보다 작을 확률)+(40보다 클 확률)

2

A, B, C, D, E의 5명 중에서 1명의 회장과 1명의 부회장을 뽑으려고 한다. 이때 A 또는 B가 회장으로 뽑히는 확률을 구하여라.

Hint

(A가 회장이 되는 확률)+(B가 회장이 되는 확률)

Ⅵ 확률

127 여러 가지 확률

어떤 야구팀에서 A, B, C 세 선수의 타율이 다음과 같다고 한다.

A선수	B선수	C선수
$\frac{1}{3}$	$\frac{2}{5}$	$\frac{1}{7}$

이어지는 물음에 답하여라.
(단, 세 선수가 1번씩 타석에 섰다)

(1) 세 선수가 모두 안타를 칠 확률은?

(2) B선수만 안타를 칠 확률은?

(3) 세 선수 중 적어도 1명이 안타를 칠 확률은?

풀·이·쓰·기

(1) $\frac{1}{3} \times \frac{2}{5} \times \frac{1}{7} = \frac{2}{105}$

안타 안타 안타

(2)

안타×	안타O	안타×
$\frac{2}{3}$	$\frac{2}{5}$	$\frac{6}{7}$

→ $\frac{2}{3} \times \frac{2}{5} \times \frac{6}{7} = \frac{8}{35}$

(3) 적어도 1명이 안타 칠 확률

= 1 − 한명도 안타 못 칠 확률

안타×	안타×	안타×
$\frac{2}{3}$	$\frac{3}{5}$	$\frac{6}{7}$

$= 1 - \frac{2}{3} \times \frac{3}{5} \times \frac{6}{7}$

$= 1 - \frac{12}{35} = \frac{23}{35}$

답 (1) $\frac{2}{105}$, (2) $\frac{8}{35}$, (3) $\frac{23}{35}$

지연쌤의 SNS

☑ 확률을 나타내는 방법은 어떤 것들이 있나요?

① 수학에서는 확률을 분수로 나타내요.

예 주사위를 던져 홀수가 나올 확률은 $\frac{3}{6} = \frac{1}{2}$

② 일기 예보에서는 비 또는 눈이 올 확률을 퍼센트(%)로 나타내요.

예 내일 비가 올 확률이 30 %이다. ➡ 수학: $\frac{30}{100} = \frac{3}{10}$

③ 야구에서는 타자들의 타율을 할 푼 리로 나타내요.

예 A 선수의 타율이 3할 2푼 7리이다. ➡ 수학: $\frac{327}{1000}$

난이도 ★★★☆☆

1

1. 다음 표를 보고 물음에 답하여라.

풀이 쓰기

	월요일	화요일	수요일
비가 올 확률	40 %	70 %	20 %

(1) 3일 연속으로 비가 올 확률을 구하여라.

Hint 연속이라고 했으니까 모든 확률을 곱해야 해요.

(2) 화요일에만 비가 올 확률을 구하여라.

Hint (월요일에 비가 안 올 확률) × (화요일에 비가 올 확률) × (수요일에 비가 안 올 확률)

(3) 월요일, 화요일, 수요일 중에 적어도 하루는 비가 올 확률을 구하여라.

Hint (적어도 하루는 비가 올 확률)
= 1 − (3일 모두 비가 안 올 확률)

128 연속하여 공을 꺼내는 확률

노란공 2개, 빨간공 3개, 파란공 5개가 들어있는 주머니가 있다.

이 주머니에서 연속하여 2번 꺼낼 때, 다음 물음에 답하여라.

(복오)

(단, 꺼낸공은 다시 넣지 않는다.)

(1) 빨간공 1개, 파란공 1개를 뽑을 확률은?

(2) 노란공만 연속해서 2번 뽑을 확률은?

(3) 적어도 한번은 노란공을 뽑을 확률은?

반댓말: 노란공이 한번도 안뽑힘

풀·이·쓰·기

★ 공을 연속하여 두번 꺼내는 경우의수

→ (1회) (2회) $= 10 \times 9 =$ **90가지**

10가지 경우, 9가지 경우

(왜?) 꺼낸공은 다시 넣지않으므로

(1) (빨) (파) $= 3 \times 5 =$ **15가지**

3가지, 5가지

→ 확률: $\dfrac{15가지}{90가지} = \dfrac{3}{18}$

(2) (노) (노) $= 2 \times 1 =$ **2가지**

2가지, 1가지

(왜?) 노란공 하나 이미 뽑힘

→ 확률: $\dfrac{2가지}{90가지} = \dfrac{1}{45}$

(3) 노란공이 한번도 안뽑히는 경우

(노×) (노×) $= 8 \times 7 = 56가지$

8가지, 7가지

적어도 한번 노란공일 확률은

$1 - \dfrac{56가지}{90가지} = \dfrac{34}{90} = \dfrac{17}{45}$

답 (1) $\dfrac{3}{18}$, (2) $\dfrac{1}{45}$, (3) $\dfrac{17}{45}$

난이도 ★★★☆☆

1

다음 그림과 같이 하얀색 공, 파란색 공이 들어 있는 2개의 주머니에서 공을 각각 1개씩 꺼낼 때, 다음 물음에 답하여라.

풀이 쓰기

A 주머니 B 주머니

(1) A 주머니에서 하얀색 공, B 주머니에서 파란색 공이 나올 확률을 구하여라.

(2) 연속으로 같은 색의 공이 나올 확률을 구하여라.

(3) 두 공 중에서 적어도 하나는 파란색 공이 나올 확률을 구하여라.

알아두면 좋아요

꺼낸 공을 다시 넣지 않는다 VS 꺼낸 공을 다시 넣는다

안이 보이지 않는 통에 10개의 공이 들어 있다.
공을 1개씩 두 번 꺼낼 때, 둘 다 검은색 공일 확률을 구하여라.

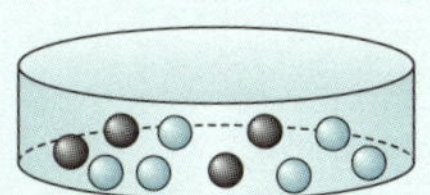

① 꺼낸 공을 다시 넣지 않을 때의 확률

➡ $\frac{4}{10}\times\frac{3}{9}=\frac{12}{90}=\frac{2}{15}$

꺼낸 공을 다시 넣지 않으므로 검은 공을 한 번 꺼내면 전체 공이 9개로 줄었고 검은 공이 3개로 줄었어요.

② 꺼낸 공을 다시 넣었을 때의 확률

➡ $\frac{4}{10}\times\frac{4}{10}=\frac{16}{100}=\frac{4}{25}$

꺼낸 공을 다시 넣었으므로 검은 공을 한 번 꺼내도 전체 공은 다시 10이고 검은 공도 여전히 4개예요.

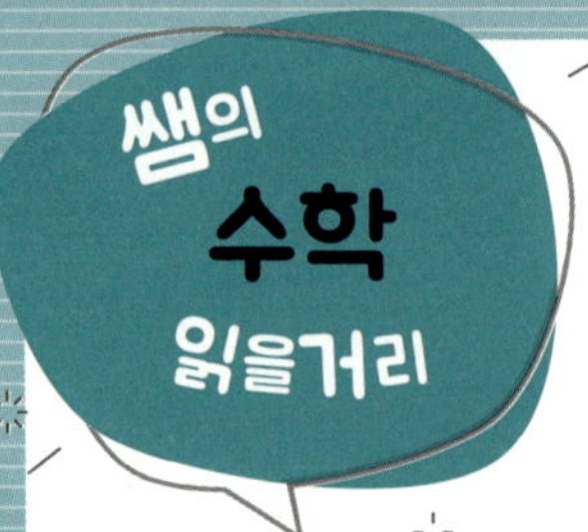

확률은 가능성!

동전을 던지면 앞면이 나올 확률은 $\frac{1}{2}$인 50 %예요.

그런데 여러분이 동전을 10번 던지면 정말로 앞면 5번, 뒷면 5번이 나올까요? 앞면만 10번 나올 수도 있고, 뒷면만 10번 나올 수도 있고, 정확히 앞면 5번, 뒷면 5번이 나올 수도 있어요.

맞아요. 어떤 결과가 나올지는 여러분들도 모르고 쌤도 몰라요. 하지만 왜 우리는 동전을 던졌을 때 앞면이 나올 확률을 $\frac{1}{2}$로 생각하고 있을까요?

확률은 어떤 사건이 실제로 일어날 것인지 또는 일어났는지에 대한 가능성을 수학적으로 나타내는 방법이에요. 여기서 가능성이란 기대, 상상, 예측, 믿음 등 다양한 의미가 될 수 있어요.

자, 이제 실험을 하나 할까요? 동전을 꺼내서 100번을 던지세요. 그리고 10번째마다 기록을 하세요.

던진 횟수	10	20	30	40	50	60	70	80	90	100
앞면이 나온 횟수										
확률										

동전을 던지다 보면 앞면이 나올 확률인 $\frac{1}{2}$에 가까워지기도 하고 멀어지기도 하지만, 던지는 횟수가 많아지면 많아질수록 점점 $\frac{1}{2}$에 가까워지는 것을 확인할 수 있을 거예요.

정답

I. 수와 식의 계산

유형 001 **1** (1) 3, $0.\dot{3}$, (2) 714285, $0.\dot{7}1428\dot{5}$, (3) 4, $1.\dot{4}$

2 43

유형 002 **1** 5 **2** 3

유형 003 **1** ③ **2** ㄱ, ㄷ, ㄹ

유형 004 **1** 9 **2** 14

유형 005 **1** 3, 6, 9 **2** ⑤

유형 006 **1** (1) $\frac{23}{99}$, (2) $\frac{613}{495}$ **2** ③

유형 007 **1** $4.\dot{3}$ **2** $2.\dot{1}\dot{3}$

유형 008 **1** ② **2** ㄱ, ㄷ, ㅂ

유형 009 **1** (1) a^{14}, (2) a^{14} **2** ②

유형 010 **1** 14 **2** 17

유형 011 **1** (1) A^2, (2) 5B, (3) 15AB **2** 6A

유형 012 **1** 31 **2** 10

유형 013 **1** (1) $\frac{5x}{y^2}$, (2) $-2y$ **2** $\mathrm{A}=5$, $\mathrm{B}=-4$

유형 014 **1** (1) $5a^2-5a-3$, (2) $6a^2+3a+7$

2 $\mathrm{A}=-1$, $\mathrm{B}=7$, $\mathrm{C}=1$

유형 015 **1** $\mathrm{A}=-3$, $\mathrm{B}=5$ **2** 0

유형 016 **1** $5x^2+3x+3$ **2** $4x^2+x+14$

유형 017 **1** $-6x^2-x$ **2** -25

유형 018 **1** $4xy$ **2** $8x^2y^2+9xy^2$

유형 019 **1** (1) 0, (2) -39, (3) 15

유형 020 **1** $-4x+7y$ **2** $3y+1$

유형 021 1 $2y+3$ 2 $-6x$

Ⅱ. 부등식과 연립방정식

유형 022 1 (1) $x+10>3(x-5)$, (2) $300x+1000<3000$

2 ㄱ, ㄹ

유형 023 1 ③, ⑤ 2 ③, ⑤

유형 024 1 ⑤ 2 ⑤

유형 025 1 $-4<-3x+5\le 11$ 2 0

유형 026 1 ④, ⑤ 2 $a=1$, $b\neq-6$

유형 027 1 (1) ($x\le -2$, 수직선: -2), (2) ($x<\frac{11}{9}$, 수직선: $\frac{11}{9}$)

2 ⑤

유형 028 1 (1) ($x>-8$, 수직선: -8), (2) ($x\ge -4$, 수직선: -4)

2 $x<24$

유형 029 1 4 2 10

유형 030 1 $-2<a\le-\frac{3}{2}$ 2 $5\le a<6$

유형 031 1 26, 28, 30 2 13, 15, 17

유형 032 1 83점 2 8점

유형 033 1 23개 2 15개

유형 034 1 10명

유형 035 1 10개월 2 23개월

유형 036 1 20000원

유형 037 1 13권 2 2000 MB

유형 038 1 25명 2 29명

유형 039	1 45 cm	2 $\frac{25}{2}$ cm
유형 040	1 2 km	2 1.5 km
유형 041	1 125 g	2 200 g
유형 042	1 $x=-2$, $y=1$	2 ②, ⑤
유형 043	1 $x=-2$, $y=1$	2 5
유형 044	1 $x=2$, $y=5$	2 $x=3$, $y=-2$
유형 045	1 $x=2$, $y=2$	2 $x=6$, $y=8$
유형 046	1 $a=-4$, $b=2$	2 $a=5$, $b=3$
유형 047	1 8	
유형 048	1 (1) $x=4$, (2) $x=-6$	2 ④
유형 049	1 45	2 42
유형 050	1 9개	2 600원
유형 051	1 11 cm	2 10 cm
유형 052	1 2번	
유형 053	1 (1) 300명, (2) 285명	
유형 054	1 운동화 30000원, 구두 15000원	
유형 055	1 18일	
유형 056	1 6 km	2 4 km
유형 057	1 시속 18 km	
유형 058	1 160 g	2 75 g

Ⅲ. 일차함수의 그래프

유형 059	1 ③	2 ㄱ, ㄷ
유형 060	1 -6	2 4

	1	2
유형 061	1 1	2 17
유형 062	1 ⑤	2 18
유형 063	1 -21	2 -2
유형 064	1 -4	2 (1) $-\frac{5}{4}$, (2) -8
유형 065	1 12	2 $\frac{3}{4}$
유형 066	1 제2사분면	2 제1사분면
유형 067	1 1	2 2
유형 068	1 (1) $y=5x-2$, (2) $y=2x-4$, (3) $y=3x-14$	
유형 069	1 (1) $y=\frac{1}{2}x+10$, (2) 10 g	2 (1) $y=-\frac{1}{12}x+60$, (2) 45 L
유형 070	1 (1) $y=-10x+220$, (2) 8초	
유형 071	1 $a=2$, $b=\frac{5}{2}$, $c=-\frac{5}{4}$	2 2
유형 072	1 30	2 $y=6$
유형 073	1 $a=-2$, $b=-3$	2 $\left(-\frac{1}{2}, 3\right)$
유형 074	1 3	2 2
유형 075	1 $a=6$, $b\neq-3$	2 $a=6$, $b=-12$
유형 076	1 125	2 33

Ⅳ. 도형의 성질

	1	2
유형 077	1 120°	2 22°
유형 078	1 $\angle BDC=72^\circ$, $\overline{AD}=6$ cm	2 $x=6$, $y=20$
유형 079	1 7 cm	2 124°
유형 080	1 150°	2 66°
유형 081	1 20 cm	2 67.5°

유형 082 1 (1) 26°, (2) 70° 2 35°

유형 083 1 $x=35$, $y=6$ 2 18 cm

유형 084 1 50 cm 2 64π cm^2

유형 085 1 $x=125^\circ$, $y=23^\circ$ 2 122°

유형 086 1 4 cm 2 2 cm

유형 087 1 18 cm^2 2 $(24-4\pi)$ cm^2

유형 088 1 7.5° 2 15°

유형 089 1 (1) 2, (2) 40 2 5

유형 090 1 60 cm^2 2 25 cm^2

유형 091 1 65° 2 20 cm^2

유형 092 1 ③ 2 ②

유형 093 1 65°

유형 094 1 9 cm 2 3 cm

유형 095 1 40 cm^2 2 9 cm^2

유형 096 1 24 cm^2 2 80 cm^2

Ⅴ. 도형의 닮음과 피타고라스의 정리

유형 097 1 (1) 2:3, (2) 12 cm, (3) 100° 2 63 cm

유형 098 1 42π cm^2 2 36π cm^3

유형 099 1 ㄱ과 ㄹ (AA 닮음), ㄴ과 ㅁ (SAS 닮음), ㄷ과 ㅂ(SSS 닮음)

유형 100 1 (1) 6 cm, (2) $\frac{18}{5}$ cm

유형 101 1 (1) $\frac{25}{4}$ cm, (2) 10 cm

유형 102 1 (1) 49 cm^2, (2) 120 cm^2

유형 103 1 $\frac{35}{4}$ cm

유형 **104** **1** (1) $x=10$, $y=6$, (2) $x=16$, $y=18$

유형 **105** **1** 8 cm

유형 **106** **1** (1) 5, (2) 12, (3) 12

유형 **107** **1** $x=6$, $y=\frac{15}{2}$ **2** $\frac{12}{5}$ cm

유형 **108** **1** 6 cm **2** 12 cm

유형 **109** **1** 15 cm **2** 2 cm

유형 **110** **1** $x=6$, $y=\frac{16}{3}$ **2** 6 cm

유형 **111** **1** 3 cm **2** 30 cm

유형 **112** **1** 54 cm^2 **2** 4 cm^2

유형 **113** **1** 25 cm^2 **2** 4 cm

유형 **114** **1** 17 cm **2** 25 cm

유형 **115** **1** 16π cm^3 **2** 13 cm

유형 **116** **1** 569 **2** 38

유형 **117** **1** 100π cm^2 **2** 48 cm^2

Ⅵ. 확률

유형 **118** **1** 6 **2** 9

유형 **119** **1** 8 **2** 6

유형 **120** **1** (1) 720, (2) 120, (3) 24

유형 **121** **1** (1) 1440, (2) 120

유형 **122** **1** (1) 16개, (2) 48개, (3) 10개

유형 **123** **1** (1) 110, (2) 30, (3) 55

유형 **124** **1** (1) $\frac{1}{12}$, (2) $\frac{1}{9}$, (3) $\frac{1}{6}$

유형 125 **1** $\frac{19}{27}$ **2** $\frac{3}{4}$

유형 126 **1** $\frac{3}{5}$ **2** $\frac{2}{5}$

유형 127 **1** (1) $\frac{7}{125}$, (2) $\frac{42}{125}$, (3) $\frac{107}{125}$

유형 128 **1** (1) $\frac{12}{35}$, (2) $\frac{17}{35}$, (3) $\frac{27}{35}$

중학수학 유형 레시피 (중2)

1판 1쇄 펴냄 | 2019년 2월 28일
1판 2쇄 펴냄 | 2020년 1월 15일

지은이 | 이지연
발행인 | 김병준
편　집 | 김경찬 · 이호정
기　획 | EBS MEDIA
마케팅 | 정현우
본문 삽화 | 김재희
표지디자인 | 이순연
본문디자인 | 종이비행기 · 월기획
발행처 | 상상아카데미

등록 | 2010. 3. 11. 제313-2010-77호
주소 | 경기도 파주시 회동길 37-42 파주출판도시
전화 | 031-955-1337(편집), 031-955-1321(영업)
팩스 | 031-955-1322
전자우편 | main@sangsangaca.com
홈페이지 | http://sangsangaca.com

ISBN　979-11-85402-20-8　43410